企業管理

Bengt Karlöf 著

廖文志・欒　斌 譯

三民書局

國家圖書館出版品預行編目資料

企業管理辭典／Bengt Karlof著；廖文志，欒斌譯.－－初版二刷.－－臺北市；三民，民90
面；　公分
參考書目：面
譯自：Key Concept Bussinese
ISBN 957-14-2632-6 （精裝）
1. 企業管理—字典，辭典

494.04　　86005745

網路書店位址 http://www.sanmin.com.tw

© 企業管理辭典

著作人 Bengt Karlof
譯　者 廖文志　欒　斌
發行人 劉振強
著作財產權人 三民書局股份有限公司
臺北市復興北路三八六號
發行所 三民書局股份有限公司
地址／臺北市復興北路三八六號
電話／二五〇〇六六〇〇
郵撥／〇〇〇九九九八——五號
印刷所 三民書局股份有限公司
門市部 復北店／臺北市復興北路三八六號
重南店／臺北市重慶南路一段六十一號
初版一刷 中華民國八十六年六月
初版二刷 中華民國九十年四月
編　號 S 49263
基本定價 拾　元
行政院新聞局登記證局版臺業字第〇二〇〇號

ISBN 957-14-2632-6 （精裝）

譯 序

在動盪不安，詭譎多變的環境中，企業為求能樹立自身的獨特性及創造經營生機，以維持其永續經營目的，則經營管理活動的擔當者，首先要有洞察經營問題的能力及解析此問題的思考能力。本書在上述問題意識下，將各時代背景的重要管理先進所創立、主張的學說、概念，予以系統地整理。希望藉著對各學說、概念之前提及其思考邏輯、具體內容等解說後，能協助讀者建立超越時代挑戰所需的基本管理知識及掌握未來的經營脈動。

本書為 Bengt Karlöf 教授原著，此次三民書局有意將它譯為中文，並與原文在世界同步發行，筆者有機會擔任此項工作，備感殊榮，然筆者才疏學淺且時間緊迫，誤謬難免，尚祈各界先進不吝賜教指正，是所至盼。

本書之最主要目標為，供各界人士在引用管理知識時，有一參考用工具書，希望使用者在應用此辭典時，能對管理基本知識有原則上的認識，對於管理模式及管理辭彙能有根本的理解。為達成上述目標，本書於許多概念及理論的介紹中引用實例，以增進使用者的理解及吸收。

本譯書得以付梓出版，首先要感謝三民書局編輯部同仁之鼎力協助。此外，有國立臺灣工業技術學院管理技術研究所博士班吳淑鶯、傅澤偉同學及碩士班何玉菁、薛偉文、孫銜聰、邱顯榮同學等的協助，使本書得以順利完成，在此一併致謝。

廖文志　欒斌　謹識

民國八十六年四月於臺灣
工業技術學院工管大樓

目　次

譯 序

導　論 (INTRODUCTION)

企業管理的基礎 (BASICS OF BUSINESS MANAGEMENT)

專有名詞解釋 (GLOSSARY OF TERMS)

模 型 (MODELS)

參考書目 (BIBLIOGRAPHY)

導　論

近代趨勢 (Contemporary Trends)

一位著名的歷史學家近來曾說，人類歷史的紀元與我們一直所認定的，以1個世紀或10年為間隔之曆法計算方式，並不一致。其認為19世紀直至1914年第一次世界大戰爆發時，才真正結束；另一方面，20世紀也早在1991年，隨著東歐計劃經濟的瓦解、柏林圍牆的崩潰及蘇維埃聯邦的解體，而提早結束了。

人們通常傾向於相信自己生活在一個歷史的轉折點，即一個典範(Paradigm)的轉換時點。無論如何，問題在於一個所謂以效率概念來支配企業生存及組織活動型態的新時代，事實上並不是開始於90年代。東歐的計劃經濟已證實在滿足人類的以下二大主要需求上是無效的:

1.經濟繁榮
2.個人自由

一個政治體制若是無法滿足人民的這些主要需求，將是註定要瓦解的。同樣地，一個公司或組織，相對於其所投入的資源（如成本與資金），若不能創造出明顯的效用，也就是說如果它們不是有效率的，則無法繼續生存下去。

這個理所當然的真理在歐洲並沒有廣泛地被認同。歐洲國家間所進行的整合，事實上就是一個體系努力於獲得更大效率的例子。此處所指的效率可參照於價值（效用），其高低是由價格機能所決定的。所有企業的經營目的皆在於追求創造大於投入成本的價值。

非營利組織或合作社式組織將價值與成本視為相同。以收入來作為價值的衡量而言，當收入（價值）超過成本時，即產生利潤時，這些組織將會從價格中剔除利潤，使收入（價值）等於成本。相反的狀況下，這些組織在面臨財務壓力或社員流失時，會強迫自己採行一些對策，使價值與成本得到均衡。

計劃經濟組織的回饋系統則更加的普及。這裏所謂的計劃經濟意指，一單位並非經由顧客或使用者（將此單位的產出物作為投入的原材料經加工後再售予他者的個體）來獲取所需資源，而是得自於一集權單位的配予。除政府公共部門之外，大部份民營企業的功能性部門皆存於計劃經濟的體系中，其所需資源是由公司經營層及公司內部「顧客」所配予而來，無法自由選擇供應者。

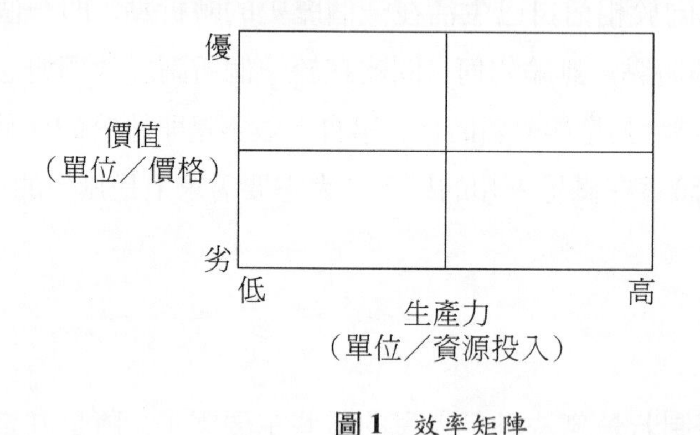

圖 1 效率矩陣

效率矩陣（圖 1）與價值圖相似。本人曾多次使用此簡單圖形來說明生產力及效率是兩個完全不同的東西，然而一般人常無法分辨其不同。Trabant 汽車——一種會排出惡臭的東德產小型車，即是一個良好的例子。假設此汽車製造商的生產力非常高，達到如同世界生產力冠軍級的日本車廠一樣，能夠 35 人工小時生產一輛車。但其生產效率還是很低，因很少人在能自由選擇下，願意選購此種車（縱使它已成為某些流行的標的，或因停產而成為收藏家的收藏物）。

由此例我們甚至可以看出，在計劃經濟中，有時連生產一些無人願意購買之商品的能力都沒有。

再者，效率為效用與價格相除所得的數值。這是企業家經營的精髓之所在。

以歐洲為例作說明 (Europe as An Illustrative Example)

歐洲代表了西方世界的三分之一，在過去20年中其在經濟成長及就業等皆遠遠的落後。但實際狀況是歐洲擁有著追求效率化的驚人潛力，尤其是其公共行政部門。歐洲的每個國家都有其自己的管理方式，其擁有民航權、教育部門、銀行管制機構等。結果不止造成公共部門的低生產力，亦因適用人員短缺而致無效率，尤其是在較小的國家更是如此。這種組織自我保護的本能，致使國內航空或教育職權受到阻礙，以北歐小國為例，為解決此種無效率，其常停止本國的生產活動而向其餘的國家購買類似的服務。

公共行政系統在歐洲構成了一種實行合理化的極大潛力。僅就現實而言，因每個國家有其自己的貨幣，所以他們因而須支付歐洲全體總國民生產淨額 (GDP) 的 0.6%，來支付辦理通貨交易之銀行員及貨幣交換局員工的薪水。若歐洲的所有公共行政部門的種種不合理性加總起來的話，則由合理化所得到的潛在收穫將是非常大的。

此種情況在產業中尤其嚴重。在過去的幾世紀中，歐洲的企業，都是在國家分散的結構下獲得相當大的利潤。自從重商主義的年代，許多產業及貿易商皆與其本國政府共生共存，而此亦激勵其在各種不同的國家系統間產生一種正面的競爭。此重商主義的觀念使其獲取較便宜的原料，或以完成品的形式再作轉售，如此可產生盈餘以協助其政府因不斷的戰爭而造成的財務困難。雖然回想起來似乎有些怪異，但此系統毫無疑問的在促使歐洲各國長期競爭，而對歐洲的發展產生助益。

然而在本世紀，歐洲這種分散結構的方式已導致嚴重的不利情勢。這種情形在較小的工業化國家如紐西蘭、瑞士、瑞典並不顯著。因這些國家的領導產業早知國內市場太小，以至於不能達到規模經濟利益。此狀況在中大型國家如：法國、英國和義大利中則非常嚴重。他們的產業面對著更大的困難，因為他們長久以來所認知的市場僅只侷限於其國內市場。

規模經濟可將固定成本分攤至大量的生產產品上，而此方式與固定成本、組織效率及市場規模間有相依的關係。例如法國的Bull公司，大不列顛（英國）的Vickers公司，及其他許多相似的公司，皆受到日本、東南亞、及美國公司競爭的重擊。

分散式的國家結構在過去的幾個世紀中是歐洲大陸國家成功的關鍵，而現在則成為未來發展的阻礙。現在各個國家已深知此問題，而結合解放的東歐國家，可為此一舊有世界的再次前進注入了一強心劑。

效率係指效用函數及價格相除所得的數值，此一定義也可明確的表示出在任何領域中大部份企業成功的經營，皆需要在總效用函數與訂定價格間求得一穩定的平衡點。不同的顧客對其效用函數給予不同的價值定義。此在各種階層中皆是如此，此亦表示不同的顧客群體對不同的效用函數願意支付不同的價格。

此觀念引導出一個結論，即企業經營係在評估每個部門的效用函數和生產成本及顧客所願付出的價格間的關係。而此法須有特別的才能方可完成。

人們有各種不同類型。有些人習慣於數量化的管理，有些則對服務顧客特別重視。只有少數個人有能力去使成本及效用函數得到平衡，此亦可解釋為何在企業經營的領域中少有優秀的領導者的原因。

效率矩陣中把生產力視為品質函數，而此品質係指總效用函數。日本人告訴世界各地的人們，如何在使顧客得到高度效用下，將規模經濟利益與經驗曲線結合起來。這裏舉一個相反的例子。

幾年前我得知在斯德哥爾摩近郊的一個郵局即將關閉，然而在其附近正有一擴展性的都市計劃在進行之中，於是我去函郵政總局詢問為何關閉此郵局，他回答是因為無法賺到足夠經營下去的利潤。我又回信告訴他，要證明一個郵政辦事處是否須關閉，其計算方法是非常的簡單，因身為經濟學者的我，可以輕易的計算出這些結果。

若以此方式計算，郵政辦事處身為一個國家的獨占事業，應關掉所有的支處，只留下斯德哥爾摩的一個郵局，全國的人民可以到這裏來取得信件，這樣則生意最好。我建議他們真正該做的是作一個更高明的分析，以了解價值鏈中的那些部份是可得到規模經濟的優勢，並且從中找出顧客的最大效用，而後試著去尋得一個合理的生產力及顧客效用間的平衡點。後來我接到一本集郵簿，內附一張祝賀卡及致謝詞，以感謝我的建議。

在一個非競爭性的系統中，欲使其經濟達到最佳化是很容易的事。Toyota 公司是先鋒企業之一，其對世人證實了如何使用分析的方法，去獲得顧客的滿意度與規模經濟間的最佳均衡。我們應彼此學習其他國家的優點，尤其是日本。

在美國企業中，主導傳統經營策略思考的重點如下:

1.一個大而整合性的市場
2.利用經驗曲線
3.規模的優勢
4.高市場佔有率及長期生產活動
5.價格競爭

此種傳統經營有其優點，如：高度的成本效益及強勁的價格競爭，就成本而言可引導出高效率。

而其缺點為：較單一的產品，較少顧客化，缺少多樣性及較低的品質。值得注意的是，現在的美國已經有了轉變，在此所談的只是以前的策略理念，並非 1994 年的情況。

相反的，歐洲的傳統經營方式，則為：

1.一個分散的市場，其價值因效用函數的不同而有差異
2.較強的差異化及相對的高品質
3.國家即一市場
4.短期生產活動及高價格
5.因顧客導向產生的競爭導致差異化的產品

Jaguar, Mercedes, BMW 及 Saab 等汽車公司皆採此種經營方式，其皆強調具有高度配合顧客需求（效用函數）的傳統品質。

此種方式的缺點為：較短期的生產活動、以高的成本及差異化作為主要競爭手段，而並非是以價格，致使在大量化的市場中失去競爭力。

前面的敘述是有些過於簡略，但是重點是歐洲產業應重視的是高的生產力及價格的競爭。

以公正的立場而言，日本教導美國及歐洲的產業去整合高度的顧客效用與高的生產力的模式，亦即「效率」。這是非常重要的策略效率。受保護而免於競爭的系統確定必須較面對競爭的生產者，尤其是貨品的生產者花費更長的時間來學習這個觀念。服務的生產者較貨品的生產者更易受到企業未來挑戰的影響。

策略效率相對於作業效率
(Strategic versus Operative Efficiency)

「策略」這個名詞在80年代被過度的使用，雖然在當時使用者中許多人的行為都不算是策略。曾有一位友人將策略定義為：策略意即任何人在作任何事之前的思考活動。在80年代其被視為行為前之思想，而不

管此思想所包含的長度或廣度。而在本書中所提之策略係表示一種長期的、最優先的活動，它可使企業在特定方向下進展，而此方向可使企業持續生存並獲得成功。

本書所提之策略發展程序，意為：

1.針對公司事業單位的投資組合或公司任務定義所發展的使命。
2.規劃出整體性的活動型式以促使企業長期的生存。
3.為發展方向的進展設定時程及範圍的目標。

在技術性管理的穩定世界中，最後的結果比執行過程更重要。現在來說，重要性的次序依環境不同而改變。假設任務是要將伊拉克的軍隊逐出科威特，則目標的達成比策略更為重要。但若在動亂的世界中，則旅行的方向是較目的地更為重要。

若欲決定其先後順序，則可將策略及作業技巧區分如下：

策略及作業效率

策 略	作 業
1.產品	1.成本
2.市場	2.資本
3.品質（顧客認知）	3.品質（相關的標準）
4.競爭地位	4.生產力
5.獲利性及成長	5.職能別效率
6.底線	6.利潤
7.資本結構	

以產品的選擇為例，廣義的來說，即是在市場上所提供之產品及服務的混合，這是一個重要的策略議題，在取得競爭優勢上有幾乎無限多種的可能性。

市場的選擇看來似乎較不重要，但其卻含著一個企業的重要決策問題，亦即區隔化，以及如何進行產品差異化的問題。

顧客認知的品質是區隔化中的一個特例。與競爭者的相關地位、選擇高獲利力或是追求長期、短期的成長，以及需求的價格彈性，也就是在不同區隔內的顧客的購買意願，以及適當價格的決定等，皆是其他重要的策略性考量。這些考量因素會影響事業單位。而投資組合策略也包含了經營產業的選擇，以及購併、撤資、綜效等。

作業性問題的範圍較窄且較短期。在規劃策略時通常會低估作業技巧的價值。若有好的作業管理，則公司便有更佳的機會去避免一些嚴重性的問題。若通用汽車公司 (GM) 或北歐航空公司，曾在景氣好的時候對其成本位置作規劃，則他們必能避免在衰退時期所需做的一些痛苦的結構重整。

不幸的，大多數的公司在其最需要做規劃的繁榮期，其作業能力並未作最佳的規劃。公司的經營者應該認知這種企業循環中矛盾現象的存在，而在繁榮時就做好萬全準備方可永續經營。

願景及擴張式的領導型態會犧牲了策略的精確性及作業的技巧性。當處於好的情勢時，公司並不會採取控制生產力及緊縮資金。

下表列出一些評估企業條件的重要準則及原型，此表標題為「效率的型態」，因為其涵蓋了策略及作業層面。其中指出了在組織效率中時常接觸的重要層面的一些企業的「硬體」之構成要素。

公司效率之型態

產　　業	競　　爭	內部效率
成長	參與者	資本
交易邏輯	獲利力	成本
獲利力	顧客認知品質	生產力
敏銳力	忠誠度	職能性效率
區隔	成本定位	文化
成功因素	激勵	
	訂價	

公司在處理其所面臨之環境時需設立界定的規範，如此可摒除一些無謂的問題。企業管理及企業控制則特別需要去打破在不同知識領域中許多傳統的界限並加以貫通，例如：

1.經濟學
2.科技
3.心理學
4.社會學
5.法律學
6.其他

企業家和長期轉化的策略能力無法歸入上述任何一領域之中，但卻在許多訓練中可被發現。

市場經濟與計劃經濟
(Market Economy and Planned Economy)

許多西方的經濟學者皆注意到要使東歐國家了解如何解決市場經濟中的混亂現象是極為困難的。本人曾見過多位愛沙尼亞、俄國及波蘭人，其皆誇大其詞的雄辯關於市場經濟，好似他們深入理解了其間的複雜關係。經過一段時間之後，就知道了他們依然不曾真正的了解市場經濟比目前採行的計劃經濟更加的好。在計劃經濟顯得如此合理，和符合邏輯的智慧之下，他們不能了解在市場經濟中為何允許非最佳生產之現象存在。

在只要有三家鞋廠（在 Siberia, Caucasus, Ukraine 各有一廠）即已足夠的情況下，為何要有 65 家工廠？在研發的相關資源可以合併為單一研發部門時，為何仍有許許多多的研發部門存在？銷售人員為什麼不做具生產性的工作？為何當市場只需黑色、棕色及褐色之鞋子時，卻捨棄規模經濟的好處而去製造各種不同型式的鞋子？

為何這些無效率，如重複工作、不必要的銷售人力，及次好的生產合起來而成的經濟系統，比看起來更符合邏輯的計劃經濟要更有效率？

以本人的經驗而言，東歐國家的失敗通常是因為不了解這些相互矛盾的明顯現象。以 Trabant 及其同類型汽車之經驗來看，他們了解效用的創造是犧牲合理化生產的代價。然而為何 Trabant 車製造廠之生產力遠低於日本車製造廠，但 Trabant 車之價值（效用）卻仍小於日本車。

無論效率的觀念應用於任何地方，以成本衡量效用都是很重要的。這是成本——效益分析的精要所在，此分析亦包含了以成本衡量公共效用。因在很多的狀況下，效用結構非常的複雜，因此造成效率的衡量極為困難。效用通常包含了理性及非理性的動機，但成本則可清楚的以英鎊、美元、馬克或日圓來表示。

顧客的效用及成本間的均衡點對企業經營者來說是非常重要的，但很可惜的，均衡效用在其他有組織的活動間並沒有直接相同的受到重視。而事實上均衡需求對於貿易工會、宗教性組織、合作社式企業、政府團體、專業協會等組織，都需相當重視的。

本書的目的之一是試著去提供一些工具，讓使用者在考量成本之下獲得均衡效用，而此結果可以效率來表示，進一步而言，其亦表示著組織存在的理由。

以近代歷史來看，市場經濟似乎在全球的競爭中戰勝了計劃經濟。因此在此有必要說明計劃經濟與市場經濟間之差異。

一般而言，市場經濟被視為與資本主義同義。雖然這兩個名詞通常被視為一致，但以分析的角度來看，此二者間是有極大不同的。

資本主義簡單而言，意指私人所有權。很可能的，一個國家化資本主義會被聯想到其為市場經濟。在此經濟體系中政府擁有所有的公司，然其市場的活動仍有其規則。市場經濟簡單的意義即是市場的貨品及服務是由需求來控制。

一個公司為引導顧客對自己的產品產生需求，其通常會試著去提供最好的產品價值，即是使品質及價格達到最佳的組合。而此活動便形成公司之間的競爭。

簡單的說，市場經濟是在努力促使合理的資源使用及顧客認知品質間的最大均衡，而計劃經濟則幾乎完全的只重視資源的合理使用。

計劃經濟 (Planned Economy)

計劃經濟之涵義可敘述如下:

1.可完整無缺地計劃生產。以生產過程控制產出，來取代配合需求的調整。
2.因所有的交易都是發生於內部，故交易成本非常低。其並無市場交易。
3.結合一些組合型或相似性的組織形成一垂直整合鏈，而產生最小化的銷售程序及運送。
4.因生產的充分最佳化，故可完全發揮經驗曲線的效益。產品可以長期生產，使具有規模經濟。
5.除了生產外，R & D（研究發展）上亦有優勢。其不需要作各種類型產品的重複發展，且只生產少數型式之產品，故可經由合理化的生產而避免發展成本的重複支出。
6.銷售功能方面可免除市場經濟特徵的閒置產能的情況（市場經濟的閒置產能估計在零售業中約達實際產值的400% ~ 500%之間）。計劃經濟可免於如此高度不合理的系統。

7.為達到效率之目標，計劃經濟利用達到合理化的生產程序之極限來降低產品的成本及價格。而品質及顧客的效用則非控制的因素，亦未被視為重要。其重視的要點在於滿足人們對於貨品的一個好的基本功能之需求即可。

計劃經濟對於一些曾經接受過推論思考訓練的人非常具有吸引力。事實上，計劃經濟性質的活動亦在西方國家的大型公司及公共部門中存在著。在大型公司中，一般人對計劃經濟的態度可摘要如下:

1.公司必須避免競爭。

2.公司必須集中自己的資源。

3.公司不可讓其他的製造者來製造自己可生產的產品。

在計劃經濟系統中，不考慮需求對系統所產生的拉式作用，其導致了管理的「技術專家化」（又稱「技術官僚」）。而所謂的「技術專家」是指一個人對於經濟或技術問題的態度皆是非常理性的，且不允許有人為的錯誤。技術專家的領導形態有著一些自我即可足夠的意識，因此亦有人稱之為「技術官僚」。

這種技術官僚為瑞典一些地方當局的特徵。他們常久以來進行一些水平及垂直的整合，而近期中進行的許多活動，對其納稅人完全不具有策略的價值。

計劃經濟靠著其表面上的合理性來吸引人。權威導向者在一開始會看到如效率化的生產、低交易成本及對複雜系統的控制等的好處。這也是為什麼一些受計劃經濟訓練的個人很難去瞭解在市場經濟中似乎相當普遍的混亂狀況。

在生產規模上一些很少被提及的缺點造成了生產合理性的限制，包括了:

1.妥協
2.無彈性
3.協調混亂

生產的合理性及規劃複雜系統的能力，為計劃經濟思考的重點。這些與市場經濟所注重顧客認知的品質及達爾文的大系統之進化論恰好相反。約瑟夫・熊彼得 (Joseph Schumpeter) 稱之為「創造性的毀滅」，意即一些無效率之系統應被毀滅，而以一些更新、更有效率的結構來取代。

市場經濟 (Market Economy)

市場經濟首重於為顧客創造價值及資源的有效利用。不斷的創新發明導致了高的品質及高的價值。創造力是一種利用新的方法來組合已知因素的能力，亦是在市場經濟中一個公司能經營成功的關鍵因素。

茲以和前述方式相同的方法來敘述市場經濟的本質，其思想內容改為：

1.以顧客及市場來決定其所設定的價值，而不是以中央官僚體制來決定。
2.市場經濟會促進效率。而效率意即資源利用時，可藉由低的成本獲得高的效用，市場經濟目標在於提供消費者更多的效用，及經由合理化的生產來降低成本。
3.市場經濟提倡多元論，其可使人們的生活更加享受，且更加多采多姿。
4.市場經濟會使公司間藉由競爭來滿足顧客及降低產品的成本。如此可自然選擇出最佳的公司生存法則。

5.效用及價值的準則是市場經濟中促使創新及開發的重要因素。

市場經濟在以低的成本創造效用上，亦即在效率上證實其的確優於計劃經濟。然而，許多的計劃經濟仍然存在著，而在這些地方，其要求須有較大的社會效率。例如：歐洲，特別是北歐這些特別重視社會福利的國家（挪威、瑞典、丹麥）。

在市場經濟的國家，其會依據市場的需求來將資源分配至社會中各個不同的領域。幾乎所有的國家會對市場經濟的活動設些限制，例如醫療及教育。在共同的特性上來說，西方世界在效率上的最大問題是其公共行政部門。

總而言之，將計劃經濟及市場經濟作一比較，可得到下列之幾點基本上的差異：

1.計劃經濟只單一的要求合理化的生產，而不是在追求更好品質的效率上。
2.在計劃經濟中，當消費者缺乏選擇的貨品時，生產者經由合理化，不會獲得任何益處。因此導致在計劃經濟中的成本高且品質低。
3.達爾文的進化程序，即 Joseph Schumpeter 所謂的創造性的毀滅在計劃經濟中是無效的。因其沒有競爭，而競爭是使成本降至最低而來滿足顧客需求的一種努力。
4.計劃經濟有著一種虛假的理想化現象，即規模經濟能排除研究發展和銷售等的重複努力。然而以長期的眼光來看，其會造成生產力的降低及阻礙創新。

在本主題的最後，我們來介紹美國空軍的例子，美國空軍將市場經濟引入其戰鬥機採購之程序中。他們可向不同的公司訂購四種原型機，而不必集中資源只將其投入一個組織之中。雖然發展這些原型機的成本較高，然而美國空軍的這種採購方式可使其獲得四種優良品質的原型機，且可由其中選擇最好的機種。

在此主題的未來研究中，讀者可參考競爭理論，其為經濟科學中高度發展的一個支系。

策略領域的一些趨勢 (Some Trends in the Field of Strategy)

在80年代期間，策略的主題係經由二個主要之立論點來討論。

第一個觀點受到許多人的重視，就是競爭。主要發表此觀點之學者為Michael Porter（麥克波特），其曾在許多書裏以決定論之觀念及分析方法來繼續發展此一哈佛 (Harvard)傳統。波特 (Porter) 的書，如:《競爭策略》(*Competitive Strategy*)、《競爭優勢》(*Competitive Advantge*)及《國家的競爭優勢》(*The Competitive Advantage of Nations*)等，皆強調競爭在企業及國家發展時之重要性。

計劃經濟中的技術官僚偏好結構化的方式，其意圖排除或降低競爭性，就長期而言已形成了非常不確定價值的一種方法。

第二個觀點，可稱之為組織化，Henry Mintzberg（亨利明茲伯格）及David Hussey（大衛哈謝）為主要論述者。明茲伯格在《哈佛企管評論》(*Harvard Business Review*) 裏所發表的著作〈技術策略〉(Crafting Strategy) 中，強調達爾文進化論的策略本質，其係由未來的計畫與過去的模式二者所組成。策略常常不是經由有意識的分析理解和決定，而是受外在的環境、組織中的人及領導者所影響。簡述之，明茲伯格提倡一種自由意志學的方法以作策略主題，而不需捨棄分析的價值。

在同一個時期，大衛哈謝亦在英國強調將策略用在組織發展過程中的重要性，然而大多數的人在實際執行時，並沒有真的這樣做。

分析家及行為科學家的共同存在，換言之，也就是決定論者及自由意志論者的共存，是非常困難的。

策略原本所指的是長期的思考及遠景的規劃，然而在90年代初期，卻不得不改為對結果短期改善的重現。其原因是因為公司面臨經濟不景氣，同時結構的改變加強了危機的氣氛。市場經濟戰勝計劃經濟並非只在東歐發生，事實上此種現象亦發生在使用計劃經濟的西方國家之政府公共單位及私人企業中。許多公司及各種組織亦紛紛開始使用一些方法，如基準評比法 (benchmarking)及自製或外購分析等方法。

未來在90年代後半，我們將可看到一些西歐國家社會福利狀態的重整。他們將集中力量於開創社會福利而非分配社會福利。而此結果，使得效率的準則被應用到國家政策及公共行政組織與一般公司。不容置疑的，這將是一段艱困的時期，有著高的失業率，這是歐洲國家須與東南亞及東歐等低成本的國家在競爭上所做的再次工業化所付出的代價。

企業家 (Businessmanship)

一個企業家事實上皆具有一些綜合的特徵:

1.具有了解結構可能性的能力，並能藉由買賣公司或事業單位來建立更佳的結構

2.具有較別人更能了解市場的需求及知道如何使需求更能得到滿足的能力。

3.具有管理公司各部門功能的技術，以使顧客的效用及內部效率皆可最大化。

4.具有了解事件之重點且能帶領人們及組織盡心跟隨其工作的能力。

5.具有藉由顧客效用功能和產品價格間交互作用產生的競爭優勢，去競爭的能力和意志。

這些特徵在企業外的其他領域亦運用的極多。若在此提出一個問題「希特勒 (Adolf Hitler) 是一個好的領導者嗎？」則可能有許多不同的答案，但有趣的是，此問題主要是在強調此領導者贏得人們或組織的能力，或其對目標或策略的選擇能力之間的不同。以希特勒所選擇的策略而言，一直到 1942 年左右，在短期上可說是得到成功的回應，而在中期則是一種災難，若以長期來說，則在歷史上所記載的是西德在當時是世界的贏國之一。

領導者係由許多的特質組合而成，通常具有敏銳的本質。企業家和領導者絕對不是同一件事。常常一個天生的企業家會缺少領導者所具有影響人們之才能，因此無法來建構一個組織。

顧客效用與資源管理
(Customer Utility and Resource Management)

現代有能力的企業家皆能了解顧客的效用及具有管理資源的技術。傳統的策略發展，是以長期生產活動與低的單位成本間的經驗曲線關係為基礎。在二次大戰期間及以前之飛機生產，發現每次加倍產量時其成本會降低 20%。若應用到大規模的生產上，則經驗曲線在策略思考之決策法則之應用約自 70年代中期開始。因為當時之需求遠超過供給，因而資源管理便為企業管理成功的關鍵。就如同計劃經濟以生產力作為重點一樣。合理化生產的問題在其後的十年間皆被視為比顧客效用來得更為重要。

新的企業家則具有能衡量顧客認知價值與資金和成本管理間對應

關係的能力，此可稱之為具有遠見。此種觀念及他們之間的交互關係，在本書後面有關價值及資源一節中會有深入的探討。我們發現在一些例子中，合理化生產與顧客認知價值之間常會產生衝突。例如通用汽車(GM)在80年代初期發現，標準零件製造之大量生產型汽車，顧客的認知價值較低。另外，以較大型飛機作航班而減少服務的次數及直航班次，則亦會使顧客的認知價值降低。

在規模經濟與顧客效用間衝突的例子亦很多，企業家的目標即在解決這些衝突而使獲利力達到最大化。

大部分商業性組織的功能性部門皆在計劃經濟的環境中經營。這些服務的使用者，沒有選擇供應者的權力，而使得他們的效率很難評估。80年代分權化的興起，產生了一股在事業單位及功能化部門中對企業家的需求。評比法及自製或外購分析等技術，在分析效率時亦被廣泛的應用。

一個公司的整體效率可由其盈虧報表看出。在90年代，公司的各個部門皆遭受更大的壓力，而努力使自己的單位更具效率。同時，所有的公司管理人員，不管其在組織中的任何地位，皆會自問「如何知道自己的部門是具效率的？」，意思表示在計劃經濟的結構中，這些管理者必須開始使用評比法及其他的方法來衡量效率。

〔在合理化(Rationalization)，資源 — 成本(Resources–Costs)，及資金和價值 (Capital and Value)等單元中，將對此主題有更多的介紹。〕

經營管理、發展及企業家精神
(Administration, Development and Entrepreneurship)

現代的企業家結合了各種資源的管理，且利用新的產品及新的市場來增加企業的規模。傳統的企業管理通常僅意圖去排除風險，此對短期和中期的經營而言，是最安全的方式。然而針對長期來說，此種政策是有問題的，因為如此將會侷限了企業的發展而縮小它的經營範圍。

企業發展的意義不只是要減少作業而增加利潤，亦要建立一種策略的觀念而賦予一個成長的願景。這種行為的優點之一是在組織的程序改變的初期，避免產生一種幽暗不明的感覺。如果公司的注意力只是集中於資源的減少浪費（成本及資金），則其會傾向於悲觀主義，而會妨害組織的變革，如此一來，好的人才會漸漸的離開組織而到別的公司去尋找工作。

另一種有效的影響是公司可在初期開始的階段，作資源的調配以符合未來的情況。如此公司不必以大刀濶斧似的節省大量的資源消耗，而可以集中成本及資金用於未來預期較重要的區域。

奧地利的經濟學者 Joseph Schumpeter 指出靜態的效率與動態的效率是相反的。其可能是提及大多數在學校修習企業管理或相關科目的學生的經驗。這些學生被教授有關成本收益分析、行銷、會計、管理學、財務等的所有知識，而被假設他們懂得如何的去經營一個企業。這個假設其實並不成立。因大部份的人開始經營企業時，學校教育所予以的協助並不多，然而這些知識對靜態效率而言是有其必要性的。

我們同樣的亦發現經濟學者並未較其他領域的人在企業經營中，在許多的才能及技術上表現得更出色。這個世界中有許多有才能的企業家，而他們都不是經濟學家。

正當這種改變遍及整個歐洲的同時，有一種對績效導向管理需求的成長。這種置動態效率於前，而能使管理的需求擴展至包含企業發展的範圍，而不只限於某情勢下的有效管理。我並非對靜態效率加以抵誹，而只是強調除了靜態效率外，動態效率對推動企業經營的必要性。

解除管制與分權 (Deregulation and Decentralization)

解除管制的意思是表示，許多目前被保護的組織，即將要面對競爭。例如：歐洲的航空公司的成本位置一直比美國同業來得差，英國航空雖為歐洲國家中做得最好的，但依然有需改善之處。

西歐的電信服務業現在受EU的法令而解除管制，他們的效率是遠低於美國的Baby Bells公司。發電及電力配置與原本獨佔的郵政服務，現正解除管制當中，同時許多技術發展的自動解除管制也在進行。而在許多國家農業生產的無效率已不再符合經濟效益。

現在所有受雇於管制化系統組織的人們必須要學習企業策略遊戲之規則。他們必須學習如何去評定自己的工作效率，包括作業效率及策略效率兩者。他們亦必須學習當組織進步而改變時的一些術語及分析方法。

另外，在此種情況下需要較高的生產力，也就是說每投入一單位的資源能產生更多單位的產量。這當然是一項艱難的任務，因此我們必須協助組織去嘗試及解決它。本書即努力於提供此方面的貢獻。據我的經驗，大部份的管理皆認為企業經營的知識在許多人的身上，但其並未能好好的支配及使用。組織認為員工理應了解有關公司任務、資產負債表，或策略等之名詞，而未曾教導他們這些名詞的真正含意。大部份在管制系統的人員，從未接受過企業經營的教育。

在許多的產業及公司中正在進行另外一種情況，即分權化。公司分權的主要理由並不是要激勵他們的員工，而是完全基於分權系統事實上較具有競爭力。在競爭的壓力下，愈可能的接近顧客以了解其需求而作決策，是最具效率的作法。此亦為組織愈來愈走向分權化的原因。

然而，組織在分權時通常未能有具此方面知識的管理者及員工，以使組織能經由分權，而得到最大的競爭潛力優勢。這種狀況所可能發生之理由在前面已經提及，就是高階管理者認為一些理所當然的事，例如員工會自己去接受教育來學習企業策略的術語及專業知識，於是根本不在教育員工上花心思。

上列所提的兩種情況，解除管制與分權，均要求結構與動態間的平衡，或是思考與行動間之平衡。這種趨勢受目前情勢的影響極大。在80年代期間，沒有任何組織採取分析、保守或謹慎的方式。這種特徵在90年代的初期被打破，也就是願意接受風險的決策不再被高度的肯定。

因為公司及其他組織廣泛的使用分權化，造成對具有策略能力人員需求增加，因此分析方法變得更加重要。造成有很多的人開始學習策略思考，如此可強化組織的效率。同時愈來愈少的人具有能得到最大效果的分析工具的策略能力。這正如只注重分析而不重視策略能力同樣的危險。因此當務之急是應真正了解分析並付諸行動。（請參後述之企業發展、創造力、文化、多角化、企業家精神、需求及價值）。

因此，任何組織想藉解除管制與分權之方法，以期在情勢改變時取得最大的優勢，使得企業責任能夠轉移至其員工，皆須付出更多的努力來由企業作徹底的企業管理教育。

有些公司採用垂直整合的方式而聞名，他們儘可能的在自己的組織內製造，直至最終產品產出，而不向外包商購買零件。

以具代表之 Singer（勝家）公司為例，此公司自己製造縫紉機的每一個零件，其不但擁有自己的木製廠，來製造木質的機器底座，而且更擁有自己的鋸木廠來供應木製廠所需的木板，及自己的樹林來提供鋸木廠所需之木材。

目前產業的趨勢已成為一種分裂式的次產業狀態。現在的汽車公司大多向各個不同的製造商購入變速箱、驅動器及引擎等零件，再將其組裝起來，而不自己製造這些配件，因而產生一些新的產業。民航事業亦有分裂的現象，其分離出各種外包商以承包引擎的維護及其他的作業等。以SAS Service Partner公司為例，以前為北歐航空公司的機上餐點服務部門，而現在則為一國際性公司所有，為許多航空公司作餐點服務。

以往大型的公司趨向於自行製造每一零件直至最終產品完工，而如今這種生產方式的分解已有逐漸增加的趨勢，這將使包括最終消費者在內的所有相關單位得到好處。

經濟學與企業 (Economics and Business)

長期以來，大家都認為在經濟學的研究領域中，特別是企業管理這個支系，授與學生有關企業經營的技巧。然而，如今已漸漸清楚的變成，經濟主要著重的是資源的管理，而企業經營則是超越資源的範圍，著重在對顧客效用的創造，及合理化的管理。

在19世紀之時，資本主居於領導地位而控制勞工，資本家經常濫用他們的職權來剝削工人，或以工資及工作條件的最低化來壓榨勞工。若不仔細分析，這只是「合理的資源管理」中的一個例子，也就是盡可能以最便宜的方式來生產產品。而現今的人們皆對此種方式不以為然，因為事實上，大家都可以分得出來，在剝削工人與資金和人力資源合理的管理上有著非常大的不同。

但我們並不知道，也許100年後的後代將會如何來看我們現在對待辦公人員或主管等的行為？為求績效而形成的緊張及壓力會被視為不人性。而今天由人們所做的工作也會被認為只適合機器人或電腦來做。

價值是會改變的，但是當初企業家在本世紀初所扮「強盜貴族」的角色來剝削工人的行為已留下壞的名聲，因此馬克斯根據當時資本家的行為來預言社會的發展。現今的人們已經可以理解馬克斯及其他人類學家當初的想法。

在技術性官僚企業家經營的年代，創造效用與資源管理已被企業管理所取代。在70年代中期因銷售阻力的上升，而使企業家再次受到重視。此時深入消費者心理及敏銳的洞察其需求的管理結構，形成一種成功的企業管理的必要組合條件。

此時企業管理已由強調經濟的技巧及技術，而移轉至企業經營的技巧，其包含了價值的創造和資源管理。（參看後面的公司使命、顧客、品質及價值）。

策略規劃與策略管理
(Strategic Planning and Strategic Management)

在過去普及的強調技術官僚的公司文化，其顯著的管理模式便是決策制定和控制。策略是致力於朝向全新的方向作定期的改進，其須經由滙集高階管理專家及其下的幕僚人員之才能而達成。

策略通常以預測為基點，其規劃出公司未來發展的遠景，由此而引導出一種以經濟性的方式為準的目標制定。策略制定的順序如下：

1.目標
2.策略，即達成目標的方法
3.執行方案

根據此種邏輯方法的結果，策略成為只給高階主管者的工作，此一目標通常是循著有力且清楚的步閥往前進行著，尤其是來自於規劃人員和顧問的努力。長久以來全世界的企管碩士都被灌輸此種策略的邏輯。

如同美國寫策略書的作者 Robert H. Hayes 所說，策略已變得更具體，可指示出一條達成目標的方法，而不只是一個在非常不確定的情況下指引航行方向的指南針。策略在那段時期的被廣用是一件理所當然的事情。

Mr. Hayes 提及:

> 自從我在大約30年前開始研究美國產業，其間已發生過一次科學及管理實務上的革命，特別是對那些聰明的且受過專業訓練的經理人對於策略規劃工作的吸引。然而正當公司的幕僚開始成長，且企業管理教育及實務皆以策略為主的同時，我們許多的工廠在這競爭中已經漸漸的輸給了其他不重視策略，管理專業化亦不先進的國家，。

現代的策略多由企業的各個功能部門開始。在相關產業中的企業經營條件以及公司內部的使命產生了在組織間發展的理念，這些理念激發了確定組織發展成功的策略選擇。因此策略的思考傳達至組織的每個角落，其使得在對事件的預測能力較低時，並在如此快速改變的時刻中，組織能有更有效率的安排。

策略的領導者已趨向捨棄以策略計劃作為策略的工具。事實上計劃被認為是對策略思考的一種阻礙，因為其會約束組織之決策，使其限於高階層人員，而沒有給予其他人員一個發揮其主動創作的機會。策略計劃注重那些測量目標達成率的人。相對的，策略性領導者是在激勵願意工作者，也就是確實率先提倡同時思考的人。許多人在談及策略領導時皆將其視為策略規劃的相對詞，而以此來區別實業家經營方式及傳統技術專家政治間之差異。這就是為什麼現代企業的經營史中，將公司技術能力視為一個非常重要的關鍵之理由之一。

幾乎所有大型的企業組織皆會累積資源，而事實上許多資源與其執行企業的運作並沒有關係。就如同公共行政單位不可避免的會走向官僚體制一般，亦即其一定會形成沒有效率，在此制度下一些非必要的成本會在公司內產生，特別是大公司更是如此。

公共部門的特色是在什麼必需做及做了些什麼之間並沒有什麼關連。再加上回饋系統的瓦解，使得資源更加難以控制。組織並不知道何種資源是其所需要的，亦不知道其需要的數量及次數。在此種情況下的特徵是，領導者對成功的衡量並不是以市場上的收益為準，而是以員工的人數或其所能控制的資源（成本及資金）的數量為準。如此通常造成大企業建造如帝國般的大樓，而沒把心思放在顧客的需求上。同樣的情形幾乎發生在所有的公司，其程度與組織的規模有直接的關係。

非企業資源 (Non-business Resources)

企業發展中的一個重要部份，就是試著去找出「非企業資源」，意即這些成本或資金並不支援企業的策略。

也許有些中央部門所從事的功能以外包的方式會更好。另外有一些資金是以房地產、藝術品，或是在非常富裕時所購入的「無用之物」型式存在的。公司如同個人一般，會去累積一些數量的小古玩。只要公司能負擔得起這種「超結構」的非企業資源，這不是一件壞事，但有人會問到為什麼不將這些盈餘用在對企業真正有用的地方呢？

以技術專家政治為本位的組織管理趨向於「將錢存在銀行」的方式，也就是強化經營及儲存其剩餘價值，而不將其再投入核心企業。

策略之決定論的起源 (Deterministic Origins of Strategy)

有一個與領導者有關的重要發現，就是意志的形態。其意思表示若給予人們正確的激勵和鼓舞，則其不受環境的影響，而能將工作做得更好。然而起源於決定論傳統的策略，主張所有的可能性皆受環境所限制，且沒有所謂的自由意志。

意志主義 (voluntarism) 係起源於拉丁文「自由意志 (voluntas)」，意即意願。對個人重要性的認知在企業中常常可見，例如藉由對「人力資源管理」及對各種企業進步技術要件的重視。「人力是我們最重要的資源」這句話如同被人們所常提及的一種深奧但平凡的表達方式，然而卻有著基本的真實性。而實際上，通常能藉由人力資源之更有效的運用，而對組織生產力有顯著的改進。

企業在經由一段期間的發展之後，會在其發展史中的各個不同階段反映出不同的領導者的權勢影響，在初期的階段，比較容易喚起大家的熱心參與而使領導趨向成功。個人可經由各方面的經營能力及運用他們的技術去發展其他種類的企業，如此而引導出多角化的企業經營方式。

多角化企業須要有不同產業營運的知識概念。在創造者及企業先鋒之後，領導者通常是以更具技術專家的形式而獲得成功，而領導者通常以主要經濟指標來作管理的基礎。

一個常見的發展模式是以技術專家為執行主管，其在招募員工時常選擇與他們相似的人員並將他們視為下屬單位的首領，如此通常會導致到後來成為衰退期的開端。以技術專家為主的管理方式常被更具實業化管理的方式所取代，在戰爭的口號「回歸基本」之下而賣掉在多角化結構中的週邊公司，如此逐漸的使獲利率提升。最後，現金盈餘剩下太多，因此公司會轉換成以股份組合的方式來持有，改變其財務狀況、或作再一次的多角化經營。

爭取顧客或與競爭者決戰
(Woo the Customer or Fight the Competitor)

公司執行競賽理論的主管視企業管理就像是與競爭者的一場戰爭。競爭會使人們更能表現得更好，而勝過他們的競爭者。

然而，有個存在的問題是，與競爭者對抗到底是不是一件有效率的事。爭取顧客可能要比競爭更具效率，因為爭取顧客的結果會使公司更有競爭力。有誰在開創公司時是以和其他公司競爭為主要任務的呢？

如同登山者型式的人，藉由佔別人的便宜或踩踏在別人身上而登上事業的高峯，競賽理論型的公司高階主管，藉著與競爭者競爭的結果來衡量自己的成功與否。除了登山者型式之外，另一種方式則是要能幹且勤奮，而得到其同事的欽佩。一個企業經營者，藉著對顧客良好的服務，同樣能證明其比競爭者更為吸引顧客的能力。

就像登山者型的人將其精力花在與競爭者比較而得到事業的優勢，一些公司高階主管也將精力花在他們的競爭者而不是顧客的身上。當然，在競爭上面採取合理且適合的行動是需要的，但除了在一些非常特殊的情況之下，這絕對不是企業的主要任務。（請參看：顧客、目標及願景、市場及激勵）

組織結構、策略及營運 (Structure, Strategy and Operations)

企業經營者可以不同的方式來表現自己，因為企業家須具有不同的才幹。

結構性的問題（組合策略）是以買賣公司或事業單位來成為更有效率的團體。而能經由此種結構建立的方式來賺取更多的利潤。具有此種才能的人，不論從公司的侵略者到商業帝國的建構者，都認為結構性的問題可藉由一些大膽的行動來解決。有時結構的變化是公司策略的一種展現，如同 Electrolux 公司或法國航空公司的例子一般。在其他的例子中，主要都是與結構的改變有關，經由各種組合的調整而成為最後的公司型態。

企業策略的目標是在以一種一致性的模式來組合資源，而使企業達到競爭優勢，這是一種以和其他企業競爭為基準的企業家經營方式。

其目標並非靠贏得競爭而獲取競爭優勢，而是以滿足顧客需求的更佳方法，因此而獲得顧客的喜好。

在企業結構與企業策略間並無明顯的界限。由Electrolux、Volvo Truck及ABB等公司的例子中可看出結構上的技術通常與企業策略的技術共同聯結。然而，此種情況亦非必然如此，公平的說，前述的幾個例子中，顯現出建立結構化的技術較策略的技術更多。

營運的能力是某些企業經營者的第三項才能，其通常顯示出他們能成功的管理企業資源。此種類型的企業經營者具有一種特別的能力來定義或刪除不具生產力的資源，例如成本或資金的節省。同樣的，營運能力並非成功的唯一解釋，因為實際上，往往新的管理者都能夠發現以前的經營者在資源使用的效率上有些錯誤。

經由外界的人及知名的顧問公司評斷，歐洲礦業團體的成本太高，其成本比起市場循環中金屬的平均價格高出許多。因為他們無法改變原料的供應成本，也無法決定銷售量或價格，其唯一能做的即是在成本及資金結構上作詳細的審查，這是他們正在做的事。以銀行為例，他們也以類似的方式重整，以營運技術來使其獲利率增加。

前面所提的三項企業經營能力並非完全的分隔，亦即其彼此間並非互相排斥。然而其可提供給你作為審查及分析你自己及周圍的人們所擁有之能力的區分方式。（請參看：併購及功能／營運策略）

企業家之歷史沿革 (History of Businessmanship)

經濟分析的原始型態，是以觀察人們每天的生活為基礎，認為商業是一件理所當然的事。企業家自古以來即為人們所熟知，因此不必對其作任何特別的定義或解釋。

在各種不同的社會環境中企業會以技工、商人、或放利者等不同的型態來表現。一直到17世紀末期時才有一些對這些型態的具體敘述模型，此時有許多假設的理論開始出現。

然而，在更早之前，有些學者曾對勞工及商業加以區分，此種區分方式可追溯至15世紀。

Richard Cantillon（李查・肯悌勞），是一個銀行家及作家，其在18世紀初期於巴黎曾第一次以系統化的方式來描述企業，而定義企業家(entrepreneur)這個名詞。Cantillon 定義：一個企業家就是一個人以已知的價格購買一些生產的工具，並以其來生產產品，而以其希望的未知之價格來銷售。他可以清楚的知道產品的成本，但其利潤卻不確定。

Cantillon 亦認為企業活動是社會中的一個特別的功能，其指出投機性的因素總是存在於商業行為之中。就如 Cantillon 的大部份之理念，在後來皆由法國的一些重農主義者發揚光大，其思想亦在法國境內聞名。

法國的經濟學家 Jean Baptiste Say 生長於18世紀末，可被稱為將法國傳統的企業帶領到分析性的發展領域者。Say 由企業中得到經驗，而來深入的陳述企業的現象，此為其他古典經濟學家所缺乏的。對 Say 而言，企業家即是一個將不同的價值組合成一個產品的執行者。他將企業家視為是能同時執行生產程序及配置理論者，而此觀念在後來對許多其他的經濟學理論家造成了影響。

蘇格蘭的哲學經濟學家 Adam Smith （亞當史密斯）即受到 Cantillon 及農業學者強烈的影響。其即提及許多「雇主」、「商人」及「承包者」等名詞。（所謂的承包者 (undertaker)，非為現代所謂的殯儀業者 (mortician)）。另一方面而言，企業經營者在他的經濟程序分析中只佔了一小部份。有些人以為他認為這些程序的開始及持續是自然形成的。

Adam Smith 則趨向過度強調勞工的角色，而低估了勞工在整個企業內部的整體績效。他更傾向於使企業資金的所有者與企業經營者成為一致。如同許多其他的理論一般，其相信企業係在資金提供，勞力供給及可利用的資源供應之下而自然產生的。

企業家與資本家 (Entrepreneur and Capitalist)

在19世紀後期逐漸的顯現出企業家與資本家的區別。公司在財務上新方法的運用使得新公司的數量跟著成長，因此而造成一些企業家並不是資本家，而資本家亦非企業家。

所有權人及領導者自然是為公司最重要的一個群體，但此種狀況已漸漸的顯現出兩者並無一定的相關存在。愈來愈多的經濟學家開始去區分企業家及資本家。然而他們卻碰到了困難，因為資本家是承擔風險者，而企業家並不須承擔風險。雖然美國的 Walker、英國的 Marshall 及德國的Mangold 等學者皆強調企業家的重要性，理論上還是產生了混亂的情況。

Joseph Schumpeter 教授強調企業一方面須區別資源的管理與協調，另一方面須致力於資源的開發。Joseph Schumpeter 教授在二十世紀早期曾工作於澳大利亞、德國及美國等地，而其觀點強烈的影響到後來的學者，雖然在當時的記載顯示，一些大企業都傾向於增加其技術專業，亦即對現況的管理方式。而 Schumpeter 則致力於一種重要的區別觀念，即區分在控制資源下所採取適應性的行為，與在控制情況下所產生創造性的行為之間的差別。在其著作《資本主義、社會主義及民主主義》(*Capitalism, Socialism and Democracy*)一書中，其強調「創造性的毀滅」一詞。

Schumpeter 使用此一名詞來表示經濟現象動態多變的狀態，然而保持現有思想及結構會阻擋了新觀念的接收。其因此強調變革是產業及其他企業活動獲致成功的重要關鍵。如果一個人開創一個新的企業組織，其比原有已存在的企業組織更能符合需求。根據 Schumpeter 的動態理論，其會對原先舊有企業的組織結構產生創造性的毀滅，一直到另一個新的情況發生來改變這一切為止。

Schumpeter 創造此基本觀念於 1912年早期，但傳統派的學者對此思想的排拒卻超過 50年。因為他們缺乏數學的架構，而無法在技術專業的領域中被接受。而一個企業家在個體層級解決企業問題的能力是無法預知的，同時學者也不必去探討這個領域。

在 Schumpeter 的有生之年，其看到研究的結構化及大公司的發展，這些皆已愈來愈大且強烈。在 40年代初，他預言企業的發展會受規模經濟所支配，而企業家會被擠壓出去。這種情形會導致一個結果，即每一種產業只有一個公司會生存下來，然而在其週遭社會的發展皆與他的理論相反，使得 Schumpeter 更為悲觀。

企業家與經營者 (Businessman and Administrator)

在斯德哥爾摩 IUI 的Gunnar Eliasson 博士曾說:

> 沒有任何一種進步能不經任何錯誤而完成。以私人資本為基礎的社會組織技術，是建立一種報酬系統，並鼓勵小規模的實驗而得到許多成功的案例。
>
> 一個集權組織的社會無法克服錯誤。此種社會的文化中不能容許錯誤的存在，因為所有的重要決策都必須由中央制定，而且知道錯誤在理論中並不被接受。這是一個被極端抑制的環境，而錯誤會變得更大且更複雜。
>
> 在資本主義組成社會中的公司特別專長於發現事物，嘗試去解決問題及掌握機會，並且能以快速的發現及改正錯誤等方式來處理事情。這種方式很容易與公共行政部門的生產力比較而使其受到損害，在公共

> 行政機關中，通常以獨佔的法令來作保護，因此在此機關的員工及管理者雖然無能及懈怠，在市場的力量找上他們且令他們改變作業方式之前，他們也相安無事。
>
> 在這種文化及架構的原則下，使得公共部門很難被裁撤，即使已知此企業的經營是錯誤的情況下，亦很難以改善。你如何能裁掉國家勞工市場委員會或真的去撤掉國立的融資公司？這就是為什麼嘗試錯誤的方法不能在國家的行政單位存在的原因了。我們沒有一個有效的方法來刪除一些沒有用且我們不想維持的工作。

事實上已有許多人注意到公共部門投入的資源與顧客認知價值間的比較差異。最知名的例子是在60年代後期即被發展出來的成本—利潤分析。

Schumpeter 簡要的提出，靜態效率與動態效率的相異處。他的靜態效率觀念所指的是我與其他人所謂的企業管理。其意指一些管理的技術，這些管理技術被用來發展一個已知的企業情況，以及用來管理公司中一些不是以發展為主要任務的部門。

而Schumpeter 所謂的動態效率的觀念，是指在企業發展的過程中非常重要的主要原動力。而令Schumpeter沮喪的是在20年代及30年代期間，他觀察到許多事情的成功都只靠著靜態效率而已，有效率的流程管理似乎是成功的關鍵，沒多久後，其就被試著應用在平衡及資金需求上。

Schumpeter 的故事說明了新的企業哲學並非真正的是全新，以及在缺乏可被接受的結構及術語不足的情況下，新的理念發展出來，需要多久的時間才能被接受。

企業管理的基礎

成本、顧客認知價值和領導
(Costs, Customer-Perceived Value and Leadership)

所有組織化活動的目標在於創造一個價值，而這個價值必須大於其被生產時所花費的成本。例如貿易工會的會員在繳了會費之後，若沒有得到相對的價值，貿易工會就會失去會員。而公司若沒有提供顧客相對的價值，就會失去市場佔有率，諸如此類的例子等等。這裡所指的價值是效用（品質）和價格的函數。

企業管理主要的兩個重點，分別是價值（顧客對於效用和價格間關係的認知）與生產力（以每單位的產出成本來表示）。文中所指的成本包括資本、工資和製造費用。此外，在許多不同類型的企業當中，資本也被拿來做為投資報酬率公式的分母。

第三個企業成功的要素是領導風格，即激勵員工和組織的能力，以及指出組織未來走向的能力。

本書中所有的名詞和模型可以用以下三項要素來分類介紹:

1.顧客認知價值
2.成本
3.領導

然而也有一些方法無法以一些特殊的標題來做歸類，但是我們仍會在書中討論，以便能夠涵蓋現有的名詞和模型。因此，接下來讓我們以整體的層面來討論成本和顧客認知價值。

成本削減 (Cost Reduction)

在進行損益科目的成本分析時，要求的是一個不能被視為理所當然的心理評估，特別是在成功繁榮時期。有些人較偏愛用精確、量化的數據，有些人則喜歡不可量化的價值和服務。這些注重服務的人和企業發展者在景氣好的時候，將會被擢升，然而到高層後，時常發現在需要減少生產時難以調整。

相反地，在艱困時期，會計師這類對成本斤斤計較的人較會被擢升到高層。另一方面，他們也發現在景氣好轉時，便無法轉變自己來發展企業。只有少數幾個人可以同時擁有管理成本和顧客認知價值的技能。然而，根據美國的研究顯示，瞭解數種不同的理論方法和研究步驟將對領導者有很大的幫助。即使是上述兩種人之一，若知道合適的理論方法以及如何應用時，將比較容易來解決企業目前因景氣轉變而產生的問題。

一個可能的排序理論方法和模型的方式，即是以有效的時間來達到效率。如果時間很短而且危機愈來愈明顯，必須集中注意力在成本上，並且使用權宜性工具。亦即增加收益並不是個好方法，因為此舉將耗時費力才能看到效果。

就中期而言，更有效率的市場溝通，以及激勵銷售人員，將帶來不錯的成果。但就短期而言，成本削減是唯一的入門之道。決策的實際基礎是不精確的，而且可靠度也令人質疑的，因為我們並沒有時間去挖掘以及檢驗真相，此外這樣做會花不少錢。

所以「可用時間」就成了在選擇方法時的主要標準。

可用時間層面 (Available time frame)	可用方法 (Available methods)
1. 明顯危機	1.財務重組以得到策略空間 2.結束企業的一部分 3.經由最終市場取得現金 4.暫停長期性活動，如研發等等 5.發展 6.減薪 7.將所有能出售的東西都賣掉
2. 利潤增加的短期需求	1.前述各法 2.組織分析以縮小組織層級 3.大幅削減預算 4.重新協商採購條件 5. ABC分析 6.企業流程再造 (BPR) 7.自製或外購分析
3. 中期 (8個月～2年)	1.前述各法 2.基準評比法 (Bechmarking) 3.經驗曲線 4.零基 5.資本削減 6.內部需求分析 7.責任重新規劃 8.行銷審計 9.程序發展 10.去蕪生產 11.價值分析
4. 長期（不同產業有不同的時間長度）	1.前述各法 2.重新修訂策略 3.競爭分析 4.現有市場與經濟規模（新市場） 5.顧客認知價值以及增加運送產品的範圍 6.併購與撤資的可能性

另一個考慮的層面是依組織類型不同，而使組織各單位更有效率。如果是多角化投資 (conglomerate)，賣掉一些事業單位與管理階層的改變是最主要的衡量點。另一方面，一企業單位的效率將依長期以來的利潤記錄來判斷。對顧客效用與相對成本位置 (relative cost position) 的衡量，可以提供有用的資訊以支援損益科目。

對於企業中較接近顧客的部門單位，分析顧客認知品質和相對成本位置是較合適的方法。

愈接近企業總部的功能單位，由於相較之下和市場有一段距離存在，所以困難度也愈來愈高。由於和顧客之間的距離增加，故要求效率的壓力也減少。相反地，一些官僚氣息濃厚的作業功能，則與組織想要服務的群體保持一段安全的距離。在類似組織下使用內部需求研究和基準評比 (benchmarks) 將是個不錯的起步。然而，組織的層面在選擇理論方法仍是很重要的。

通常許多顧問公司傾向於在一般性的方法上加點東西，然後再去賣這些「仙丹妙藥」。這些顧問們學得零基規劃、相對成本位置……等等，然後就到處宣傳這些方法，不論是用在什麼情形下都非常有效，就好像 19 世紀末時，軟膏小販們在全國各地沿街叫賣一樣。

我們將試著在不同案例的情境之下，選擇適當的方法。一個能幹的領導者會確定他有足夠的智慧，能夠為他手中的問題挑選最適當的方法來解決。有些企業文化亦有此傾向。在一些領域中，有一個易被接納的趨勢，即對於任何問題都有解決方法的教導。

所有以事實為基礎來操縱成本和價值的程序，是依據一些以判斷效率為目的之評比或基準。這些評比基準愈可信，愈能夠輕易地溝通行動方案，也更能輕易地讓管理當局、員工和顧客接受。

基準評比法是一個建立效率非常有用的工具，其可提供已完整蒐集的事實，且每個人均認可其為正確的資訊。

基準評比法的可靠性依事實基礎的品質不同而有所差異，這些基準評比法的可靠性已做了分析和事實發現的程序分析。

精確分析前的速度與效果 (Speed and Effect before Precision)

在許多情形下，企業必須利用快速且積極的改進方案來拯救漸漸走下坡的企業。

新的競爭者、混亂的市場或疏忽與鬆懈都將使企業的處境變得很危險，此時需要一些立即的動作，來拯救面臨崩潰的企業。這裡所提的並不是我們在80年代常見的固定資產重估價或類似的財產通貨膨脹，而是成本已經提高到一定的程度，足以威脅到企業生存的情形。

在這種情況下，企業可以採用一些「快速和無所不用其極」的方法來達到想要的效果，縱使會犧牲企業的策略價值。

許多企業盲目地跟從，因為沒有在適當的時機評估其成本位置 (cost position)。根據經驗，企業與其他組織易犯的最大過失就是沒有持續地以不同的角度來查核他們自己的成本效率。良藥苦口，但是效果很快，只是在更有力的基準評比法或行銷審計形式的策略分析執行前，精確結果不易被評估出。

組織分析 (Organization Analysis)

本段將講述有關減少不必要管理階層的幾個快速方法。

以下三個規則可提供給企業來管理其組織結構:

1.領導者的管理控制幅度最多不超過 10 個人，但也不得少於 7 個人。

2.身負企業利潤重任的人必須是高層管理人之一員，且必須直接向總裁(CEO)報告。

3.從高層(CEO)到底層（領班）中間的管理階層數目應儘可能地減少。

這些簡單的規則看似老生常談，但它們卻時常被忽略。我們不必說明這象徵什麼意義，但在許多企業中，我們發現只有兩個到三個人向一個經理報告，這很明顯是資源的浪費。但反過來說，如果一個經理以下管轄太多人的話，常導致以下兩種問題發生:

1.領導能力變得薄弱，降低領導品質。

2.下轄經理人無法獨立，必須在較低的階層運作，然後再向上推諉責任。

圖 2是一家虛構的公司組織圖。圖中的生產總經理下轄三個部門，其中一個是負責採購的部門。許多領導者和學者都曾批評製造業的採購部門地位較低。採購通常是附屬於物料管制部門或是生產部門。雖然採購也和後勤作業有關連存在，但其專業技術卻是大不相同的。

這個組織在經過簡化之後，將如圖 3所示。結果不只是節省了可觀的高階管理人的薪水和酬金，也同時使得組織更有效率。

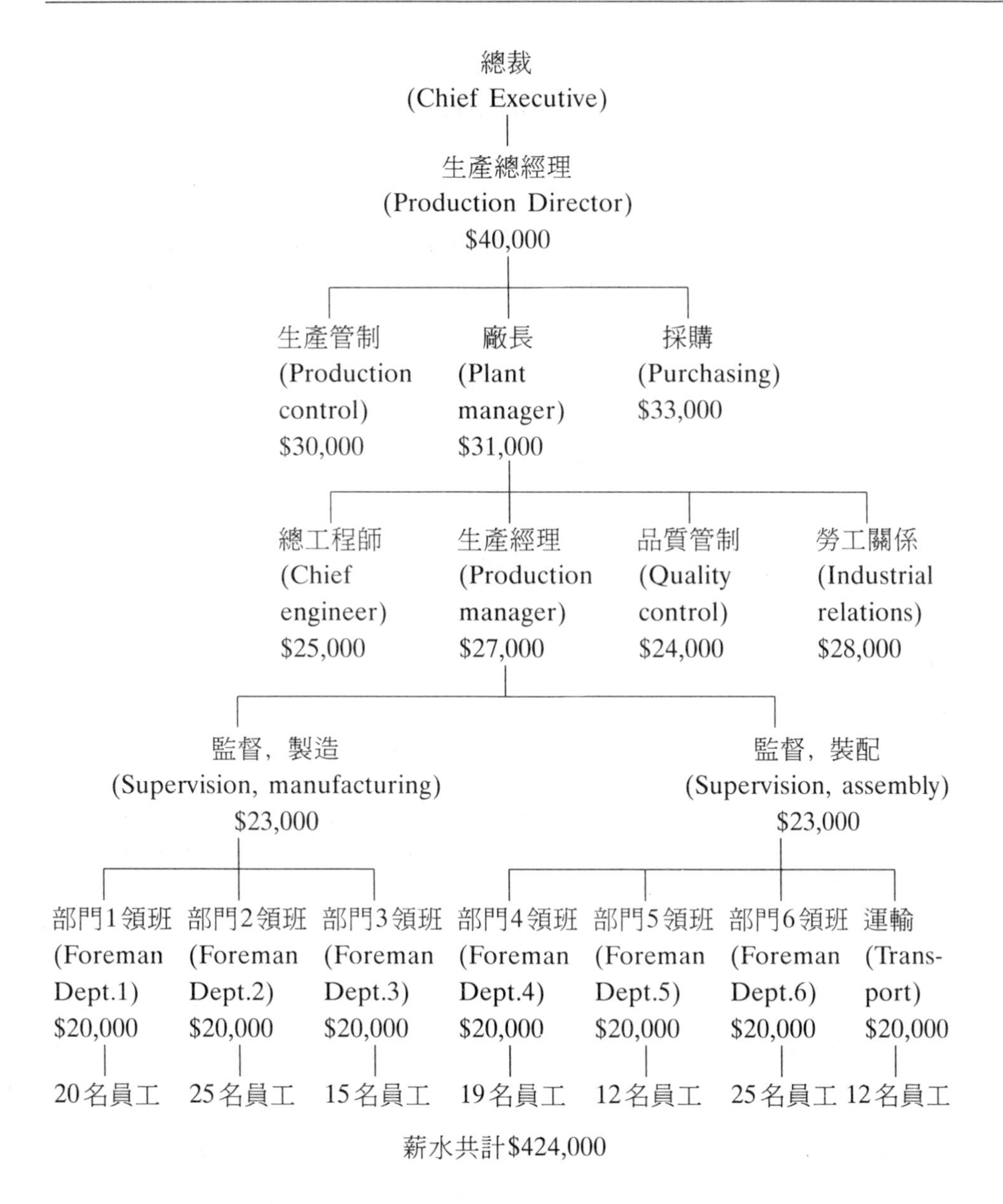

資料來源：Harry Figgie，削減成本。

圖 2 Harry Figgie 書中的削減成本的例子，顯示一中階管理層超過負荷的組織將增加薪水成本達$424,000。組織重整可以減少薪水成本的根本方法。

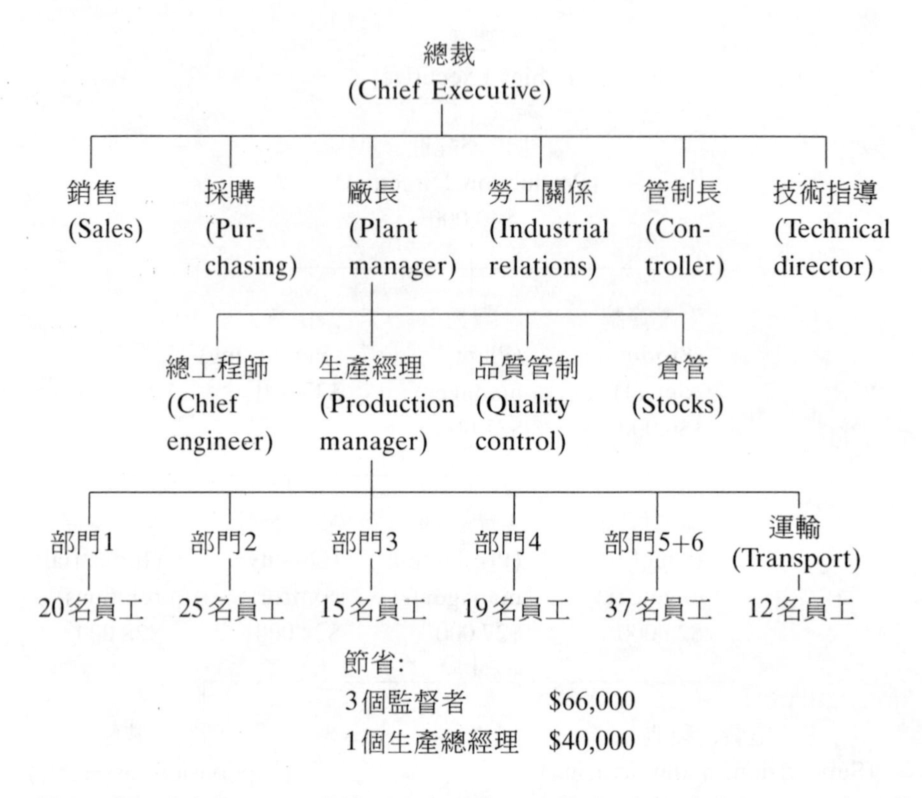

圖3 在組織扁平化以及拿掉一些中間管理階層（一個生產總經理，二個監督者與一個領班）之後，這家公司節省了$106,000的薪水和$40,000 的員工福利金。薪水成本總共減少了四分之一。

每一個責任領域都可以單獨挑出來，就其優點長處來討論，但這個問題的核心是必須要去找出一個快速檢查組織缺失的方法。這種重新檢視的方法可以用在銷售組織 (sales organizations)，通常也用在行銷組織 (marketing organizations)，而有不錯的效果。有一個能力很強的經理，通常就不再需要有一些個別的部門，如廣告、行銷分析等等。

每一個專家的功能，實際上是一個較大管理知識範圍中的一個重要的部份，其中管理者的知識廣度將是一個重要的原則。有一些組織用了太多的區隔部門，而領導這些部門的經理人的能力範圍是太過於狹窄。

一個經理人若負責愈多組織部門，則他的知識就可以成長得愈快。

現在的世界潮流是愈來愈傾向於績效導向 (performance-oriented)，知識變得愈來愈重要，所以已經沒有必要因績效表現以及發展技能的需求而感到羞怯。現在經營者與管理當局最感興趣的就是把有上述能力的員工集合在一起。除了成本減少與知識增加之外，組織也變得更有效率，經理人更樂於工作之中。

大刀闊斧法 (The Scythe Method)

有一種最不明智，但很不幸地被廣泛使用，有時甚至是必須的方法，就是大刀闊斧法，亦即直接全面刪減預算，而不管個別單位的效率如何。

此法唯一值得一提的是它的全面性，亦即事實上企業正在整體轉壞。大刀闊斧法通常用在公共部門，因為在此政客們沒有勇氣以效率為標準，來決定優先順序。在這種情況下所謂合理化的基礎不是建立在為人民創造價值，也不是過去部門整體的成本情形，只是簡單地以某一個百分比來刪減作業數量。根據經驗，企業考慮用這個方法的原因有以下二點：

1.管理當局不知道尚有其他可行方法和技術。
2.管理當局沒有勇氣去宣佈預算刪減的優先順序。

暫停長期發展 (Moratorium on Development)

即使在緊急的情況下，仍然會有其他較好的選擇。在沒有其他可接受的意見之下，只有一個可行方案，那就是執行重要事項分析 (q.v.)。

在需要快速增加利潤時，一個常被應用的分析步驟就是確認所有進行中的發展方案：產品發展、市場發展、管理升級、訓練計畫等等。

實際上，所有企業是為了確保其未來生存的營運管理與發展之綜合體。然而，在迫切的危機已經威脅到生存時，長期性的發展方案可以且應該被停止。

決定構成發展內容的方法可能有所不同，但是通常主導一連串的晤談已經足夠來建立主要的執行人員應如何來利用他們的時間。

這樣的發展計劃檢視與修改對於企業長期的專責執行人員來說，感覺上像是道德傷害。但是如果企業的生存延續受到了威脅，這也是沒有選擇之下的選擇。在這種情況下說服力是一個重要的關鍵。組織內的管理者必須要能夠了解長期生存是和看似短見的情形比較之下得來的。這種自由心證模型 (mental model) 非常戲劇化地描述著一個企業左右為難的處境：在短期與長期利益之中做一個選擇。

領導技能包括了正確分析情境與採取正確行動的能力。在某些情況下，可見的程度是如此有限，以致於短期的行動變成是一個策略性手段。在為了要生存的狀況下，長期性策略需要暫停長期性發展，這個矛盾 (paradox) 的理論將得以成立。

主要指標分析法（經驗曲線） (Analysis of Key Indicators) (Experience Curve)

在透過成本削減來大幅增加營運成果時，主要指標分析法是一個簡單且可行的途徑。相較於所花費的時間，此法的精確度頗高。

會計部門必須盡力去找出公司過去五年，甚至更久的詳細營運數字，並且將各項數字與銷售收益之間的關係找出來。成果報告可能如下所示：

1.過去五年收益各別加總
2.過去五年的物料成本、人工成本與製造費用以佔收益多少百分比來表示
3.過去五年各別的邊際利潤
4.銷售成本佔收益的百分比
5.製造費用佔收益的百分比
6.過去五年的總成本佔收益的百分比
7.過去五年的淨利益佔收益的百分比

然後以整體面來分析這些數字，得到粗略的型態，可以看出那些成本中心已經失去效率了。這實際上是另一種類型的經驗曲線。

下一步是把注意力放在檢查那些點可以進行成本削減，但又不會危害到企業本身。成本削減正常進行的順序是決定於總額的大小。

主要指標分析法傾向於機械化的成本削減，並不准許一些特殊情境存在。當然在某些艱困的環境下會有一些辯解產生，但儘管如此仍有一些特殊的情形來解釋既定的事情。

主要指標分析法可以和前述的長期發展方法合併，其成效良好。另外應說明的是，這是運用在第一個例子中所舉的公司，而不是技術基礎的公司時的情形。

技術基礎的公司通常視主要指標分析法為一個管理工具。收益和薪水成本大都總是最大的項目。如果獲利力沒有進展時，應該是以下兩種原因所造成:

1.收益下降，使得難以有效利用產能。
2.管理當局多角化，投資於某些尚未回收的投機買賣。

本書另外提供了數種有效成本削減方法，包括:

1.去蕪生產 (Lean production)

2.時間基礎競爭 (Time-based)

3.基準評比法 (Benchmarking)

4. ABC分析

5. JIT

現代的領導者應該將學習這些最常用來增加效率的系統化成本削減方法，視為其職業責任的一部分。

市場準確分析的基本觀念
(Fundamentals of Market Precision)

市場準確分析的概念可以粗略地分成以下二點:

1.評估顧客認知價值的方法。

2.給潛在顧客試用產品與服務機會的技巧。

顧客認知價值分析的基石有以下:

1.價值理論

2.價值分析

3.價格需求彈性

4.模擬選擇情境

5.品質

在行銷領域中有無數的選擇通路和媒體、製作及傳遞訊息的方法。本書並無意要和行銷文獻一較長短；本書的目的在給領導者對以下概念有一個整體的認識，如此一來他們就可以針對個別情況不同，自己選擇最適用、最佳的方法。行銷是一種異質性的專業。如果你思考行銷牙膏與核能發電廠之間的不同，你將發現在具體層面來看它們的確有很大的不同。可確認的類似之處是在於高層的抽象面。因此接下來的敘述，我們應該將範圍限制在簡潔的檢視一些市場準確分析的基本要素。

邊際效用與行銷 (Marginal Utility and Marketing)

德國經濟學家Herman Heinrich Gossen (1810~1858)在1854年發表其邊際效用理論。「所以Gossen提出他的理論，和我們在他之前從其他的作者那邊聽到的主張一樣，亦即他對於經濟學所做的貢獻，就像哥白尼之於天文學。」(Richard T. Gill)。

然而許多其他古典學派的經濟學家都從成本面來看，亦即生產所需的人工成本，新古典學派則從效用面來看。Gossen最偉大的貢獻在於其提出了一個完整的邊際效用理論，可以用下列句子來說明：「一件物品的邊際效用就是總效用的增量，或是因為多買了這單位物品而產生的滿足感。」

因此，想當然爾，有一個邊際效用遞減定律：在連續的消費之下，邊際單位的效用影響會減少。

我們可以進一步指出，每個消費者都會調整其購買量來最佳化所購買物品相對的邊際效用，來最大化其消費總效用。這聽起來似乎很複雜，但其實很簡單。瑞典人被迫必須要吃鮭魚肉，所以鮭魚肉的邊際效用很低。

實際上，邊際效用理論是行銷中非常重要的基石。總體經濟學和實務企業管理當局是靠這個概念做緊密的連結。

另外在繼續講解下面內容之前，必須區別行銷 (Marketing) 和銷售 (Selling) 兩者。這兩者之定義如下：

1. Marketing =創造需求。

2. Selling =接受訂單或是進行交易。

在本文中要介紹第三個名詞，包括了所有以最適化消費者效用為目標的行動:

3. Marketing precision =以最適化消費者效用為目標與提供消費者試用產品和服務機會的行動。

如果消費者沒有察覺到可以利用購買某些特定的產品或服務，來增加相對邊際效益的機會，則我們必須基於消費者的需要來創造需求。在需要階層 (hierarchy of needs) 中，各個階層的需要各有其不同。一個想要拓展視野的消費者不會想要去找一個旅行社來幫他設計一套希臘旅遊計畫，除非他被告知在這計畫中有能夠滿足他需要的東西存在。

只有在潛在購買者知道最佳化效用的可能性之後，交易才會發生，而這正是銷售人員想要的。

如果銷售是指完成交易，則我們應該提供讓購買者完成交易的機會。

"Market"一詞通常會令人混淆，因為它代表了地理區域和產品的用途。除非另外有指明，否則現在這個名詞我們將之解釋為「被服務的市場 (market served)」。

被服務的市場是由一群潛在購買者所組成，公司希望賣產品給他們，而且利用這一群潛在購買者來計算公司的市場佔有率。然後，行銷就是指從被服務的市場中引發需求。同時，我們必須謹記在心的是這個名詞也被用來標示出一地理區域——如法國市場——以及有時指的是產品的用途，例如手提動力鏈鋸 (chainsaws) 的家庭市場。

當我們利用這些定義時，價值圖的兩軸就需要有一些新的定義。縱軸代表相關特定市場的效用函數 (utility function)。價值變成必須要以價格這個方式做為犧牲，來換取和市場認為與之等值的邊際效用。我們可以分別來標出圖的兩軸——效用及價格。

在相關的領導文獻中，效用函數通常被稱為品質。品質這個變數非常複雜；他們由一個目標群轉移到另一個目標群，在內外部的解釋各有不同，而且就因為如此，他們在領導這個議題中是最有趣的問題之一。

在過去10到15年當中，有許多真正有用的市場分析技術被發展出來。只要完全瞭解並適切地運用，這些技術在幫助商業公司和類似的組織精確地衡量市場方面有長足的貢獻。

品質的優劣 (Quality for Good or Ill)

品質的概念在專有名詞解釋中有較詳細的討論。本書撰寫於1994年，那個時候品質一詞仍未深植人心。

建立工作標準、改善流程以及內部系統化考核的實行等全面改進就是品質發展的表現。品質原來指的是和規格與顧客認知品質相符，此一說法使原已意義含糊的字眼愈形模糊。

品質一詞就像市場 (market) 一樣，可以概分為兩種截然不同的涵義。品質在對策略問題有決定性影響之時，將統稱為顧客認知品質。

顧客認知品質和傳統認為品質就是符合規格的觀念並不一樣。後者也是很重要的，並且不容被忽視，只是它是內部對於零缺點、低拒收率、尺寸誤差等等標準的一種品質考核。

顧客認知品質是完全不同的一種觀念，它是藉由衡量價值圖中效用函數的各項組成元素而決定。最簡便的方法就是釘住價值圖中價格所對應的各種不同的成本點。可能的最低價決定於所包含的內部成本，而市場價格則是直接和顧客效用有關的。

收益也同樣以金錢來衡量，但是如果它的基本要素並不在組織當中的話，將比較難以掌握；此外，這些要素通常也較難加以分辨。

在企業內部，品質是以生產給顧客之產品或服務是否符合標準規格來衡量。而另外一種品質——顧客認知品質，則是由分析顧客效用函數的組成函數所得之。分析效用函數有其複雜之處，因為實際上每個不同的顧客對於不同的函數給予不同的重要程度，而這就是為什麼要對顧客做區隔的原因。

本書以下所稱顧客認知品質就是顧客效用，品質變數與其同義詞就是效用函數。使用這些替換的名詞是因為受不同學派訓練的人，其思考方向有所不同，而易造成問題。（詳見專有名詞解釋中的品質）

五個主要領域 (Five Primary Areas)

在此要提出有效達成市場準確分析的五個步驟。設定此一步驟之目的在於建立一個事實基礎，確保資源都能用在最有效的方法上。這五個步驟分別是：

1.市場與區隔
2.產品構造（概念）
3.通路的選擇
4.行銷溝通
5.顧客服務

市場與區隔 (Markets and Segments)

假設我們已經將我們所服務的市場以用途和地理區域來定義，現在我們必須進行以效用函數（在此即顧客認知品質的同義詞）來描繪出市場的概況：

1.分辨在不同區隔基礎下，各種效用函數之不同處。

2.建立區隔下的產品差異化程度。

3.將運送範圍（以產品種類來說）和效用函數做配合。

4.查證相關類型企業同業間的說法。

5.取得有關辨認和溝通區隔的資訊。

可供市場分析家做分析的工具不只包括態度的衡量方法，同時還包括行為的探討，亦即那些是顧客在實際生活中會做的選擇。

如果你進行一場傳統的表決，問一般人是否願做一次假日海上遊，大多數都會說要，因為海上旅遊給人極為迷人的印象。然而，事實上，只有少數的人會實際依照他們心裡所想的去做。

市場調查傳統上是用來對許多不同事件描繪出其態度的一種方法，在80年代，顧客擅長自己附加價值到產品上。

原因之一是公司想要差異化他們的產品，但是另外一個相同重要的因素是科技的進步。尤其是在電子領域中，可用不可置信的低成本創造價值。在許多情況下，結果只是讓顧客因過多的功能而感到困惑。

面對改善低邊際效用的反應現已經加強了，從《商業週刊》一文中所摘錄的片段可資佐證：

> 每天，在全美國，數以百萬計的經理人、銀行家、醫生、教師、總裁、以及其他有著高度成就的男士和女士，被環繞在他們四周的新科技產品搞得束手無策。在他們的辦公室中，似曾相識的電話和文件在一瞬間成為無聲的低效率機器，同時取而代之的是修改後的產物，能夠使工作更有效率的新系統，如電腦、傳真機、電子郵件等。但常常這些產品都適得其反。從辦公室回家的一路上，他們車上儀表板有許多令人眼花撩亂的數字顯示著，而他們的收音機上有一打誇張的令人無法

> 操作的超小型按鈕。回到家後，情形變得更糟，面對VCR、CD、訊息機器、電子自動調溫器、防盜鈴、電子時鐘、微波、更程式化的電話以及家用電腦等，都令人的緊張程度提高。人們似乎無法再有一些值得去做的事情了。他們的生活變成一個滿是閃爍的數字和嗶聲的夢魘。
>
> 夠了！在這被科技革命中所希望帶給人們的速度、效率及最重要的樂趣，完全沒有達到效果。辦公室的生產力並沒有提升。欣賞音樂被程式化所取代。而VCR呢？更是因為太難操作了，所以常有人笑稱，除非家裡有青少年這個年齡層的小孩在，不然因為父母都不會操作定時錄影等功能，錄影機的時鐘永遠只停留在12:00的閃爍狀態。
>
> 人因工程——或者完全不考慮人因工程——常常成為家用產品的一個問題。但是確實存在一個原因，使得我們遭遇了空前未有的困惑，那就是微晶片。現代電子產品的首要設計理念是經濟性。設計者為機器擴充性能，再也不受到成本上的限制了。被設計來執行一個單一基本功能的晶片通常可以再增加2、3、4或50個功能而不需增加太多成本，所以何樂而不為呢？但問題是，太多的公司汲汲營營於販售複雜、容量超載的新玩意兒，而消費者卻搞不清楚如何使用。即使有繁複說明的手冊亦無助益。

90年代將反璞歸真，利用實際的效用函數以及其邊際效用。一路由日益複雜的時代走來，現在的趨勢將走向簡單化。如果英航 (British Airways) 計畫要在他們飛機頭等艙的廁所裡放一朵嬌鮮欲滴的紅玫瑰，首先他們必須要知道此舉實際上能否增加顧客忠誠度（使人們再次搭乘英航班機）或是吸引新客源。

參考效用函數對整個市場進行調查，並且將其分成數個區隔，是要達成更精確的市場準確分析步驟中的首要準備動作。

諸如因素分析和集群分析等找出關係和確認群體的技巧，現在可藉聯合分析 (conjoint analysist) 來補其不足，亦即在不同區隔間給予效用函數不同的權數比重，並且利用行為項目 (behavioral terms) 來互相對照。

區隔是領導藝術之一。許多組織能夠藉由喚醒顧客的特殊需求而獲利。在許多的例子當中，對效用函數進行重要性和分配分析，對那些沒有習慣做類似分析的組織，從貿易工會到宗教教派，是很有價值的。

區隔的過程可由兩種方式來看。可以將一同質市場分割為一些區隔，或是將一大堆「子區隔 (subsegments)」聚集為數個營運的區隔。兩種觀點如圖 4所示。

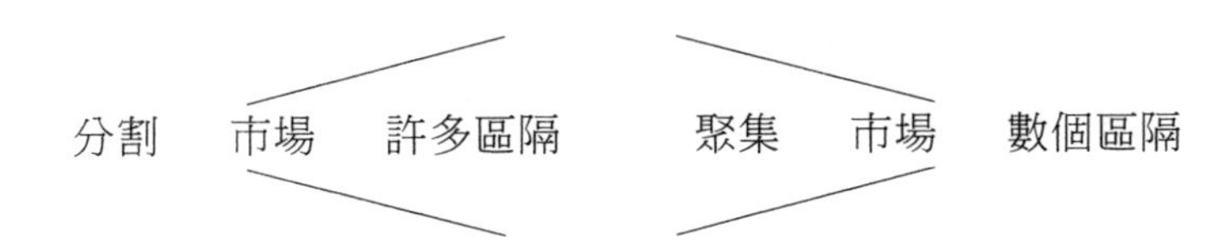

圖 4 一個同質的市場可以被分割為許多的區隔，而本身已包含許多小區隔的市場則可以聚集成數個營運的區隔。

區隔經常使用的技巧稱為集群分析。指有著類似效用函數（也稱為需要或需求）的個人，集合在同質群體裡。在群體內變異很小，但群體間的變異很大。F指數 (F index)，亦即組內對組間變異比率應該是非常大。

區隔的依據可能是顧客資料庫或是市場調查結果。最好的方式就是將兩者合併，也許可以檢視兩者，並找出已被確認區隔的關鍵或特性，如此一來，在產品差異化實行的同時，也可以儘可能地以有效率的方式進行市場溝通。

要做到全面區隔這項工作的成本實在很低，和其所能達到的效率增加程度相比之下，令人驚訝的是公司幾乎不必投入任何的資源。如同管理當局有必須為股東們維持公司一定相對成本位置的義務，管理當局有責任藉分析其所選定市場的效用函數和區隔市場來努力達到效率。

產品構造（概念）(Product Configuration)

產品構造一詞在製造業被用來指明產品和服務的最適化組合，包括所有從物料選擇和設計權利到顧客當中的所有步驟。在廣告世界中，被稱為概念。策略家對其則有數種不同的稱呼，例如設計理想達成範圍或產品最適化。

以上這些名詞所要表達的基本理念，是利用或多或少對顧客效用函數全面分析為基礎，來組成一個成品。藉由更正確的系統化技巧，市場分析以及科技已漸漸形成一個更為緊密的結合。本書選擇產品構造一詞，但讀者必須知道此一領域中的其他學術用語。

40年代末期, Lawrence D. Miles 開始以效用／價格比 (utility/price ratio) 來對不同子函數的價值進行分析研究。最近許多有效的評估和效用函數分類的技巧接二連三地問世，此有助於價值分析。

一群由 Paul Green 領軍的研究工作者，開始利用量化心理學 (mathematical psychology) 來調查人們如何做出決策。這使得熟知的聯合技巧 (conjoint technique) 得以發展。聯合一詞是 “considered jointly”的簡稱。

聯合法最大的優點是可以衡量實際的行為，而不只是態度而已。在企業對企業的市場中，態度和行為的差別可以用以下的方式做一簡短的說明:

1.態度指接受爭論的意願，即指想法組合。
2.行為意指依特定情境下之優先順序來排序效用函數。

特定情境在此包括時間、不確定性和其他情況層面。此即指區隔並非一成不變而是動態的。例如，一個人在艱困時期，其購買房屋或昂貴汽車的意願將降低。又如在財務不穩定時，可能改變其效用函數，像在買高級品或強力引擎時，會要求更高的可信度。

產品發展過程的目標在於找出市場上最有可能成功的構造或概念。研究顯示事實基礎有助於即使是最敏銳的公司管理當局改善其績效表現。所以不容置疑地，必須要好好利用現代化方法所提供的效率利益。

公司和組織通常無法提供能符合顧客決策類型和偏好的東西，以致於下場悲慘。更糟的是，公司忽略要事先確定顧客的偏好，使得公司全面的決策錯誤。引入服務鏈和其他整套概念的真正原因，是公司想要在顧客潛在購買力中贏得更高的佔有率。

就如大科技主義 (large technocracies) 企圖以垂直整合來獲得額外附加價值，公司通常企圖以增加供貨、運送範圍來賺更多的錢。這個動機並不是不好，但是有此種志向的公司必須被告知事先決定要達到什麼樣的範圍，是符合其顧客的購買行為。如果你計畫要進入另一個以前從未服務過的顧客購買過程，你需要知道正在做的是什麼，並且據此來自我準備，以免事後損失慘重。

通路的選擇 (Choice of Channel)

在此通路的選擇被定義為接觸到購買者的途徑。因為從原物料到最終使用者之間步驟的增加，通路選擇之重要性在所有類型的企業中日益重要。在任何類型的企業之中，選擇正確的配銷通路和理性劃分整合鏈是非常重要的。在軟體公司中，微軟公司說自己是「提供解決方案者」(Solution Providers)，是指一些幫助最終使用者設計適當架構的公司。使用的是微軟公司的軟體。

在其他產業，因資訊科技進步以及最終使用者變得愈來愈有智慧，一些傳統的通路和中間人都已消失。例如旅行社便深有此感。他們傳統的功能有以下二種:

1.提供可行之旅遊行程資訊。

2.深悉如何去做必須的安排。

許多其他的經紀業務亦同，現在的最終使用者知道更多有關此一系統如何運作的細節，而且也可以有更好的管道從資料庫得到有關可行方案的資訊。

消費者和產品提供者的銷售和配銷通路類型持續地在轉變。舊的結構漸漸過時，新的機會竄升。在許多商業的其他領域中，最好的建議就是試著去找出可以提供競爭優勢的結構。在此有幾點通路選擇時要注意的事:

1.以「供應商的選擇者」來定義顧客。

2.連結整合鏈，同時向前和向後到最終使用者。

3.你自己的產品在顧客購買決策中的重要性。還有其他什麼產品和服務也同時被考慮在內?

4.在整合鏈中包含小規模的營運，因此可以由其他人接手。

5.價值鏈中以顧客為導向的優勢。

6.與自己及其他企業來做評比分析。

7.將自製或外購分析應用於配銷的各個階級。

8.檢視垂直整合鏈中的分配角色。

商品世界的競爭壓力愈大，選擇正確的通路就愈形重要。

行銷溝通 (Marketing Communications)

若前述步驟已被充分掌握，亦即如果市場已依效用函數被定義；如果已依分析結果來做區隔，而且如果所架構之產品或服務的屬性已盡可能地在程度上或種類上符合顧客效用函數，則此一分析將可以提供正確的銷售點、目標群體和媒體。

創造力，被定義為可以用新穎且創革的方式來整合已存在的知識要素之能力，如果使用的知識要素是由一正確的分析得來的話，將有潛力可以達到更高的頂峰。

行銷溝通如同資料處理、物料管理和財務控制一樣，已發展出一特殊的次文化。企業管理當局的重要任務之一就是為次文化注入一部份的新價值——以公司的企業使命和策略為基礎的價值。說得容易，但做起來可難了。為公司全面的行銷以及特別為公司的行銷溝通做一體檢稽核，可謂是使資源最適化的好工具。

行銷報酬率被定義為銷貨收入除以行銷投入資源。市場準確分析最主要的目的就是要最大化行銷報酬率，亦即最大化所花在行銷工具上每一分錢的銷售。在許多產業中，以及在許多個別公司中，行銷溝通是很大的一個成本項目，利用來產生更高的報酬。

行銷溝通的公式可以下式表示:

市場分析和區隔＋產品構造＝每一個目標群體進行行銷溝通的理由

一旦理由已被明確表達，現代化分析性技巧就可以加以測試。行銷溝通的順序如下所示:

1.和每一個目標群體相關理由的知識
2.公式化並測試這些理由
3.複製
4.文案美工工作
5.媒體
6.目標測試

行銷溝通的效率很難予以衡量。最好的方法就是以分析的方式來進行，以便在最大可能投入下能提供有創意的內容、文案和媒體人員。

顧客服務 (Customer Care)

我們可能強迫推銷產品給一位顧客——但僅只一次。然而，這無法保證在長期效率的利益下，持續顧客和公司的關係。這就是為什麼再訂貨單的頻率是重要的標準，儘管經驗顯示這件事常被忽略。一張再訂貨單證明顧客曾經被滿足以及他從所花的錢中獲得價值，亦即他發現自己所得到的效用函數和所花成本相較之下有利。

在許多情況下，得到一個新顧客或再找回已流失顧客的成本，遠高於提供現有顧客價值及維持現有顧客的成本。

顧客服務指以某種方式來對待顧客，使他們想要再次購買。顧客服務表示公司的持續努力，為其顧客們創造價值。從這個觀點來看，顧客服務可以說有以下兩種必須的功能:

1.防禦性功能以維持住現有顧客。
2.攻擊性功能以創造更多的價值，吸引新顧客。

第一種功能的目標是放在公司或組織的自有顧客。第二種方法較積極，從最適化與競爭者有關的產品價值這個角度，來研究競爭者顧客的忠誠度，並據以奪取市場佔有率。

整個分析方式是被設計來培養自己的顧客，故更適用於攻擊性方面。你可以得到一些有關於你的競爭者的產品構造和顧客忠誠度的訊息，並利用它來設計自己的行銷溝通，這等於是競爭者出錢來幫忙增加自己的銷售機會。

接下來所談到的顧客服務分析法的應用情形則較少。以 Saab 汽車為例，也許他們可以致力於確認那些因素會誘使 BMW 的使用者改換品牌；德航可以找出有那些因素能夠幫助他們將乘客從英航那裡拉過來；

Electrolux 可以決定除了價格以外，還有什麼因素對公寓大樓建築商在選擇白色建材 (whiteware) 的供應商時有決定性的影響，諸如此類等等。

我們可以在專有名詞解釋的顧客忠誠度，即重覆購買中，看到一些顧客服務的例子。顧客忠誠度和再購買次數是所有商業行為參考因素中最重要的二個因素。一個高的再購買次數證明持久的企業關係已經被建立了，這就是許多企業的目標。因此除了問卷調查及評估效用函數之外，現代的管理當局還必須研究最新的市場分析所提供的各種可能性，來衡量顧客忠誠度和再購買的次數。

領導風格 (Leadership)

在企業以及其他活動當中，領導風格 (leadership) 無庸置疑地是成功的基本要素。但問題是，領導風格一詞主要都被應用在激起熱誠以及說服組織跟隨的能力（參照專有名詞解釋的領導風格）。若問到邱吉爾是不是一個好的領導者，人們都持一個肯定的答覆，因為他非常出名而且極富領袖氣質。結論是似乎領導風格只是一種行為上的考量，而與成就無關。

成功的領導風格需要一些特質，而其中有些會相互矛盾 (conflicts)。我們可以扼要地來看看這些矛盾或對立 (dichotomies)，值得在做自我診斷與管理者和員工評估時謹記在心。

一個非常明顯的對立存在於企業利益與人的利益之間。純粹的企業家類型通常是將其全部的情感投入到組織建構當中，以求得長期生存的能力。一個以績效為動機的個人是被其慾望和憂慮所驅使，因此通常在人格整合方面較差。此種人格類型的優點在於其能夠貫徹始終地做完一件事，缺點是這種企業家特質可能因其自身的慾望而影響到組織。

很少有同時具有良好人格整合及強烈績效動機的人。績效動機較低的社交整合性人格，傾向於注意環境中的關係導向而非績效。關係導向的人比例較高，例如前述這類人在財稅公共部門中的比例，要比在要求持續高度績效的競爭企業中來得高。

另外一種只有少數人可以處理的對立問題，就是一方面要合理化和成本控制，另一方面則要為顧客創造價值。有些人認為情境可以量化並且利用明確的變數來加以描述；他們需要固定的參考架構才能感到安全，同時認為銷售和行銷的同事則是缺乏責任感，而且沒有紀律和特質。從另一角度來看，一般的銷售人員和以服務為理念的人，則被那些自命學問高深、數據量化導向的同事拒於千里之外，而銷售和服務人員也不想和他們打交道。當然了，上述這些特性有些過於誇大，但事實上很少人擁有這兩種技巧或能力，可以來決斷何時以及在何處，價值創造和行銷功能應該比實質的詳細資料和分析化功能先進行，或者相反。

這些行為類型可以被歸類為不同類型的思考方式，而這兩者都是我們需要的。推論的思考方式指的是從一資料母體中，導出一個有順序結論之能力。另一方面，創造的思考方式指的是從不同的創新方法中，整合其中的知識要素之能力。然而創造力必須限制在有建設性的前提下，防止它失掉方向。對於企業來說，推論和創造都是兩者缺一不可的：前者主要用於分析成本和資本，後者多用於企業要擴張發展的時候，此時我們利用創新來協助企業找出其競爭優勢，而不是用分析的方法。

故在其他許多情形下，領導者的自我診斷力就很重要了。換句話說，你不必要擁有所有相關的技能，但你必須要能在有需要的時候，從他人身上得到必要的幫助以完成工作。

現在的趨勢是那些有著天賦價值創造才能的人，在成功的時候被擢陞至領導位置，而在蕭條的時候陷入困境。相反地，那些在蕭條的時候被委任分析專長的經理人，通常在企業好轉時都缺乏企業發展的能力。

策略性能力和戰術性能力是看似獨立但卻相關的問題。此即為一明顯的對立問題，許多人只具有其中之一。策略是長期性的領導風格，在此時此刻採取一些行動以達到未來的成功。這個觀點在專有名詞解釋的策略和策略管理中有更多的解釋。策略問題中有關投資部份包含了現今的犧牲享受和未來的享受犧牲。個人和情境因素兩者都使得短期性和長期性問題難以同時兼顧。

在景氣好的時期，當公司和組織可以把眼光放遠時，操作性問題就會被忽略。當長期發展部門受重視時，成本和資本被視若無物。這樣做的後果就像眼光淺拙所造成的後果一樣嚴重。所以領導者必須有就這兩個層面仔細思考的能力。

第三種可以簡單描述的對立情形，是安全 (security) 和風險 (risk)。成功的企業家和輕率的狂熱份子之間的差別只是一線之隔。一個細心的領導者和死板的官僚之間的分野則是較易分別的。經營事業而不冒任何風險，以及沒有做好全盤考慮，而企圖擴大營運範圍、增加市場佔有率一樣，長期下都將損失慘重。

第四種對立是介於事實基礎和沒有事實基礎。領導風格不只是一門科學，更是門藝術。在科學領域中，你可以將變數量化，找出函數來表示其中的關係，並決定最適解。我們無法明確地定義出領導風格的變數，其中的關係是未知的，或是根本無法得知，而所能做的只是盡力去找出可以滿足的解。

因此，一位領導者必須時常在缺乏事實基礎和分析的情形下，靠判斷來決策。很難去找出一組理想的事實和判斷的組合，因為有許多的因素是視情況而定。

簡單地說，領導風格是極為複雜的一件事。它需要許多的能力，但卻很少能同時在一個人身上發現。要瞭解前述之不同的觀點之後，再加上自我認識 (self-knowledge)，就等於已經具備了所有成功領導風格之要求。

摘要 (Summary)

在做市場準確分析時有一些陷阱，在此要更深入地說明。

1.**無法確認顧客的效用**。這將導致在企圖「增加價值」時，額外成本比多賺的額外利潤還多。而所希望的超額利潤是來自於更高的價格，或更高的銷售量。

2.**雜亂的產品組合**。為了要追求成長，而將產品和服務搭配在一起，但卻不符合顧客的購買習慣，因此正確的價值鍊分析是必要的。也許市場上存在著需求較大運送範圍的區隔，但要合理地找出這些區隔的範圍到底有多大，和它們的購買意願如何。

3.**效用函數無法溝通**。這是很普遍的。如果你有一個好的效用函數，你必須要讓大家知道。如果你已經發現一個解決困擾顧客問題的新方法，或對現有產品做一顯著的改善，你必須要分享這些消息。這表面上極為明顯的規則卻常被打破，也許是因為公司並不願意承認舊產品較差，或是害怕在和新產品相比之下顯得較差。

4.**疏忽了不同效用函數的價格敏感度**。高估或低估了一般顧客的效用函數價值，可能導致價格定得過高或是過低。根據價值分析原則來思考，可以給廠商在做相關函數和區隔定價時有一個參考基礎。

5.**將注意力放在產品上而非價值鍊上**。如果在一個特定的需求領域中，將過多的產品放在同一個籃子裡，就會把產品弄得太狹窄了。如此將造成即使你的產品較好，你的顧客仍會選擇其他的供應商。在錄影帶業中，VHS 的供應商在價值鍊的判斷上較Betamax 正確，他們的做法是提供較寬廣節目的範圍。儘管事實上專家都認為Betamax 系統比較好，但最後是VHS 贏得這個市場。換句話說，產品的最適寬度對現代市場的分析來說是非常重要的一部份，而不僅僅只是在提出一個好的產品架構。

現代市場分析的主要功能有二，第一為透過評估價格敏感度來使收益量化；第二則是在一個既定的成本結構下，判斷採取不同行動時的獲利力。

要量化一家公司的成本和資本是很容易的。然而，若是只考慮收益面，則必需承擔相當程度的風險。因此，我們應該藉著評估效用函數和依價格敏感度來給定價值，在產品架構改變時，衡量其結果。

雖然所算出來的結果精確度比量化成本和資本為低，但是在許多情況下，這些計算結果在做有關市場和顧客方面決策時是相當有價值的遵循方針。

企業家領導風格，就像任何成功的領導風格形式，是建立在價值和生產力的平衡點上。價值是顧客願意付出的錢乘以銷售人員能賣出的單位數。生產力是總生產成本除以生產量。

受理智思考訓練的人們，都會把他們的全付精神和分析能力放在公司可以量化的那一方面，也就是重視成本和資本。當然了，這是極為重要的，不能忽略。

然而在以事實為基礎的管理，也該考慮以顧客價值面來設定他們的事實基礎，進而提升管理決策的品質。所有的管理都是事實基礎和判斷的結合。在一些輿論導向的文化中，例如作者的祖國，北歐，決策的實際投入要素往往都傾向於達到大家的同意。所以我們有很好的理由，以及足夠的空間，來讓以事實為基礎的管理風格，在決策時能有高品質的投入，即不只考慮成本和資本，也考慮到了顧客認知價值。

以事實為基礎的管理，它的風險在於為了要尋求事實基礎，而沒有判斷，而這樣子的分析將受限於量化因素中。在強調科技主義的文化背景當中，存在著一個非常嚴重的風險，就是容易忽略了那些經驗、判斷和創造力色彩濃厚的知識領域。故以事實為基礎的管理理念應該有一些條件和限制存在，以確保不會因為缺乏全面的思考而妨礙了決策的適用性。

專有名詞解釋

併購（Acquisition）

併購是常用的一種成長方式。藉由買下一家企業或是一間公司的股份，你可以急速壯大成長，但組織化成長（organic growth）則是一種漸進的擴張方式，所憑藉的是公司從自有的事業營運中獲得資源。

有許多的研究探討以併購為公司發展的方式。結果顯示在極大多數的例子當中，賣方通常是滿意的一方，然而令人不可置信的是，通常買方都對併購不滿意。

併購的技巧和管理被併購企業的過程在近幾年有大幅改善，所以在今日，買方通常都會盡量去避免大多數因不小心而掉入的陷阱，例如得到在一些暫時的情況下會異常高的獲利曲線。我們有時會耳聞某間公司，可經由成本削減來提高獲利，但又無法長時間維持成本的削減，而且將會對企業有害。短期內提高獲利比較可能的方式有中止產品發展、人事和市場費用。

另外一個併購的陷阱，是買方太過於急迫要改造被併購公司的發展方向，以便和本身企業架構配合，卻沒有十分留意到併購前應考慮的成本要素。為了要避免損害到被併購公司的企業使命，買方將承擔流失能幹人才的風險，尤其是這些人轉而投效競爭者的風險。

我們整理了併購的三種可能動機:

1.補強投資組合不足的地方。
2.有多餘的資產。
3.強化事業單位。

除以上三點以外，另外再補充第四點，雖然這個動機對企業來說是很不合理的，但是仍然非常普遍，那就是建立屬於自己帝國的慾望。

如果你想要補強投資組合不足的地方，你的目標可能放在要獲得能夠滿足某特定領域顧客需求架構所缺少的產品，或是利用配銷通路，或是其他等等。Volvo之所以併購DAF，是因為要藉著增加車系中較小型且較便宜的車款，來加強自己和零售商談判的籌碼。

景氣繁榮的時候，若公司的現金流量有增加，時常都會把多餘的部份拿來做投資。儘管本業的投資機會很多，但在考慮風險和時效性之後，通常會把錢投入到其他事業上。

類似於現金投資動機，就是去併購一家經營管理不善的公司。你也許有機會來看看一家公司的管理階層是怎樣指揮管理他們的公司，然後得到一個結論，就是你可以靠買下這家公司並且重新安排新的管理人員，來使這家公司的利潤迅速改善。像這種情形就代表有一個事業機會存在，而這個機會可以讓投資收益非常高。

第三個可能的併購動機是要強化事業單位。而併購對象可以是某一個競爭者、某一供應商、某一個新的配銷通路、或是某個新的科技。有時候買下競爭廠商只為要得到更大市場佔有率，但在某些情形下，卻是為了要贏得在配銷和生產量上的一個經濟規模。

例如在美國，快遞包裝業的市場佔有率對於在某特定區域的遞送頻率有重要的影響，以至於一家公司能否以合理的成本來做快遞業務，都有著關鍵性的影響。

在其他方面，經由較長的產品生命週期，可以達到一個顯著的經濟性。然而，先進的現代科技卻使其不像以前那麼重要。生產量的經濟規模時常被高估為一種競爭優勢。

除了併購的動機以外，有意願的買主一定要評估併購的潛在價值，以做為協商談判時的基準。根據實證資料顯示，80%併購案的買方，在交易達成兩年後，對併購交易感到失望，但卻有相同比例的賣方對於交易感到十分滿意。換句話說，對於策略評估和實際操作來說，併購都是一門非常困難的藝術。

併購最常犯的錯誤，就是錯估策略形勢和併購的運作技巧。故買方必須做的重要事情之一，就是要判斷併購的潛在策略性吸引力，並且和併購的運作能力之間取得一個平衡。表1可看出有著相同投資報酬率的兩家公司，在未來獲利潛力上卻有相當大的差異存在。

表1　兩家公司的投資報酬率比較

評估	A公司	B公司
投資報酬率	20%	20%
市場佔有率	小	大
相對市場佔有率	小	大
相對產品品質	低	高
資本週轉比率	高	低
資本／員工數	低	高
附加價值／員工數	中	中
市場成長	低	高
遠景	優	損失

事實上，A 和 B兩家公司的例子顯示一樣的投資報酬率可能只是巧合，或是因為管理能力方面的差異。就像在所有其他的事業情況，管理者必須掌握併購作業的交易要領，以便能對其現在的績效表現做一正確的評估。

有許多的文獻對於這個主題提出檢查表、篩選方法以及其他的併購技術。本段將較重要的問題列之如後：

1.被併購企業預期產生獲利為何？

決定購價時要考慮到被併購企業的成長率是理所當然的事，所以賣方被迫要給廠商一個保證。而理所當然地，預期的未來所得必須要以購價來衡量，故評估這些預期的真實性如何必須是一個有效的工具。

2.被併購企業的缺點能被修正嗎？

前面曾述及更換管理當局的可能性。在其他例子當中，買方可能也注意到行銷組織、生產以及其他功能也有一些積習不振的情形，只要立刻加以導正，就可以迅速改善獲利。

3.被併購企業是否將使現有的投資組合更加完整？若是的話，又是如何達到的呢？

提倡有計劃併購的人常認為有綜效存在，然而實際上綜效有時並不存在。特別是當真正的動機是要建立企業帝國時，會利用綜效來掩飾其真正的動機。對大眾來說，所看到的表面是完全合法的綜效講法，直到真正的動機被承認為止。

4.被併購企業的價值為何？

這個問題的答案，就是你最高願意花的錢，而這錢數則端視被併購企業對公司本身的價值有多少而定。這種推理的方法有助於我們更易瞭解談判的架構。雖然就被併購企業而言，在決策之前適當的深思熟慮有其優點，但卻鮮少有時間來做這件事。

做了這麼多有關併購的說明，目的在於澄清併購真正的動機所在，以及提供思考點和該問的問題。在此可以下一個結論，就我們所知，有許多並未做分析的公司領導者，進行企業化的併購之結果是出人意表地成功。有一種情況是中等規模的併購交易可以在兩天之內達成，但另外一個情形是兩家公司花了好幾個月的時間和賣方談判。所以併購技術的知識是必備的，而且可以節省許多時間。

活動基礎成本（Activity-Based Costing, ABC)

ABC重要的背景概念，是愈來愈複雜的工業系統，其直接原料和人工成本的比重已漸漸減少，取而代之的是聯合成本以相同的比例持續地成長。以前直接原料和人工佔了產品成本的極大部份，所以用各別的變動成本比例來分攤占極小部份的聯合成本是可以接受的。近來，這樣的分攤基礎卻比較不合理。

舊的聯合成本分攤原則似乎只要固定下來，就持續不變地使用著，不管成本會計方法的改變會導致批評、重新評估及其他許許多多令人厭煩的事情。這件事所透露的事實訊息非常簡單，就是間接成本已漸居主導地位。就如同一家有名的會計師事務所所指出，「以前每八個工人需要有兩名簿記員。現在每兩個工人就要八個簿記員。」結果是標準化產品要來補貼特殊產品和服務，高產量的產品補貼那些較小產量的產品。

下圖顯示傳統的方法、成本定價會計和邊際貢獻會計。

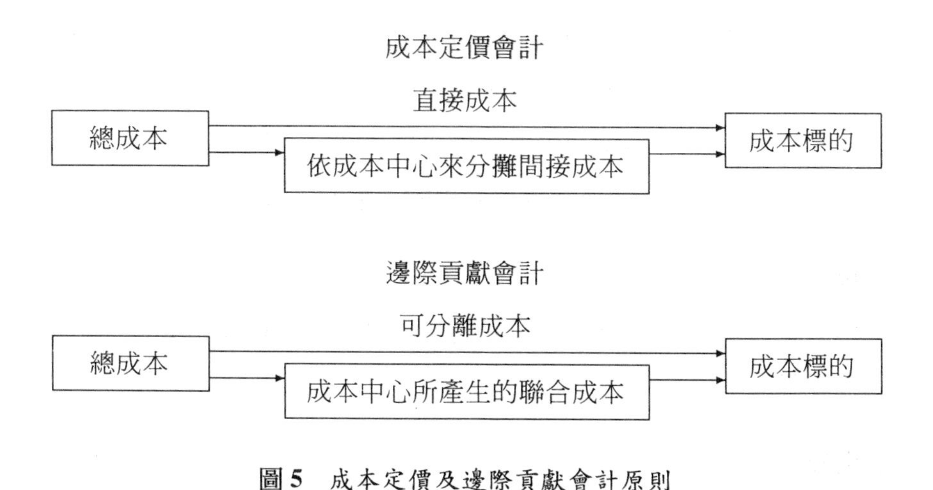

圖5 成本定價及邊際貢獻會計原則

如所見，問題是在企業成長得愈來愈複雜之後，實際的情況和模型之間的距離愈來愈遠。活動基礎會計的原則就如下圖所示。

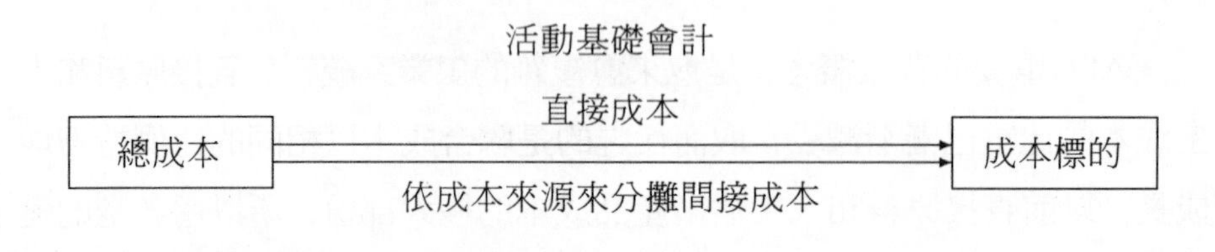

圖6 活動基礎會計原則

活動基礎的定義（Definition of Activity Based）

下列各點是ABC的重要基礎:

1.針對每一個活動調查資源使用階段。

2.對每一個產品或服務來調查其活動。

3.各項活動相關的成本來源。

達成目標的連結成本會導致成本的上昇。也就是說，根據ABC的分析，一件產品或服務所花的資源較多則會被歸類為「昂貴」。

ABC架構當中有四個元素需要加以定義，分別是標的（objectives）；資源（resources）；活動（activities）和成本來源（cost drivers）。

1.標的

標的是成本會計的目的物。通常是產品，但也可能是顧客、市場、產品群等等。

2.資源

資源執行工作，也因而產生成本。資源的例子像是人力、電腦系統和生產機器。

3.活動

活動就是被資源執行的工作。包括購買原物料、開發票、編製預算、市場規劃等等。活動可以用不同方式來定義，詳細程度也有不同。儘管將「硬體」也定義為資源，像工廠機器，但活動一詞通常都是指人力作業。

4.成本來源

成本來源指的是標的和作業之間連結的數量，這也是ABC模型的目標。例如，訂單數可以是一個成本來源。一個成本來源必須要可言傳、可控制以及被組織接受才有用。成本來源可被組織控制和接受。以成本會計為目的之成本來源同時也必須和成本標的有關。這指的是一個成本來源被用來計算產品成本，對個別產品來說必須是確實可靠的。

ABC 分析的第一步即是定義成本來源和其所包含的作業。這兩者可以同時決定，結果完全視ABC模式如何設定其目標，以及如何來處理相關資料而定。

定義活動是件費時的工作，而且是必須要竭盡所能詳細地做。一旦作業和標的已被設定，成本來源也必須被建立。而這需要許多人工小時的投資，因為ABC不只是一個成本會計系統，也不像一般的分析工具單純只提供管理決策訊息，而是可以隨時被用來支援決策，把企業導往正確的方向。

以下列出 ABC 的一些優點:

1.強調非經常性的成本關係是有價值的，因為其提供仔細的分析，而其他分析卻很少做到。
2.用活動來取代傳統的成本中心，而將公司分割成與價值鏈有關的價值產生單位。

3.這兩個階段具有教育價值，第一個階段明示了每一個活動所耗費的資源，第二個階段顯示了這些作業是如何被產品和服務所耗用。
4.建立成本基礎有助於更深入瞭解公司的效率。
5.由 ABC 的角度看來，一些已知的因素例如經驗曲線、規模經濟綜效、能量使用及全面品管都會更加清楚。
6.在所有的成本都被考慮進去時，可以避免將太多的費用分攤到直接原料和工資成本上。
7.產能成本是依整體利用來計算，免除了可能發生的不可控制產量變動。
8.使用 ABC 可以更有效率地避免使用到組織內次佳解的風險。
9.大部份的成員都要參與資料的蒐集，可以教育全體組織。
10.成本的問題方面，不僅可由產品和服務，也可以由其他如顧客或地理市場等標的來追蹤。

事實上，這個方法正利用一個新的名字來推廣，其包含了組織中的許多人，這個方法本身是極有價值的。舊的成本會計方法必須被修正，而 ABC 有助於釋放資源來評估生產力問題。

ABC的下一步是 ABM，活動基礎管理（Activity-Based Management）。ABM不只包含活動和成本來源等元素，也包含活動如何被用來滿足顧客的效用函數，以致能有益於創造價值。

在瞭解這個方法的優點和風險之後，運用起來將更具效力。因此由衷地推薦 ABC，同時也要督促你們記得 ABC 的限制和風險。如果你們確實地瞭解，ABC 就只會是一個有價值的工具，如同它在其他例子中所證明地一般。

重要事項分析 (Agenda Analysis)

重要事項分析實際上是由策略發展領域衍生而來，但它只可以在成本必須刪減的情況下，才能得到其優勢。

重要事項分析最早於 Jane E. Dutton 一篇名為〈瞭解策略性重要事項建立和其在管理改變時的含義〉文章中提到。這篇文章的重點非常簡單，主要是說管理當局不必太汲汲營營於全面性地評估事實上並不重要的成本要素。如果將有用的成本要素列出一張表，並邀請管理當局中的成員各自決定他們認為這些要素的優先順序，將可以得到兩個結果:

1.各項成本要素的平均排名，指出管理當局對這些成本要素是重視還是不重視。
2.管理群中意見的評估範圍。

第二個結果是重要事項分析一個特別重要的影響。舉個應用的實例來說，某企業管理群中的一位新人，因為他的剛剛加入，因此其他人對他十分友善且尊重他的看法。故當他主張策略上應注重財產（房地產等）的發展時，只有少數人持輕微的反對意見，結果沒多久就碰到了1990年房地產狂跌的局勢。

然而在同一家公司的重要事項分析之中，所有管理群的十名成員被要求針對不同的策略意見加以評估時，財產發展則是列在最後。因此可知這個方法可以看出真正的意見，以及群體中的分歧。

管理群中對於成本削減的共同意見以及變數，可以用類似的方法來決定。

障礙（Barriers）

障礙指的是「用以構成阻礙或屏障的長期架構」。依此類推，這個名詞用於事業策略當中，即是指建立一個阻礙，防止新競爭者加入，或是防止現有廠商離開市場。

建立障礙是為了追求競爭優勢的一部份，障礙的本質各有不同。傳統來說，這是一個高資本密集的問題。在航空事業，障礙包括特權和高額的資本。有許多商店的諮詢處或是其他競爭優勢都讓競爭者難以介入，這種障礙叫做進入障礙；接下來還有一些例子。

進入障礙（Entry Barriers）

— 規模經濟：需要大量的投資以降低生產成本。
— 差異化產品：顧客對某一品牌或供應商具有忠誠度。
— 資本需求：在聲譽、形象或其他方面投入大量資本。
— 改變成本：對顧客來說，更換供應商會增加成本。
— 配銷通路：沒有可利用的配銷通路。
— 要素和原料：無從得到。
— 廠址：已被佔據。
— 缺乏經驗和技術。
— 預期關係：競爭者會一個鼻孔出氣共同來對付新加入者。
— 削價。
— 專利權。

退出障礙 (Exit Barriers)

在許多產業，退出障礙已變成長期獲利力的一大嚴重阻礙。造船業就是一個典型的例子。許多國家建造了大型的造船廠，並且注入數億美元的投資。一旦產量過剩的情形發生，投資者用盡一切手段來保住他們的投資，結果因產能無法迅速降低，所以仍然沒有人可從中獲利。同樣的事情也發生在鋼鐵業，而且也可能發生在航空業。退出障礙的類型有以下幾種:

— 投資過多。
— 聲望和形象。
— 管理當局對自身的自豪。
— 政府干涉。
— 高解約成本，如廠址重定。
— 同業工會反對。
— 其他產品或市場也必須承受一些成本。
— 供應商、顧客、配銷者。

進入障礙的目的在於阻止新的競爭者再加入。其中的觀念在於讓進入市場所必備的成本變得很高，以致於在必須承擔高額資本投資下，可能有報酬為負的情形產生。所以進入障礙的方式為提高進入成本，或是增加新加入者的風險。

另一方面，退出障礙卻迫使企業在低獲利力或資本報酬率為負的情形下，仍需繼續營運。由上述的各項退出障礙可看出，大致可分為三大類: 社會及政治因素、經濟因素和感情因素。最後一大類的例子如一個向心力極強的公司進入一個新的領域，儘管有鉅額的虧損，大家仍堅定信心團結一致地持續下去，年復一年。這些情形不是不普遍，而且他們經常會為產業中其他既存的公司帶來相當嚴重的問題。

障礙的另一面也可以製造有利的競爭契機。例如像某一產業的管制，形成了一個有效的進入障礙，所以在解除管制時，創造了一個相當具有競爭力的情境。在這種情形下，現有廠商常會因太高的成本而加重他們的負擔，並且他們將發現自己無法擺脫這種資本結構；這意指新的公司可以用較具競爭優勢的成本地位從頭開始。

現今的航空業就是一個鮮明的例子。許多的航空業者受限於成本高昂的公會協議以及高資本投入，例如航站大廈。在1992年，北歐航空體系就放棄了在瑞典境內的Arlanda機場所新建好的國內航站大廈。

在管制時期，投資決策的考慮有欠週詳，而這也正給了新的競爭者絕佳的機會來滲透市場。

企業的基本職能 (Basic Functions of Business)

企業的基本職能有四，分別代表了企業循環的不同階段。

1.發展
2.行銷
3.生產
4.管理

雖然只是簡單的區分，但卻意義深遠，因為這些基本職能適用於所有類型的公司以及所有類型的事業單位。

「發展」不只包括產品和市場的發展，還有組織以及其成員的發展。發展意指要改變來符合需求，這對所有企業來說是不可或缺的。

「行銷」就是創造需求。企業若缺少了來自顧客的需求將無法存活。行銷同時也包含了銷售，亦即獲得訂單。

「生產」指的是從製造產品和依顧客需求進行服務，一直到將產品和服務送到顧客手中所有的過程。配銷可以屬於生產或行銷功能，端視產業類型，以及配銷對企業的重要性。

「管理」涵蓋了所有被用來控制資源的活動。在一個事業單位，管理包括所有支援企業的必要職能。

基準評比法 (Benchmarking)

基準評比方法一詞源自於調查（surveying），在調查當中，基準點固定不變，做為參考指標。在企業體中，基準點一詞已被廣泛用在比較不同公司相同部門之間的生產力表現，即成本、時效和品質。一個基準評比法專案表面上似乎很簡單，然而有一些成功的要素和陷阱必須要知道。

如果我們想要衡量某一組織的效率，即價值和生產力的函數，整體來說通常會有一個地方可做為起點。在事業組織當中，這個地方可由損益表上得知。在其他類型的組織中，也可能由其他數字，像是成員數或市場佔有率中看出。即使整體看來所有地方都令人滿意，但組織的不同功能部門仍然會有一些地方需要改進。在極權組織中的部門身陷於規劃經濟環境中，亦即產品或服務的接受者無法自由選擇其供應商。這種情形表示市場的效率機能誘因無法正常運作。基準點可以被簡單地想成是市場效率提升影響的替代品。

如何組織一個基準評比法專案
（How to Organize A Benchmarking Project）

執行一個基準評比法專案的步驟如下:

1.找尋合理的方法。
2.要和什麼比較。
3.對象是誰。
4.建立效率差距。
5.為各部門建立目標數字時間表。
6.將可能的成果和接受者互相溝通。
7.訂出行動計劃。
8.監督執行並且提供支援。

基準點的目的在於使組織和工作內容有顯著的改善，因此相關目標數字的可信度和公式化程度有決定性的重要性。

基準評比法表面上看似簡單，實則造成許多作業的差異性被忽略，而目標數字則被機械式地設定，使整體變得更無生產力。

我們通常對三種相關但多少有點不同的基準點類型做一區別:

1.內部基準點（Internal Benchmarking）指的是對同一組織內相似生產單位做研究。
2.外部基準點（External Benchmarking）指的是對同一個產業，不同組織中，各自對等的功能做比較。
3.功能性基準點（Functional Benchmarking）指的是針對不同產業中的類似功能做一比較。

我們必須根據情境來選擇合用的基準點，以達到最佳的比較效果。

基準評比法的影響 (Consequences of Benchmarking)

基準評比法不只被應用在生產力上，即資源投入下的產出單位數，也被應用在價值上，亦即某一價格下，使用者的效用認知。在所附的效率圖中，一軸代表價值，另一軸代表生產力。所以基準評比法可在這兩種情形下使用，而有以下幾種可能的影響:

1.更高的生產力
2.更好的產品
3.修正訂價
4.更好的效率
5.可以用來做自製或外購分析
6.品質活動
7.時間基礎競賽計劃
8.調整組織

上述幾點是普遍的影響和特定的行動之總合。重要的是能重視基準評比法對效率所做的貢獻。

事業發展 (Business Development)

事業發展一詞已漸漸成為代表企業營運的觀點，包括資源結構和顧客認知價值的考慮。

事業發展是策略中特殊的一個例子，但也已有人在使用，因為不管在投資組合策略或成本和資本的合理化方面，以前就用過這個方法。事業發展可以用在:

1.增加事業數量。

2.將精力導向顧客和市場。

3.建立新事業。

4.藉由將焦點集中在顧客和顧客的需求，來引發組織中的創造力和活力。

因此事業發展有助於增加事業的數量，儘管它可以做到，但仍像其他的發展計畫一樣，在短期內會對獲利力有負面的影響。

事業發展的另一個目標是要重振現有主要事業和增加向外擴展的資源，而犧牲內部資源的耗用。用這樣誇張的字眼來形容，是因為觀察到一些組織在成長過程當中，開始用更多的精力在維持和保護基礎組織本身。內部會議、改組生產儀器和人事，一直持續不斷地做著內部的溝通和類似的事情，使得大家容易忘記顧客的存在，並且將更多的精力耗用在內部。這是為什麼公司會喪失競爭能力最主要的原因之一。不幸的是，持續將資源耗用在內部，將造成愈來愈無法留心變遷中的顧客需求型態。

事業發展也可以被定義成生產範圍的擴大。顧客被鼓勵來購買那些以前並不在生產範圍部份的產品和服務。不幸地，這樣子的擴張通常都沒有先做「理想生產範圍」分析，亦即顧客在同一個時間內將準備做多少的購買決策。

在無憂無慮的80年代，即使可以輕易地收集到許多有用的資料，許多公司提供的產品，都沒有先分析顧客的購買行為。以北歐航空公司體系為例，他們的雄心壯志是要成為一個全方位服務的旅遊公司，結果是儘管在像80年代這樣的時代中仍不免功虧一簣。

傳統的策略致力於有效率地利用資源，如資本和成本。1950年代的經驗曲線和1960年代的最適化模型都以此為目標。支持這些理論的基礎在於當時的物資缺乏，因此需求資源有效利用的工具是理所當然的事情。

在1970年代中期一連串的事件劇烈發生之後，公司的發展不得不將觸角伸向縱軸，即價值變數。這也是事業發展概念如何演變為採用策略觀點，此觀點是事業發展的所有層面都必須被包括在策略當中。價值圖（圖 7）包含了有形及無形的價值產生、量化因素和其他更難以捉摸的因素，而這些因素並無法在嚴格的合理基礎下被激勵。這些難以捉摸的因素存在於所有的購買情境中，甚至存在於表面上看似理性的產業購買決策。

問題是價值創造時常和有效利用資源衝突。長期的生產和低單位成本是利用資本設備、原料和人工的一個合理方法，但較會降低顧客對這項產品價值的認知。

大型飛機對航空公司載運每位旅客的哩程數來說成本較低，但是從旅遊者的觀點來看卻是一項缺點，因為班次減少且班次間隔時間加長。一輛以標準化引擎、顏色等等方式大量化生產的汽車，對製造成本來說較便宜，但是缺少差異性便降低了這輛車子在駕駛人眼中的價值。層出不窮的例子在許多產業中都有，而且這對企業家領導風格來說是重要的一件事，企業家必須在效率化資源利用和顧客認知價值之間取得平衡點。

歐洲對事業的傳統觀點和在美國盛行的不一樣。1926年經驗曲線在美國首次發表，其後一直強調商業運作必須注重製造的成本優勢。大型且同質的美國市場，沒有區域的障礙，故造成以成本和價格做為競爭的基礎。

另一方面在歐洲，已經統合了小型的區域市場和國內市場，而這些市場對於用品質作為競爭手段有較高的興趣。價值是品質除以價格的商數，所以不管注重在成本或是事業發展都不是最佳解。因此這也是領導風格的任務，須視情境來平衡各項參數。

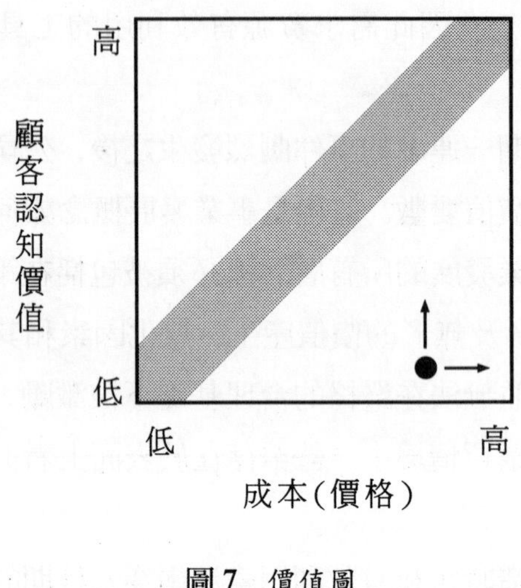

圖 7 價值圖

事業生命週期 (Business Life Cycle)

成長率和資本需求請參閱圖 8 的生命週期曲線。

時間軸的刻度視產業別而所不同，變數很多。企業領導者最主要的任務之一就是要藉著改變產品架構或滲透新市場，來延續生命週期。

在同一個圖中，我們可以畫出特定產業中的所有公司，在某一段時間的利潤情形。然後可以看到在市場達到頂端時，產業的總利潤是最大的。如果這些生命週期曲線是正確的，我們可以在點1的地方進入這個產業，並且在點2的時候脫身。點1到點2之間產量和利潤都是急速成長的。

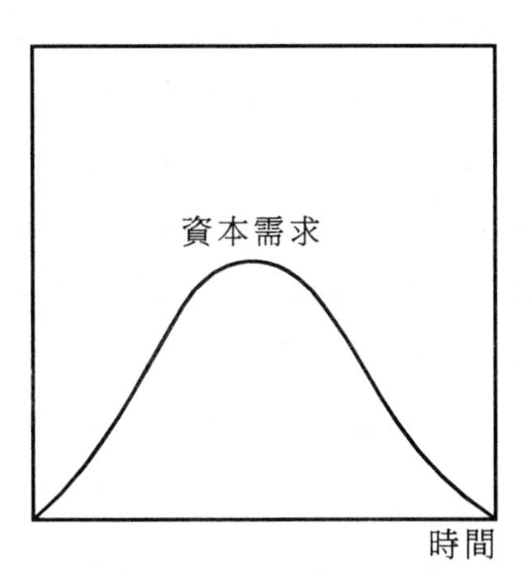

圖8 生命週期曲線顯示了在不同時間產品如何獲利。而時間刻度依產業類型而定。

生命週期可以更進一步用階段來區分（圖9）。

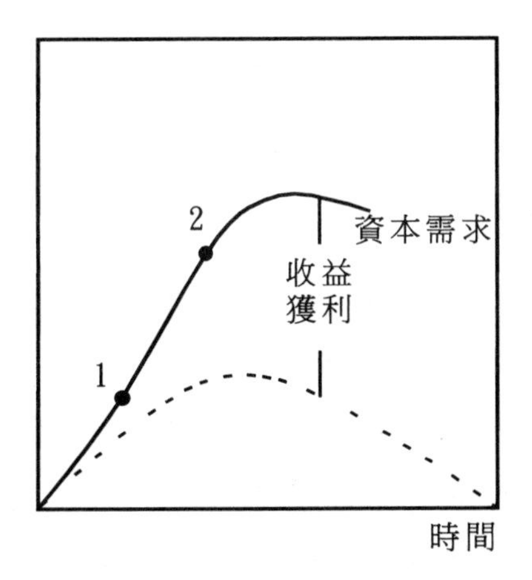

圖9 如果我們將利潤生命週期和其銷售量做一比較，可以發現在市場達到頂端時，利潤最大。本圖建議在點1的地方進入這個產業，並且在點2的時候退出。

多角化的投資組合也許在曲線的四個階段都擁有事業，這四個階段分別是導入、成長、成熟和衰退。換句話說，一些事業單位才剛起步，大多數已在快速茁壯，一些則已經到達高原，而剩下的則已經在衰退中。

如果你知道事業單位正處於生命週期曲線的那一個階段，並且受命來募集資本，則你可以從這個理論當中得到一些明確的方針。最重要的是必須記住，在成長階段以及成熟階段初期，許多的競爭者也正漸漸壯大當中，故必須重新建構組織以迎接成熟階段和最後的衰退階段來臨。

因此傳統的投資組合分析由事業生命週期開始，找出市場在四個階段不同的特性。由這些特性我們可以對競爭者、可能的結果以及策略下一些結論。最後根據各事業單位所處生命週期曲線的位置，定出一些指導方針。所以相關的專用術語也改變了，現在這四個階段分別是:

1.建立市場（Establishment on the market）
2.滲透市場（Penetration of the market）
3.地位防衛（Defense of position）
4.退出市場（Exit from the market (“harvesting” the business unit)）

因此，我們提出一些建議來將這些理論化的名詞做些註解，這些建議對公司的管理階層來說是非常有用的。

在建立階段，主要的任務即是說服現有使用者購買產品或服務。同時許多的管理能力大多被用來解決財務和生產方面的問題。

成長階段的任務即滲透市場，並說服顧客來購買自己品牌的產品，而不要選擇競爭者的產品。同時要集中心力在加寬產品架構，藉此來最大化銷售量和市場佔有率。製造產能必須能達到規模的優勢，並壓低經驗曲線。

成熟階段的任務即保衛市場佔有率，可能的話可藉由買下競爭者以重組產業。在此一階段不應該再加入任何的新產品，但要改良現有的產品組合。同時也必須合理的使用資本，依訂單的數量生產，且儘量增加訂單。

在衰退階段，必須密切注意有無成本削減的必要，當準備好離開市場時，要儘可能地來榨取商標所值。

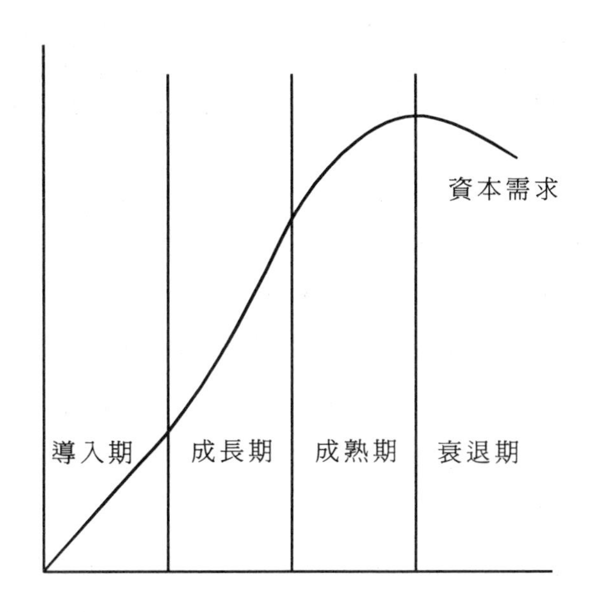

圖 10 多角化的投資組合，各事業單位在不同時期有不同程度的資本需求，有些事業單位在剛起步的時候不需要太多的資本，而有些已經到達成熟期，就需要較多的資本。

事業原型 (Business Typology)

我們通常都依事業特性的不同，將之區分成數個事業群。從過往的歷史看來，事業的活動是由萃取（extraction）或是培養（cultivation）開始，然後是製造、配銷到知識。投機 (speculation) 的行為則不管是在17世紀荷蘭的鬱金香市場，或是香料市場、房地產市場、股票市場都早已存在。貿易的邏輯因事業類型的不同而千變萬化。

萃取和培養	製造產品	配銷	投機（貿易）	提供服務	知識（技術）

圖 11 所有的事業都是合法的，但在不同時期，某些事業的重要性和獲利有所不同。萃取和培養業就已經過了他們的高峰期。最後在80年代興起的浪潮是投機和貿易。現今如日中天的是技術基礎事業（skill-based business）。

萃取和培養是非常古老的行業，分別是從地球上辛苦獲得礦物和有機原料。長久以來，免費使用自然資源成為繁榮的基石。萃取一直是許多國家包括前蘇聯共和國存在的根本，對以前蘇聯共和國來說，若他們沒有石油和金礦等自然資源，將無法使他們的人民飽食。然而最近，自由地使用自然資源被當成是一種障礙，而不是繁榮的方法，因為這樣地做對國家的資源會造成損失。

科技發展是製造產品的基礎，也帶來了規模上的優勢。原料被萃取出、被購買、加工處理並出售，接著再做進一步的加工，或是直接賣給最終消費者。在許多國家，有效率地製造仍是繁榮的基石。

配銷的目標是基於購買者需求和銷售者需求的知識下，決定最適的批量規模。現在配銷功能已受到威脅，部分是因為許多產業的最小經濟生產規模已呈遞減狀態，部分是因為最終使用者經由電子媒體和資料共享，得到更多有關於生產者所提供的東西的知識。貨運業者、旅行業者和批發商已經看到他們在價值鏈當中地位的沒落。

投機，像配銷一樣，是交易的一種形式。其中的差別在於投機的動機是靠優於別人的價格變動預測能力，而有賺取利潤的機會。所以投機可以歸類為是一種講求技巧的事業，只不過適用的情形比較不同。投機交易不僅可以用在原料市場，也可以用在不動產、股票、選擇權、貨幣等市場，而可被視為是一種市場經濟的潤滑劑，以撫平市場波動。

提供服務就是指在一個現代化社會中，各式各樣、或多或少的被需求和提供的系統化服務，包括民航、保健、銀行等等。其中所必須的資本結構數額各有相當大的不同。提供服務一詞適用於系統、例行工作、工作過程、貿易商標等等，把事業緊密地結合在一起，並實行公司的使命到顧客身上。

技術基礎公司是代表一種特殊的，較沒有系統化的提供服務類型，講求較高程度的個人技巧。近幾年來，它們的重要性日益增加，因為軟體（技術）在產品及服務的總價值中佔有愈來愈高的比重。例如汽車製造，現在在所有生產階段都需要顧問服務。技術基礎公司最重要的動力來自於進一步的專門化，使得這些公司有顧客可以服務，充分利用他們的技術以獲利。

事業單位 (Business Unit)

事業單位是企業策略具體化下的基本單位。事業單位負責某一特定產業的特定公司使命，並且具有以下四種基本的特性:

— 特定產品和／或服務的提供
— 特定需求的滿足
— 顧客群
— 競爭優勢

如此定義事業單位，實際上暗示著企業的某些部分負責某一特定的事業。在這種情形之下，應該注意那些連結事業單位和企業其他領域的因素和功能。

產業是所有提供特定需求的事業單位的總合，與正式化及合法化的公司結構無關。將事業單位擺在產業之前的原因，是在決定事業單位的策略時，應該分析在公司市場中或接近公司市場的產業營運之競爭情形。一個歐洲或美國的建築公司不需要去分析紐西蘭的建築業。例如北歐航空公司體系 (SAS) 就是一家包含不同事業單位的公司。SAS有兩個綜效事業單位，分別是旅客交通和航空貨運。綜效是由一群事業單位產生，其比這些事業單位分別獨立營運時產生更高的優勢。此外，SAS包括了一些事業單位，像服務夥伴（Service Partner）和旅館。這些單位大多數都有綜效，就連主要任務是在精確測量飛機羅盤的單位也有綜效。

另一個有多樣化事業單位的公司是Volvo，它的企業結構包括汽車、公車、貨車、飛機引擎、能源、食品和其他。

事業單位有時被策略事業單位（SBU）引用。策略事業單位的定義在某些適當的情況下必須再補充兩個重要的概念。

第一，策略事業單位必須明確地定義出其相關的競爭者群。這些競爭者存在於不同的階層，從替代品生產者（亦即其他可以滿足相同需求的產品），到提供完全相同產品服務的公司。

第二，和第一點相同，策略事業單位和科技關係架構有關，這點有時很重要。以現在很熱門的通訊這個話題為例，事業的通訊可以用空運、鐵路、公路或電訊會議等方式來進行。當我們一想到航空，通常想到它的競爭者只侷限於其他的航空公司，因為我們對於通訊科技有一定的假設。但是競爭也可能來自於其他領域的科技，如電傳通訊。這種替代品（即指滿足相同的需求）雖然有時候是一個相當重要的策略考慮面，但是在定義事業單位時常被忽略。

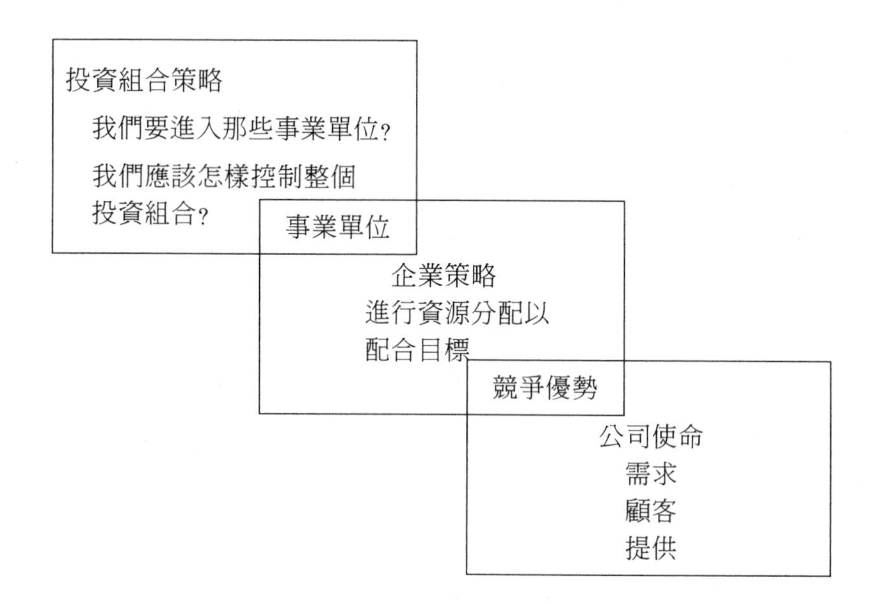

圖 12 此圖顯示了公司使命、企業策略和投資組合策略之間的差異點。我們也可以看出這些概念重覆的地方，以及那裡是重要的交集點。

企業家 (Businessmanship)

舊有的企業家觀念又回復到以前的地位。根據字典，企業家指一個人，在商業上以其專業佔有一席之地。用現代經濟學的專業用語說，企業家可以有下列的定義:

> 一個企業家是一個人有能力了解顧客的需求架構，並且有能力去組合其對資本和成本所了解的知識，以便創造經濟價值。企業家可以天馬行空地組合需求和生產資源，並用資本、成本和能源來創立事業。企業家在市場經濟當中運作，而所謂的市場經濟指的就是顧客可以在不同供應者之間做選擇。

企業家定義的困難處是因其在傳統學院派的觀念裡並不是一門學科。某些學科是針對企業經理人各個功能所需而設計的，像會計、財務、行銷和配銷。20世紀的企業家已經成為會計和成本收益分析的必要工具。生物學透過神經機械學有長足的影響，其他如心理學，有時候宗教和哲學也是。但因為企業家複雜的本質，所以很少有全面性的研究完成。

另一種不同型態的企業家是指感受結構化可能性的能力。許多財務專家買下一些公司，賣掉這些公司的一些資產或事業單位，並將剩下的部份做分割，使每一個事業單位的結構更為有效率。這和顧客認知價值無關，而是一種能搴想最適化企業結構的能力。

企業家在大型公司和技術環境中是較為缺乏的。

首先，企業家假設顧客、也就是服務接受者或使用者有其他供應者可以選擇，顧客有權可以拒絕其他供應者，藉以告訴供應者要改進其價格，而這是讓供應者增進效率的動力。

企業交易和企業關係是二件很容易混淆的事。缺乏第一手企業經驗的一些人，有時會將企業家解釋成銳利的經營方式，其會將自己的短期利益建立在別人的花費之上。一些只做一次便不會再繼續的企業交易，舉例來說當你要賣自己的腳踏車給某人時，且你將可能不會再與其做任何的交易，則此時你可以將自己的短期利益最大化。

然而通常企業的目標是要建立長久的關係並且讓雙方都受益。

變革（Change）

你無法在沒有思考及行動、沒有結構化和動態的情形下完成企業發展過程。步驟建議如下:

1.決定志向，分析企業本身並且以系統化的方法來建構投資使命、企業使命、目標和策略。有許多的方法、模型和程序可以做這些事。結構若太僵直可以重建，並要記錄策略發展過程的重要部份。

2.建立管理哲學，陳述整體組織的公司方針價值。這個管理哲學必須以文字的方式呈現，並且讓全體知道。

3.建立一個和企業使命、目標與策略相符的組織。這個組織必須是商業導向的（business-oriented），並能持續提供各種最低限度的功能。這個組織必須包括:

— 企業哲學
— 結構的理論原則
— 明確定義責任歸屬
— 互動角色
— 單位間劃分
— 監督和控制工具

4.為新的主要組織編制人員，任命勝任的、正確思考的以及有衝勁、有發展能力的人；評估現有人選，並向外徵才。在此階段，要注意不要犯和以前同樣的錯誤，不然常會造成一些企業舊瓶裝新酒，到最後與沒改變一樣。

5.培訓新的管理人員直到他們了解並且能夠執行公司的理念、目標和策略。並舉辦一系列的研討會，讓在最高二個管理階層的每個人都能了解組織未來的走向。

6.訓練組織的每個單位，使它們的生產力或幕僚功能:

— 目標和整體目標一致
— 策略同樣和整體策略有相關
— 成為一個組織表

— 任命勝任的人員

— 提供教育計畫

同樣的依此類推到前面1–3點，將其應用至整個企業組織中。

7.如果有必要的話，可以繼續進行至組織的下一層次，以確保組織成員都了解自身在公司重新訂定方向時的位置。在此所提的步驟改變，在中央集權且有充足的資源可以配合的情形下，將進行得更為順利。在此，有幾個重點要銘記在心。

(1)所有的決策都必須記錄下來，並且被接受、同意和知曉。

(2)完整、公開和可取得的資訊必須盡可能地給所有的人。包括員工、所有權人、顧客和大眾的媒體。資訊必須是由中央持續發出，且可以得到傳播媒體的幫助。這種做法可稱之為內部行銷。

(3)成立一個中央訓練小組，廣為宣揚新理念、目標和策略，確保我們所宣傳的東西簡明易懂，可以利用一些具體的例子，並且加以趣味化。

(4)可以設計一些自然的改變，做為變革即將來臨的徵兆，如重新裝潢、遷址、新的電話簿或者其他類似的改變。

(5)在重整之後所剩餘的工作和人員，必須妥善安排，看是給予再教育或是資遣，並規劃每一個領域的責任歸屬做為目標。

(6)用來監督組織的控制工具通常和實際執行後有一段落差。控制工具必須可以衡量個人和各單位的績效表現。

(7)利用特殊的訓練計劃來滿足特定的需求，如獲利控制、顧客服務、品質控制和語言。

(8)準備一個完整的先鋒部隊，在計劃開始的時候，引領變革的風氣，鞭策進度和排解困擾。為了確行成功，這個先鋒部隊必須有公司的高層主管做為成員。

⑼高層主管必須時刻密切注意發展的過程，並且同時確保這個過程是顯著且可信任的。高層主管必須藉觀察新組織的規章來樹立一個好的典範。

⑽具體變革的方式有以下：

— 併購和收回投資
— 產品再造和發展
— 慶祝重要的訂單
— 大眾認知和宣傳英雄
— 宣提成功的事跡
— 因成就而得到報酬
— 新聞發表；資訊就像愛和錢一樣，人永遠希望得到更多

⑾維持內部和外部的通訊。

⑿維持一個強化的高層管理階層來鼓勵員工。

⒀在必須的時候更換和裁撤高階主管。

公司內部變革所需的精力遠大於預期。這個事實是非常重要的，因為變革需要有大量軟體方面的投資，而這種投資的決策往往比決定是否要投資在像機器和建築物之類的硬體方面還更困難。

曾經許多人都不由自主地抗拒變革，依據變革的種類和程度，以及變革如何達成，人們抗拒變革的情形也有所不同。強烈抗拒變革起因於：

— 變革是劇烈且全面性的。
— 變革發生地太過於急促且不在預料之中。
— 變革造成負面的影響，使得參與其中的人感到自己是輸家。
— 無論如何，變革都會受到某項名目的強烈支持，如策略、公司目標、組織等，這會造成變革的阻礙。
— 先前的變革並不十分成功。

有一個理論，其理論基礎是組織慣性。慣性的概念來自於物理學，指的是一個物體除非有外力干擾使其停止或轉向，否則將直線前進。這個理論指出兩種組織慣性:

1.判斷慣性
2.活動慣性

判斷慣性使得組織或其領導人難以洞悉問題所在。另一方面，活動慣性指的是會妨礙彈性與產生抗拒變革的阻礙和障礙物。

動態管理理論使社會系統（social systems）努力維持處境，保持現有狀態不變。這就是為什麼組織先是視變革徵兆而不見，繼而抗拒變革，試著扭轉其影響，最後試著將其侷限於最小的範圍內。

我們可以將社會系統的發展描述為是一種從穩定狀態到不穩定或動亂，再到新的穩定狀態的過程。在從穩定到動亂的轉變過程需要大量的精力和動力，一旦組織衝過這個關卡，就會自動自發的持續下去。

組織獲得新知識的能力是一個與變革有關的重要知識。所有企業內部的成功最後都取決於徹底與不斷的學習。首先發現顧客和市場需求結構改變，以及了解隱藏在這些改變背後動機的組織或個人，就擁有成功的最好時機。

所以討論組織內部變革過程的焦點就放在學習能力了。學習性組織就是能早期體認到問題所在，嚴格地評估自己的差失，並且持續地研究能獲得最大化成功的效率行為型態。這種組織檢視自己的企業使命，試著找出更好的技術、方法和途徑，並且更新自己的視野、目標和策略。

溝通（Communication）

溝通近來在一片開放聲中，成為企業發展和企業家精神的重要象徵。以前的技術管理階層傾向於盡可能地讓自己的公司目標、使命和發展計畫不為外人所知。相較於此，我們現在可以看到有時開放的腳步似乎有點過火了。

溝通對企業發展的重要性有兩方面。首先，領導者將資訊和外界與自己的組織共享。令人驚訝的是，能讓企業發展更為有效率的好點子都是在自己企業內部被發現。第二，溝通也許是能讓所執行策略更為有效率的最佳工具。

溝通一詞隱含有收受資訊與反應資訊兩端，不管是中間的反應是即時的或是有相當時間落差的。圖13為一溝通模型，由一傳播顧問公司所建構。公司高層管理者的外部策略性訊息傳播有兩個重要的基本特性:

1.訊息的品質，即內容與形式。

2.傳遞訊息的中介媒體的品質（通常是公司的管理者）。

不同目標群之間，在策略性衡量溝通上，需要有不同的方法來因應。通常總裁（chief executive）是主要的中介媒體，沒有人會比一個高層人員要更好。訊息的形式有很大的不同，從最簡單扼要的口號如「屬於商務人士的航空公司」或「管理資料顧問公司」到長如一份文件的詳細說明。

解釋策略的一個方法是將其轉換為作業性名詞。如果一家公司的使命是以定義競爭優勢和起死回生的產品來表示，則其改變的本質已經非常清楚了。這同時可應用於組織的變革、投資、成本和資本結構的改變、管理哲學的改變，與市場和目標群體的重新定義。

你也可以加強溝通的定性影響，在不同時期對同一個目標群體，給予或多或少的詳細資訊。但是必須預防這些策略性訊息帶有過份浮誇與不誠實的色彩所帶來的風險。而像「把顧客擺在第一位」的老掉牙口號則似嫌陳舊過時，並沒有意義，所以應該儘量縮短過份浮誇與現實之間的差距。

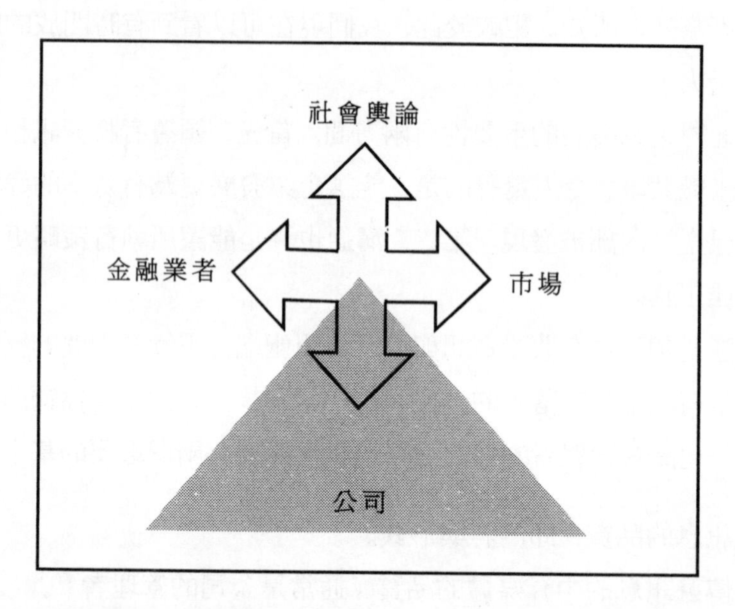

圖 13 資訊傳播模式。圖中指出公司進行資訊傳播的主要目標群體。除了傳統市場的溝通之外，在現今的社會，公司必須和社會輿論、公司的所有員工與金融業者，主要是和它們的所有者溝通。最重要的溝通類型是與公司組織成員的溝通；這裡的溝通包含了收與授雙向資訊的傳遞。

我們也時常會犯一種毛病，就是在不當的時期過度宣揚。公司的員工們當然應該在改變過程進行時，接收到一些適當的資訊。但是危險之處就在組織實際有東西可以說之前，就太快告訴他們太多了。有野心的公關部門時常會掉入這種陷阱，沒有人因此而受益。相反地，卻可能造成在改變過程當中的人心惶惶，而使得改變難以完成。

有一個小秘訣，就是小心掌握可以說話的時機；先稍微等一下，直到手中握有更有意義的訊息時再說，不要在事情尚未明朗或是沒有相關時，就全盤托出。

可供現代化溝通利用的中介媒體有很多，但卻沒有一種形式可以像主導變革過程的個人所表現的一樣有效。這就是為什麼領導風格中最重要的能力之一就是溝通能力。可供策略性訊息利用的中介媒體有以下幾種:

— 演講
— 研討會
— 傳單
— 文件
— 訓練計畫
— 分支公司討論結果的匯整
— 錄影帶
— 聚會
— 報紙專欄
— 領導風格發展

我們還可以列出更多的中介媒體。目標群體導向的訓練計畫是十分有效的，另外領導風格發展計劃連同一個改變流程在許多方面是有其價值存的。每一個人都可以接觸到訊息，並且有可以更深入了解的機會，此外可以將發展理念和個人責任領域連結在一起。

非常不幸地，有時候溝通反而會造成反效果。這其實是指要傳播的訊息沒有適當地通盤考慮，並且用量來掩蓋溝通品質的低劣。

在某些情況下，形式比本質重要；舉例來說，這種情形在美國比在北歐嚴重。訊息的形式不應該是主要的議題，重要的應該是訊息所要傳達的知識，否則訊息可能會有成為無人想聽或注意的無內涵空話之風險。

有一個古老的故事，有關教堂牧師為他星期天的佈道準備。引用《聖經》中普遍認為難解的一節，他在書頁邊的空白註腳道：「論點矛盾，講話大聲一點來掩飾過去」，有許多的溝通情形就是像這樣。

公司化 (Companization)

將組織中的某一個功能抽離出來單獨成立一個公司，這種做法簡稱為公司化。

這一波公司化的浪潮興盛於1980年到1990年代的歐洲。主要有三個動機:

1.公家機關的解除管制和民營化導致它們開始重組組織為有限公司。
2.想要增加投資組合的價值也使得公司化的風潮方興未艾。
3.許多部門的領導者想要自己做老闆，領導屬於自己的公司。

除非一家企業或是企業的某一部份是以公司的型態在經營，否則將很難賣出去。因此政府可以時常發現這種類型的法律實體在要解除管制時非常有用。

有許多的例子可以說明股票市場所訂定的公司價值被低估，因為市場並沒有察覺到這些公司的實際財產、部門或是其他經營單位的資產價值。對市場和所有權者的現金價值來說，將組織某些部份獨立出來成為公司，有極大助益的價值。另一種在繁榮時期的現象，則是管理者有那種建立自己王國的慾望，渴求所有伴隨而來的頭銜、報酬和地位。這就是1980年代以來公司化的動機來源，特別是在資料顧問產業這種現象更為明顯。

照這樣說來，有時候公司化是問題的根本解決之道，但有時在找不出問題的原因時，也被當成萬靈丹。因此必須要清楚公司化背後真正的動機架構為何。我們可以找出一些相關的動機，並列之如下:

1.某一個功能單位佔有對外銷貨極大的比例（超過50%以上）。
2.準備將一部份的公司賣給別的股東。
3.以前對企業來說有策略重要性的功能現在已經過時而且無效率了。
4.為了避免核心企業受限，而成立一家獨立的公司。
5.法律要求公司得要有一個董事會等。
6.在和公會談判交涉時的戰術性移動。
7.有人想要在他的商業名片上加印「老闆」。
8.想要有更高的獨立自主性。

所以應該先要合理地定義出公司化的動機，避免尚在找尋問題時，就冒然將公司化當成解決的方法。

競爭 (Competition)

競爭可以定義成敵對或比賽，通常存在於兩個勢均力敵的參與者之中。從競爭一詞中，我們可以得出許多不同的概念和模型，這些都以競爭能力為基礎，因此比以其他方式做為基礎的解釋要好得多。以下說明一些競爭的概念：

相對優勢（Comparative Advantage）是指在不同的國家之中，生產不同的產品會有不同的相對優勢或劣勢。因此一個國家中應挑出具有相對優勢的產品來生產，而進口那些生產效率相對劣勢的產品才能獲利。也就是說，某個國家即使在生產效率上這兩種產品都不錯，但也要考慮其他造成優勢及劣勢的因素，而只生產其中的一種產品，並進口另外一種。

競爭組合（Competitive Profile）即比較公司單位之間的成本架構的

圖形。強調在某些方面享有規模優勢的單位所處的區域。

競爭優勢（Competitive Edge）是所有（競爭）事業策略的目標。有許多因素可以形成競爭優勢；包括生產效率化、擁有專利權、好的廣告、優良的管理階層和良好的顧客關係。事實上，長期生存和擴張是靠專心且不斷的學習，吸收新知的意願是不斷更新競爭優勢的來源。

競爭力（Forces of Competition）是產業中競爭型態的決定因素。有以下五種：

1.現有公司之間的競爭
2.買方的力量
3.賣方的力量
4.來自新競爭者的威脅
5.替代產品或服務

競爭地位（Competitive Position）是公司根據其現有成果以及與競爭者相較之下的優點與弱點，在產業當中所佔的一席之地。一個擁有強勢競爭地位的事業單位，通常都會有高度的進入障礙來保護其競爭優勢。這些事業單位的投資報酬率總是高於所處產業的平均投資報酬率。

市場佔有率或相對市場佔有率（一家公司的佔有率和產業中的前二、三名的競爭者佔有率相比較）通常是競爭地位的必要因素。

競爭策略（Competitive Strategy）就是事業策略的同義字。競爭策略整合了所有事業單位為了要在產業中具有競爭力而應該採取的行動。

競爭一詞通常用在許多其他的論點，例如競爭、競爭者分析和競爭者圖形等範圍。持續不斷地高度學習能力和創造力是組織有能力去應付任何競爭的最佳保證。

競爭優勢（Competitive Advantage）

企業策略的主要目標在於得到一個策略優勢（或競爭優勢）。這個策略優勢應該是可以馬上使用且可以持續很久的，其功能則是產生比產業平均利潤更高的利潤。

許多的產業，特別是高科技硬體產業，漸漸形成一種為自己的產品找出特殊競爭優勢的風氣。他們可以製造硬度更高、速度更快的鑽岩石機（rock drills），或是製造比競爭者所做的接觸面積更小、更精密的珠軸承（ball bearings）。如果一直維持著產品本身的優點，則可以輕鬆愉快地佔有一席之地。此時最重要的事是必須找一些能付予重任的人，將他們分別安置在研究發展部門與生產、管理部門。行銷部門則必須提高警覺注意市場上產品所擁有的競爭優勢。

公司不應該要求管理者運用想像力去找出產品以外的競爭優勢,來展示其企業領導人的功力。但這卻是現今愈來愈多的公司在做的事——找尋產品以外的競爭優勢。

企業家的需求日益強烈，因為愈來愈多的公司被迫要以產品以外的優點來競爭。解決找尋或強化競爭優勢的思考點有以下幾點：

1.企業使命是否因顧客需求改變而顯得過時了？
2.是否能改變附隨於硬體的服務，使整體更具吸引力？
3.如何使獲利力在產業的平均水準以上？
4.是否藉由生產過程中某些步驟的外包或接管，來改變產業的勞動力分配？
5.為了要強化競爭地位，有那一些關鍵的問題需要確定和闡述？
6.能否找出一個管理者競爭優勢，來支援資訊流程或配銷等功能？

不幸的是，我們並沒有去檢查是否這些優勢真的是顧客所需要的，就非常簡單地認為那就是競爭優勢。我們必須依據顧客需求來建構競爭優勢，並且確定從顧客的觀點來看，我們認為的競爭優勢真的是一個優勢。

控制系統 (Control Systems)

在此所指的其實是利潤控制系統，因為單純的「控制系統」指的是獲得企業的營運是否有達到所設定的目標這方面相關的組織資訊。令人感到驚訝的是有人發現控制系統和所想像的目標並不一致。在許多的案例中，這是因為所想像的目標並沒有以金錢的方式來做一個明確的定義，或是以量的方式，如訂單數或是市場佔有率，或是以顧客認知品質的方式。如果已經以顧客所認知的方式來建立品質的主要因素，就可以使用這些因素來管理，而不必要常常出去實地訪問顧客，才不會導致過高的費用支出，或是造成顧客太多的困擾。

常見的一個陷阱是對控制系統有過高的期望。這可能是因為系統的設計者將自己的觀點放得太高，或是因為標準定義太過浮誇，設計者試圖要去滿足太多的需求，而沒有真正去建立一個系統使用者真正需要的系統。

這樣失敗的系統通常導致冗長且嚴重的問題而難以處理。有一家大公司，在實施其控制系統之後的三年，組織內部仍然沒有追蹤的報表，就算有，收到報表的人也不想去看。由於根本沒有任何有意義的資訊透過報告系統傳遞，故公司的報告制度徹底失敗！在此特例中，失敗歸因於過高的期望；他們試著去建構一個系統，期盼能夠解決龐大組織中所有的資訊問題。

企業使命（Corporate Mission）

企業使命（有時稱為事業使命（business mission）或企業概念（business concept））所指的是公司明確定義其需求、顧客、產品和競爭優勢。企業使命的概念被廣為應用作為組織意識型態基礎的一部份，通常被用在對企業關係的一個基本認識和一個主觀的看法。但同時有許多企業使命這個名詞的使用者將其涵義當成是一種流行的行話而已。

關於企業更新（corporate renewal），從經驗當中可以知道，討論企業使命的內容是十分有利且有效的，而先不管這種討論是否已被貼上策略發展過程或其他的標籤。

在討論企業使命之前，必須明確區分投資組合和事業單位之間的不同，而不必為了要定義企業使命而陷入迷思。這句話指的是一個群體當中的不同事業單位可能需要去滿足不同的需求，其可能用不同的產品去服務不同的顧客，並擁有不同的競爭優勢，而不是指一個群體應該否認其最初的功能。例如某個組織的成長是基於化工專家的努力，此時便不需要有一個適用於每個人的企業使命。另一方面，也可能有一個投資組合使命是利用一些分享的資源來產生利潤。

以下三點說明企業使命在公司發展過程當中所扮演的角色:

1.企業使命制定的過程和使命本身的重要性幾乎一樣，因為其制定過程迫使事業單位的管理階層重新檢視公司基本的前提是否以營運為基礎。
2.企業使命可以呈現整體企業，讓組織中的管理階層和員工可以清晰地瞭解他們必須努力去創造長期的競爭能力。
3.企業使命有高度的溝通價值，對內可以使員工清楚地了解企業的目標，對外可以提供資訊給股東、供應商和顧客。

企業使命的內容定義有三個基準點:

1.使命必須簡單地定義和溝通。一個複雜且含有許多元素的企業使命，難以對組織內外的人解釋。

2.企業使命必須是基於顧客的利益和企業在市場中所滿足的需求。在1950與1960年代，企業使命通常以「產品和服務公司將製造和銷售產品及服務給各顧客群」等字眼來陳述。

3.企業使命應該能夠簡單地回答這個問題「為什麼顧客應該買我們的產品和服務而不買別家的？」

企業使命可以用下列字句來定義:

— 需求（needs）

— 顧客（customers）

— 產品（product）

— 競爭優勢（competitive edge）

決定企業使命時，首先應該找出公司的產品在市場滿足何種需求，或是公司應該做什麼、如何做是對顧客有利。在這一段當中，需求、顧客利益和顧客認知價值都被當成同義詞。

決定公司提供產品市場的需求需要許多的思考。應該試著去辨別隱藏在理性需求背後的人性需求。例如利用航空貨運的快遞需求，就是一個很好的例子，顧客的需求是藉由減少運輸過程中所積壓的資本數額，來增加獲利力。

我們可以清楚地從1983年SAS貨運公司的公司使命中看到這種情形:

> SAS貨運公司將提供快速以及可信賴的貨物運輸進出北歐，因此將可以使產業減少積壓的資本，而且能提供緊急貨品的運輸。

值得一提的，有個危險就是許多企業使命可能只是大致的陳述，沒有可著力點，而使得企業使命無法領導公司走向預定的方向。企業使命是公司意識型態基礎的一部份，亦是公司未來發展方向的陳述。

有時候我們會把企業使命和策略、眼光視為一體兩面。雖然不易區分，但是通常在合理的情形下會將兩者做一個明確的區隔。（參照事業單位，圖 12）

測試企業使命可行程度的方法，可以利用下面幾個問題：

1.企業使命的內容是否依據顧客的需要和需求，或是依據本身生產組織持續地位的需求而制定？
2.組織主要考慮的是顧客的效用函數，或是本身及其員工的福利？
3.企業使命的眼光是否擁有足夠的力量、精確度和說服力，讓組織成員來參與並激勵他們？
4.企業使命的定義元素是否可以用來衡量發展的程度，或是必須另外利用一套衡量方法和檢查過程才行？
5.企業使命、願景和策略是否眾所皆知，並且溝通告知企業使命、願景和策略領導組織的行動，這些包括了營運性（日常的）和戰略性的行動。

創造力 (Creativity)

長久以來，心理學對創造力的研究都盡量避免把企業家能力視為創造力的一部份。相反地，近15年來多數的觀點認為創造力和企業家精神應該被明確區分。這些仍具影響力的理論已被許多創造力研究學者提出質疑，特別是 Benny Gilad。他認為心理學家並不了解企業家在經濟學中所扮演的角色。

所謂的企業創造力，我們通常指一連串經濟角色的集合。一方面我們有員工來做一般的日常營運工作，另一方面則有資本來做他們的財務後盾。在這兩者之間，我們可以安插一個執行者，負責管理持續不斷的日常營運工作。

在旁觀者的眼中，這就是一幅靜止不動的圖畫，只是專注於例行的作業，而無任何創造力因素可言。所以也難怪創造力研究的主流，都只是把注意力放在科學上的重大發現、科技改革和藝術品方面。如果企業家有在文獻中被提出，也只不過被視為是一個利用創造力所做出的最終產品，來賺錢和獲取利潤的人而已。

大家常常分不清楚資本家和企業家之間的分野。儘管這兩種角色可以同時存在一個人的身上，各自所佔的分量不同。而造成這種迷思的原因之一，可能是企業家通常很賺錢，所以讓別人對他有一種資本家的印象，認為他已經賺了足夠的錢來支持他自己的日常營運。

為了解這其中的區別，我們必須定義企業家這個角色。經濟活動是數種資源，如生產因素，交互作用之後的成果。典型的生產因素是財產、勞力和資本。但要製造出任何東西，都必須靠某個人來組合這些資源，做出配置決策。這些決策包括決策要生產什麼、如何生產、需要什麼資源、和產品滿足何種需求。

這些決策是由企業家所做成，他就是那個最後決定何種目的以及要如何使用這些資源的人。然而，這項資源決策行動預先假定企業有某種程度的創新，亦即企業的機會，或是換句話說，即以有利可圖的方式來運用資源。就這個原因來說，企業家精神包括探索利用何種營運方式可以獲利，同時運用配置資源的能力來掌握這個機會。

故企業家精神不只是經營企業這樣簡單，也不是單純擁有資本或是公司而已。以此定義方式，企業家精神的許多特質都和創造力有關。

對創造力一詞的定義極為含糊且常改變，但是許多的研究學者都同意創造力包括最終產品和生產最終產品的過程（Pagano 1980）。創造力的應用廣泛，所以有必要為其下一個定義：「創造力就是整合的能力，用新穎、革新的知識來創造出至今未知的組合。」

企業的機會有兩方面：

1.找尋任何能比現在滿足顧客需求更好的方法。
2.市場的不完全而導致套利行為的產生，也就是一個交易者或貿易商在一個市場以一種價格買東西，結果卻在另一個市場以不同的價賣出相同的東西。

傳統的競爭模型將重點放在競爭構面。在此提出一種不同的假說，就是競爭構面和企業家比起來的話，只是次等重要而已，因為創造力構面——可以找出更能滿足顧客需求的方式——是驅使競爭的動力。在從事某方面的企業革新之後，轉而和市場上現有的產品做一番競爭。

利用下面這個例子，可以更進一步地區別企業家的角色。一個對某特定產業的市場情勢有特殊了解的人，可能被一家公司所雇用，利用他的知識為公司獲取利潤。此時這個被雇用的人只利用他的知識來賺取薪水，而這個雇主則極富有企業精神，能夠雇用擁有解決問題知識的人。

企業家的找尋過程總是需要一段時間的意見分歧。需要去找出形成這特定情勢的元素。在這段時間中，有創造力的人會跳脫現有抑制革新的體制，建立一個新的目標和方法的體制，並且架構出一幅包含所有創造力元素的前景。接下來的階段是整合思考、組合創造力、以及設置管理流程，以便掌控企業經營。

創造力過程需要集中心力於所有的問題點。但時間一久，可能因為問題已不受重視，或是已經被其他的方式所成功解決了等等，而不得不中斷這個過程。這就是為什麼企業發展過程，在時間上總是無法節省，或是相關資源上總是無法配合。企業本身的發展專案需要相當程度的時間。身為一位企業發展顧問，時常向顧客解釋，他們用六個月的時間斷斷續續地做一些零星的活動，還不如用一個月的時間集中心力來做這件事。如果能在發展過程中有效地利用資源，這並不是不可能的事。

文化 (Culture)

公司文化一詞近幾年來獲得學界廣泛地應用，但是時常有被濫用的情形，所以在此對公司文化下一個定義。我們可以用兩種觀點來說明這個觀念：第一是參考組織中盛行的價值觀，第二是參考荷蘭學者Hofstede對文化型態所做的調查，主要引用的部份是不同國家其文化的差異性。尤其是最後一項觀點，已經被證明和現在的企業國際化與全球化有著高度相關。

文化的觀念，一般承認的解釋為組織內部生命：組織生存、思考、行動的方式，與組織的本質。這可能是決策如何制定，或員工如何被獎懲，同時也考慮到組織內部的溝通，和可容忍的抗拒程度。甚至可能包含更多周遭的事物，例如組織的休閒活動、對異性的態度、或對財富累積的象徵，如車子、行動電話和個人電腦的態度。

近年來，對組織文化的興趣日益高漲，原因之一是因為許多人愈來愈體認到文化因素對組織成功與效率的影響力。許多的研究都指出成功的公司都有強勢的公司文化，而這正是致力於為所有相關利益發展公司精神的成果。會影響公司文化的因素有以下：

— 理想目標
— 盛行的理念和價值觀
— 顯著的人格特質和角色模型
— 標準和規則

— 非正式溝通管道

以商業的觀點來看就是:

— 可以讓企業成功的重要工作
— 風險承擔、報酬和懲罰
— 動力、驅力和創新的才能
— 智力和訓練
— 將人視為資源，將員工視為企業成功的貢獻者
— 體認到顧客和他們的需求是企業轉變的基點

然而公司文化通常所指的就是態度、意見和行為型態，經由這些要素來描述基本價值觀。公司文化可以被視為是所描述價值觀顯露在外的表現，也是一種對組織結構和人員招募方面的影響力。

成為「優良公司（Excellent Companies）」（由Peters和 Waterman在1982年所創的名詞）的證明就是企業策略和公司文化之間的共存共榮的關係。深入參與和專心工作經常是達到成功企業的內部標準。

公司文化的第二種觀點，可以從 Geert Hofstede 在1980年所出版的《文化的重要性》(*Culture's Consequences*) 一書中，針對不同國家文化所做的調查結果一窺究竟。

Hofstede的模型在解釋度和應用度方面有很高的價值。他將組織的文化類型區分成四個構面:

1.**個人主義／集體主義**（Individualism/Collectivity）

個人主義假設個人的行為，只考慮自己的利益，或和自己有緊密關係的利益，亦即他的家庭。反過來說，集體主義假設人天生，或是透過聘僱關係，對團體有著或多或少的向心力，而無法自由行事。這個團體看的是隱藏在個人背後的利益，需要人們對其絕

對的服從。我們可以把這種情形看成是一種派系意識，其中各派系的利益完全支配著成員的行為。

2.**權力距離**（Power distance）

指團體中權力較弱的人，接受不公平的權力，並且視為理所當然事實的程度。權力不均存在於所有的文化，但是接受權力距離的意願卻不盡相同。以國別來看，我們可以把所得當成是一種權力不均現象的表徵。在公司中，這種標準不單指報酬或是配股，也包括地位象徵，如公司配車、私人司機的標準、以及和老闆見面談話的難易程度。

3.**避免不確定性**（Avoidence of uncertainty）

這個構面指的是人們儘量避免環境中讓他們感到不安全的機會，例如像是強迫遵守嚴格的行為規範，或是視某一信念為絕對的真理。我們可以歸納出什麼樣文化的人較易對環境中的混沌不明、未知或無法預測而感到不安。討厭不安全性 (insecurity) 的文化是有幹勁、積極進取、感性和忍耐度較低；相反地，接受不安全性的文化則是考慮較周詳、積極程度較低、感受不深並且忍耐度相對較高。

4.**男性作風／女性作風**（Masculinity / Femininity）

這個構面指的是社會接受被認為有女性行為特質的程度。實際上，所有的社會都是以男性為主，而在男性作風的社會中，男性被期望成為一個有自信、有抱負、有競爭力的人，傾向接受高大、強壯和迅速，女性則被期望做照顧之類的事情，如照顧像未成年小孩、老弱等。Hofstede所指的女性主義則是接受嬌小、柔弱和緩慢的意願。

北歐是一個極端的例子，整體來看，有著非常高度的個人主義，和領導者的距離並不遙遠，可以接受不安全性，按照Hofstede的定義，並且有高度的女性主義。在這方面和德國或美國有很大的不同，和鄰國芬蘭也不太一樣。儘管兩個國家都是講求個人主義，和領導者的距離並不遙遠，但他們需要更高的穩定結構，較不願承擔不安全性，並且比較男性作風。

但是以上所談到的這些相異點，並不是常為人所知。這就是為什麼瑞典式的管理文化在美國經常失敗，而芬蘭式管理在瑞典常不適用的原因。同樣的相異點也適用在公司中對企業發展過程所持的管理看法和企業家精神如何運作。在一個習慣於做任何事都依照書本上指示的文化中，你無法推動一個絕對分權的企業發展過程。許多例子顯示，若領導者傾向於詢問而不是命令，將被認為是懦弱的象徵，會侵蝕領導風格的基礎。

相反地，像一隻狼般強壯、個人主義的企業家，是會造成問題的。群體導向的企業是比單打獨鬥更有效率。像日本和北歐，相當重視團體活力，在發展過程的長期效果方面，會比美國有更好的成效。因為在美國，獨一無二的、強壯的、資源豐富的英雄總是成為公司發展的靈魂人物。

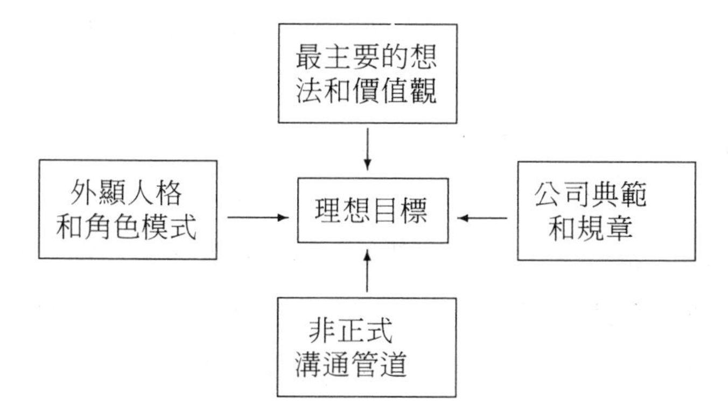

圖 14 公司文化如圖所示，本圖的架構是由Lars H. Bruzelius和Perhugo Skärvad所著*Integrated Organization Theory*一書中得來的。

Hofstede的模型和營運組織的評估，以及兩個組織和國家之間的比較，有著較高的相關。

顧客忠誠度──再購買 (Customer Loyalty–Repeat Purchases)

分析忠誠度的目的是想要瞭解有些顧客潛在不忠誠的原因，以及瞭解讓顧客對某一供應商持續維持忠誠度的原因。

主要的問題在於找出一種方法，可以控制一個群體（區隔），此群體的規模遠小於整個市場。Chaid（Chi Square Automatic Interction Detection）是一個電腦程式，特別設計來找出人口變數中的顯著差異，而且可以找出來很小的特定群體。此外，這個方法適用於正反的情境：忠誠或不忠誠、獲利或不獲利、買或不買。同時也可以利用經濟變數及／或態度來區隔顧客群。

這種二分法資料（獲利／不獲利、忠誠／不忠誠等）可用Logistic 迴歸來分析，尤其適用於市場調查所得到的資料。Logistic迴歸可以找出最能區隔二分法資料的變數組合，然後將這些變數組合轉換成一組方程式，看看若其中某一變數改變時，對結果有何影響。

邏輯迴歸分析的結果是一個介於1到0之間的數值，1代表100%忠誠度、獲利率的可能性。所以在分析和評估變數時，你可以將現在所有的顧客群都當做潛在顧客來做分析。現在的信用徵信社都用這個方法來評估貸款者的信用評等。

這個方法已被證明是非常有效的，但英國禁止以性別、種族和郵遞區號做為變數，因為郵遞區號分類會造成對某些地區的歧視。這個方法有許多其他的看法和應用，這一部份的相關敘述會涉及許多高等的統計分析。

區別分析是另一個相關的方法，用在分析非二分法和有範圍限制的變數資料，例如高獲利、平均獲利，和低獲利顧客。圖15的例子，在626個顧客中，7.2%對此研究的電腦供應商持負面態度。和任何產業中的任何供應商相比之下，這個數字實在是非常低。從另外一個角度來看，有 92.8%的忠誠顧客是非常高的一個數字。

圖中顯示這 626個顧客共可分成對供應商是否具有信心兩群。

變數459是問顧客對此電腦製造供應商是否具有信心。果不其然，缺乏信心的顧客忠誠度較低，不忠誠度躍升到 11.6%。

變數114是問顧客是否為決策者（分別以1和2表示）。事實顯示，決策者中，缺乏信心者不具忠誠度的比例出乎意料的高（升至 14.4%），公司也因此受到重大的影響。我們可以繼續追溯如果受訪者不是個決策者，其不忠誠度為何降到 6.0%，只有在他能影響決策時，比例才又攀升。

變數113指是否能影響購買的決策結果（買或不買）。如此一來，缺乏信心的人，以及不做決策但能影響決策的人，比起那些既不做決策也不影響決策的人較缺乏信心，其比例升至 15.4%。

圖中右邊部份顯示若受訪者對供應商有信心，並且認為電腦是非常容易操作的（變數 319，是或不是），則不忠誠度將迅速減少。對供應商有點信心的受訪者，儘管較不具忠誠度，一旦他們發現電腦其實是很好用的工具，就會提高對供應商的忠誠度，但如果他們沒有體認到這點，則忠誠度將會掉到 0。

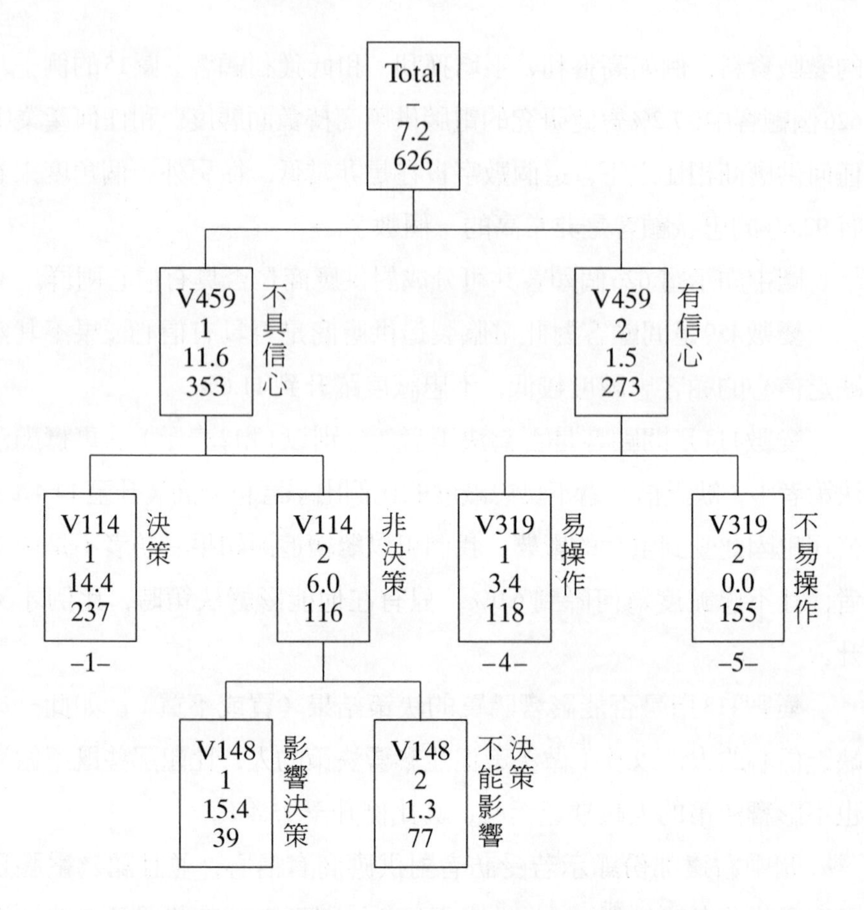

圖 15 顧客對一電腦供應商的態度分析

結論是要把重心放在那些做決策以及影響決策的人，以提高他們的信心，來最大化品牌忠誠度。

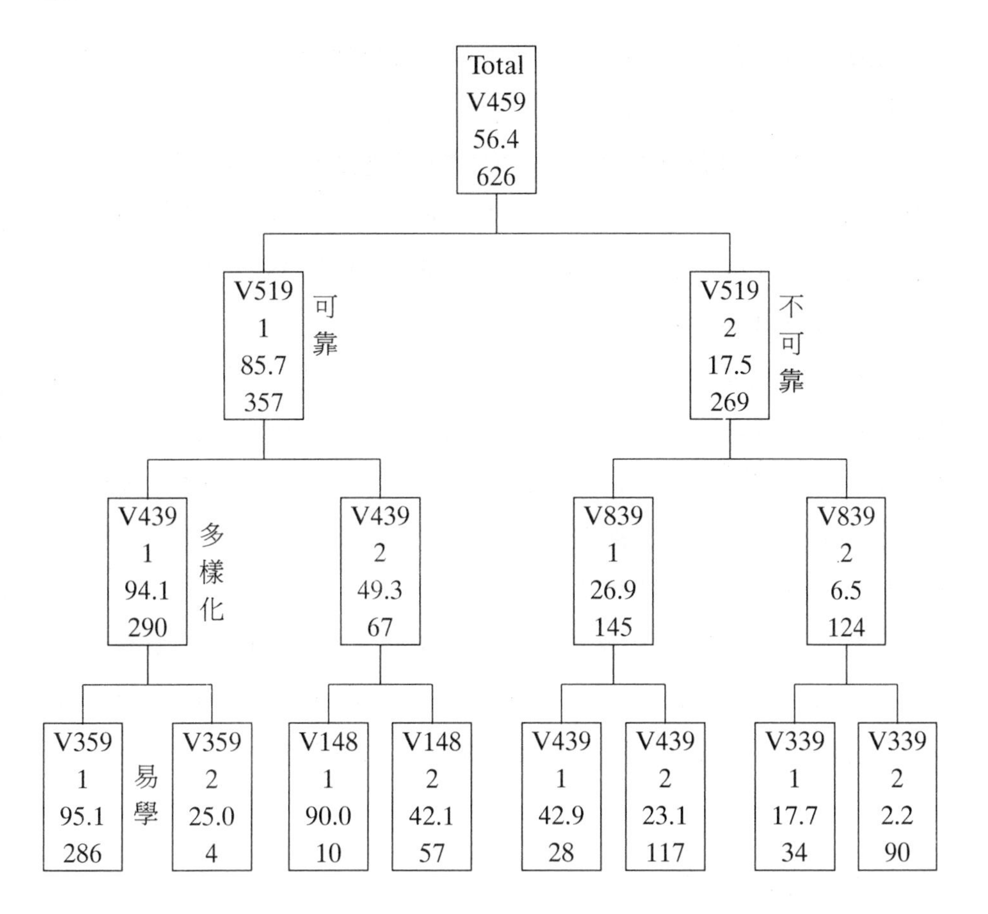

圖 16 對供應商的信心變數之深入分析

用來解釋信心（變數 459）的這個問題非常值得我們深入去研究。圖 16是這個變數更詳細的分析結果。我們發現有56.4%的受訪者說他們對供應商有信心。如果問到對設備的可靠度看法（變數 519）受訪者認為可靠時，此時有信心的比例高達85.7%。如果公司的設備不被認為可靠時，有信心的比例降到17.5%。

很有趣的是可靠度是解釋信心時的主要因素。這樣看來，信心是品牌忠誠度的基本因素。

繼續看圖14的左邊部份，變數439（軟體選擇多樣化）和可靠度結合之後，信心驟升至94.1%。

接下來會影響對供應商信心的因素是變數359（容易學習）。這個變數的加入使得有信心的人佔這部份的95.1%。因此公司如果能讓顧客滿意可靠度（519）、軟體選擇（439）和容易學習（359）等三項變數，就可以達到高度的信賴。

這個分析有趣的地方在於其可以評估效用函數和提高信心、品牌忠誠度和再購買訂單之間如何互動。他們之間理所當然會有相互依賴存在，我們可以模擬並且研究，以使成果最大化。在做這個分析時最重要的就是應選擇何種效用函數來做為變數。因為其對行銷部門的重要性，因此變數的選擇要非常的小心謹慎。

品牌忠誠度也和價格敏感度有關。舉例來說，我們可以比較兩份商業雜誌A和B讀者的忠誠度。如果我們發現某份雜誌有較多的忠誠讀者，則其便可能有提高訂閱率和吸引廣告商的機會。

顧客（Customers）

所謂的顧客就是產品或服務的經常性購買者。潛在顧客通常是包含在抽象的市場概念中。所有的企業都依賴顧客、以及會再購買的購買者為生。

在二次世界大戰結束後到1970年代中期，顧客並不像今天一樣這麼重要。當時需求大於供給，很少人會去注意顧客希望的是什麼。

顧客通常被認為是抽象的大眾，他們被收取手續費，然後每次買東西時，必須依照一個別人設計的合理化過程，來讓他們盡可能地買很多的東西。生產者把自己的利益和生產設備擺在第一位，然後試圖要顧客來配合他。

自從1970年代中期以後，生產者必須把重心放在顧客和他的需求架構上，以便影響顧客對他們產品的要求。大公司仍然傾向於把顧客當成是一種抽象的概念。大型組織中的追求職位的提昇，使高層主管忽略了誰是他們真正的顧客，因此沒有去抓住這些顧客，而去瞭解他們的潛在需求架構。這種情形下，所謂的顧客是指決定或影響購買的執行者或個人。

在找出需求架構的方式下，很難去明確定義顧客，這是個愈來愈普遍的問題。在運輸業，你必須要定義出到底應該滿足托運者，還是運輸代理商的需求。在旅遊業，你也必須問同樣的問題，是應該滿足旅遊者還是旅行社的需求。有些產業，如採礦設備和珠軸承的產品供應商，已經習慣直接和最終使用者，以及原始設備製造商（OEMs）交易，因為他們產品的特殊科技性質使他們面臨不同的情況。當這些產品成為商品時，交易者（代理商和配銷商視為相同）開始加入。所以他們必須開始學習新顧客的需求架構，也就是交易者的需求架構。

在過去10年中，有許多人談到「把顧客放在中心位置」、「我們的顧客就是我們最佳的資產」，以及其他等等。儘管這些話可以正確無誤地應用在所有的企業類型，然而除非我們可以給這些話一個明確的含意，否則都只是空口說白話而已。

分權（Decentralization）

分權存在於任何地方，不論私人企業或公家機構。分權的目的在於使接近顧客且了解市場的人能有權力做決策。這種分權將使得企業經營更有效率。

促成分權有兩個誘因:

1.分權使得公司更為市場導向，因此更有效率。

2.分權會激發動機、創業家精神、及工作滿意度。

當組織處於繁榮期時，組織的成員很希望分權，因為此時成功是確定的，人們樂於接受責任。但當組織面臨逆境時，分權變得不受歡迎，人們不喜歡接受責任，因為此時人們必需做一些痛苦的決策，例如解雇員工或緊縮成本。

我個人認為分權的主要促因是由於日愈激烈的競爭。在賣方市場時，因競爭壓力小，處於賣方的企業不需要重視市場導向。此時公司的勞心活動集中於高階層管理者，該組織的其他成員則期待高階管理者的命令且依命令行事。當競爭變得激烈時，公司由少數人領導的方式將變得很沒有效率。因為公司的決策者與顧客相隔很遠，此時顧客便會轉向一些能快速決策、較為敏捷的組織。決策的分權便成為了一種自我保護和競爭能力的形式。

促成分權的另一個原因，是大多數的國家都有很多受過良好教育與善於思考的中產階級。故人們不再單純的無條件服從，人們對於任何決策都會加以質疑。在此情況之下，組織必需把一些勞心的工作分配給更多的人，並且要更多的人一起思考及做決策，尤其主要是做顧客認知品質方面的決策。

因此，分權在效用面會提高效率，但在成本面則會造成成本增加，這由採取分權的公營單位及私人機構均致力於減少其成本的情況中可以得到明證。

C. K. Pralahad 及 Yves L. Doz 最早提出以分析方式來對分權及集權做完整的瞭解。Pralahad 及Doz 在他們有關全球組織的書*The Multinational Mission* 中有很詳盡的分析。我在很多場合中經常提及 Pralahad-Doz 的分析及我自己的一些看法。簡略而言，此分析方法包括了四個問題:

1.由整體策略而言，那些基本功能必須集中？

2.那一些功能必須接近顧客和要求地方性的接受度?

3.規模經濟利益存在於那些活動? 學習曲線和經濟規模的地位為何?

4.領導者及其他員工如何被激勵因素影響?

在無競爭的環境中，有很多組織採用無政府式的分權是可行的。所謂無政府是表示組織分成小單位且不分析其個別效率。

Pralahad-Doz 以組織結構不佳的公司當做分析的例子，尤其是那些由無競爭環境轉為面臨競爭環境的公司是 Pralahad-Doz最常引用的例子。有關組織中責任分配問題是他們分析的重點。在執行此種分析時最困難的問題是如何在規模經濟及分權、與激勵員工的抉擇中找出一個平衡點。事實上規模經濟及激勵員工是可以同時達成的。因此如果組織中的成員能夠瞭解各自的使用限制及時機，則平衡點是可以存在的。我們以下面的例子來說明。

一個本來受到保護而免於競爭的組織，經過一段時間後漸漸轉為必須面臨無任何保護的完全競爭狀況。該組織在許多企業功能、部門即採用分權制，如產品發展、行銷、服務等。而採用此種分權可以預見的是該組織將會有很高的額外成本。

在作深度分析後，發現此分權化的組織最重要的任務是銷售及售後服務。這組織很樂意接受我的建議，將產品開發、策略及行銷改由中央集權。因為此時分權對該組織的理性化行動不利的影響因素有:

1.熱中於協調

2.妥協

3.高成本水準

4.缺乏彈性

組織面臨必須採用「手動控制（依狀況決定採用的方式）」(manual control) 的兩難狀況，一方面組織必須考慮到理性、大規模及協調的情況；另一方面組織又必須考慮到小規模的企業家其快速提升效率的效果。有一個一般準則為：當時機好的時候採用分權的管理比較好，當時機不好的時候採用強力的中央集權比較好。

解除管制 (Deregulation)

解除管制在策略上的意思是，原先被法律禁止的產業或區域競爭在後來被放寬或解除。對大部分的人而言，在1978年卡特政府解除對民用航空經營管制是最令人熟悉的解除管制事件。美國對於其電信事業和西歐國家對其銀行及貨幣交易的解除管制已表現出了一種在1978年以前幾乎不存在的新的策略情況。

為了了解解除管制及其引發的商機，我們首先需要去了解造成解除管制的因素以及那些人和事務會受管制影響。以民用航空業為例，造成世界各國對民航事業管制的主要因素是安全的考量。在二次世界大戰後民航管制是必要的。管制的基本理念是未受限制的競爭將會迫使民航業者犧牲顧客的安全。

自從管制立法以後，飛行的安全的確有了很大的進步且其進步的程度達到不可思議的狀況。自1960年以後，除了1985年外，在定期航線的飛行意外事件中死亡的人數逐年降低。

很多獨佔管制是因為投資金額及技術要求甚高，造成競爭者進入的障礙。通信業長期以來都被視為具有自然獨佔特性的產業。但是現代的光纖科技造成很多人對於投資通信業有很大的興趣。原來的獨佔業者必須試圖去解決如何持續企業成功的問題。通信業者被政府強制要求釋出其市場佔有率，使原本獨佔的業者面臨了其未嘗經歷的心理及組織挫折。

在此強調：在分析解除管制時必須先瞭解造成管制的因素是什麼。

管制的缺點隨著全世界私人機構在效率改善上有很大進步而更趨明顯，特別是在1970年代中期的石油危機。很明顯的那些受管制保護的產業其經營效率均較差。受管制保護的企業由於不用面臨競爭，故其效率會較差。當國家景氣變壞時，受管制保護的產業其效率將變得更差。這或許是解除管制會風行西方世界的主要理由。

我個人的觀察認為受管制保護的產業其競爭的意願及能力，均比不受管制保護的產業差。這種缺乏競爭力的現象不只是在生產，如每單位生產成本，還有在效率的表現上，如價值的效用及價格。受管制的產業對顧客的服務亦是極為忽視，這是在一個受保護而免於競爭的環境中自然且可了解的現象。

解除管制的產業常有很明顯的效率進步，這是因為管制會造成無競爭力而且無效率。

依照理論，一家屬於獨佔產業的公司其獲利能力應當很高。但實際上由於受到保護而免於競爭，使得公司過度使用資本及成本，促使其成本偏高，相較之下獨佔產業的利潤並沒有比其他產業高很多。獨佔產業的公司其每個員工創造的附加價值不高、公司的績效亦低。

有關解除管制的研究是較新的一個領域，目前大部份的研究成果是來自於美國及英國。

發展（Development）

發展可以被描述為由簡單的狀態變為較複雜的狀態。在有關商業名詞的字典中，發展是經常被定義的一個字。這個名詞有兩種意義：

1.代表公司四種基本職能中的一種職能（其他三種基本職能為行

銷、生產及管理）。

2.代表處理事物的正確方法。

在公司內的發展職能（或部門）通常投入其努力於產品發展，或者在軟體產業的例子中則為產品觀念的發展。上述即我們一般提及發展這個字時所指的意思。

最近有一些名詞亦以發展來代表其意義。最常被用到的字如市場發展及組織發展。市場發展表示擴展現有的顧客。而組織發展是有關於組織系統，以及激勵等等。

雖然有關發展的意義可能有好幾種，但是發展最常被用來說明公司為了滿足顧客的基本需求，及增加顧客對公司產品的需要，而發展其商品及服務的一種活動。

發展的第二種意義是指處理有關管理的問題。這些問題即那些必須注意且處理的事。這些問題在每天的活動中發生，如價格必須調整，員工必須雇用，預算必須提出，報告必須研討。行政管理中的一個主要職能即處理事件，或即 Joseph Schumpeter 所稱的統計效率。

發展和管理不同的地方在於，發展必須從外界且必須主動尋找，但發展並不是自然發生的，而必須投入資源才可以得到成果。發展不是從事固定的瑣碎事務，而是處理動態的事務。為了使發展的工作能更有效的進行，公司首先必須很清楚的知道其發展的方向。只有很正確的知道發展的方向，公司才可以知道那些需要改變及發展，以改進企業營運的品質。

在現代的企業發展過程中，公司不能認為以發展資源來改善產品績效是理所當然的事。在很多狀況下，發展資源應當用在提高顧客需求滿足及公司競爭力的職能上。簡言之，企業發展即在分配資源於足以產生公司長期最大競爭力的事物或職能上。

處理發展課題之能力就是現代管理的一項特質。求取最大化管理效率是管理人的責任之一。企業發展的概念已由以往的保留資源變為求取公司成長的攻擊性策略。但如果只刻意求變而不留意資源是否妥善運用也不是一件好事。

配銷 (Distribution)

有關配銷在字典上有兩個定義:

1.已議定或慣常性的商品分配及運送。
2.將商品或服務送抵顧客的所有營運活動的總稱。

在 1950 年代末期及 1960 年代，配銷經常被提及。當時西方國家突然由物資缺乏變成物資過剩。商品的價格大幅下降，行銷的觀念也在當時產生。在當時行銷及配銷兩個字經常被混淆使用。

在現代的使用，配銷回復其原來字面的意義，配銷表示商品實體的流動。在這個意義下，配銷包括兩個方面:

1.提供顧客商品可及性能力的水準。
2.在緊縮資本及運輸成本考量下的資源管理。

當你在使用配銷這個字時必須先清楚了解配銷所代表的意義是什麼。

多角化 (Diversification)

有關多角化的概念有一段曲折的歷史。在1960年代末期及1970年代初期多角化是有關企業發展理論中最流行的新想法，但在人們發現不採用多角化的企業其績效高於採用多角化的企業時，人們對多角化便不再有興趣。近年來多角化又再度成為人們討論的話題，但這次的原因和上次不同。很多企業在其主要事業經營範圍中得到很多資本，但他們也發現無法在其現有的經營範圍中再進一步的擴張。這些企業發現多角化可以幫他們進行資本投資且分散風險。

如果我們再回顧多角化的歷史，我們會發現在1960年代，人們有一個錯誤的想法就是認為企業多角化就像插電源插座一樣簡單。人們認為只要知道企業的營運就夠了，管理者不需要了解其所屬產業的特性，且一般化的管理技能即足以應付任何產業的特性。

現在企業的多角化和以往的多角化不相同。事業單位導向的管理使得企業有很強的能力進行多角化，並且這些企業均有龐大的資金，故為了求取風險分散和獲取利潤而從事多角化。瞭解成功的交易邏輯可以幫助企業避免過去進行多角化所遭遇的錯誤。

在從事多角化時，你必須先了解多角化的原因而有下列的認識：

1.為了分散風險，亦即為了使企業的財務狀況能長期處於較穩定的狀態。
2.為了財務理由，因為你相信多角化的利潤率將遠比其他投資更為有利。
3.為了獲得綜效，使得公司整體較有利。
4.為了實現企業家精神，因為你把多角化所具有的風險視為一種刺激的挑戰。

效率 (Efficiency)

效率這個名詞和策略一樣是個經常令人迷惑的字眼。效率的真正意義是由生產力創造出來的價值。價值是指效用和價格之間的關係。而生產力是指生產的數量和成本之間的關係。提高效率即表示在同一生產力下創造更多的價值，或是創造相同價值而有較好的生產力，或是兩種狀況同時產生。

效率經常被誤用為成本減少或是生產力。成本減少的確是效率的一個重要成份，但成本減少並不是效率，因為成本減少並未考慮到價值。生產力未提及價值的創造故而生產力不是效率。你可能有一個生產力很高的蒸氣機製造廠，可以用低資本及人工成本來生產蒸氣機，但因為沒有人要買蒸氣機故你的營運是無效率的。

由計劃經濟所生產出的 Trabant 牌汽車是一個計劃經濟無法有效率的典型例子。在生產 Trabant 的過程中生產力是很高的，但因為沒有人想買這車子故而其效率是很低的。

獲利能力的維持是用以衡量效率的最好準則。這個準則也可以用在衡量企業組合上，但用在衡量公司部門效率、公營機構效率及一些組織時較為困難。例如在衡量貿易工會的效率時，必須評量工會為其會員所創造出的效用總額及工會對其會員收繳會費的金額。

效率的基本參數如圖17所列示。提供給顧客的價值是效用及價格的函數。效用可以再細分為價格或其他參數的函數。生產力是商品和勞務產出與生產成本的函數。效率的衡量必須同時考慮生產力及其創造的價值。只考慮單一方面是無意義的。

策略有很廣且長遠的影響。策略和營運是以程度來區分，而不是以種類來區分。策略的觀點著重在產業長期的需要及公司財務等各方面的全面考量。

無效率似乎有一套自己的邏輯。無效率經常會促成不景氣、官僚、及衰敗。這個現象不只適用於企業也適用於意識陣營、國家及貿易聯盟。企業持續無效率將使企業置身於問題中，最後企業會消失或是被其他有野心及競爭力的企業所併吞。

無效率企業的消失或被併吞的現象在受保護的環境，例如在計劃經濟下，這種現象還是會發生但時間會較延後。在保護的環境下，那些未能創造相對於成本之價值之無效率組織依然可以生存。在缺乏自由經濟市場下，並不會產生達爾文（Darwinian）的過程或 Joseph Schumpeter 所稱的創造性毀滅現象。

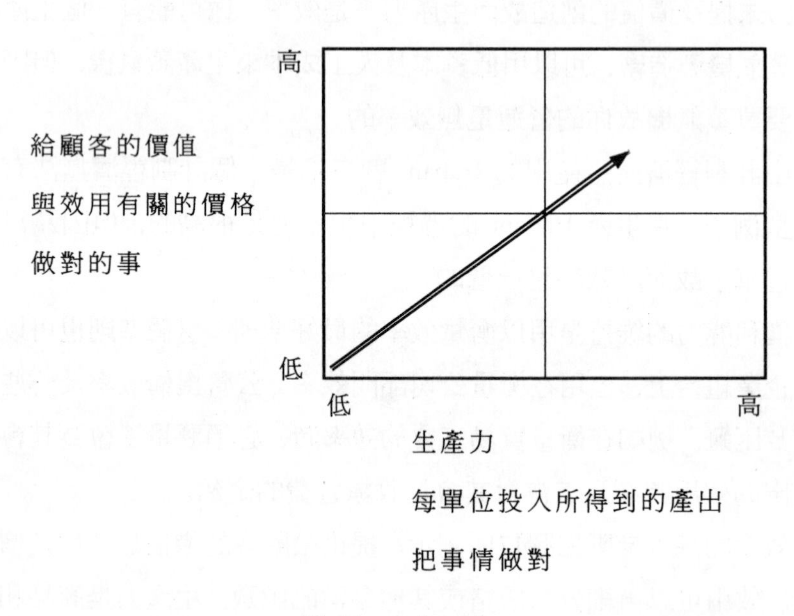

圖 17　效率矩陣

相對於處在競爭狀態的組織，公營單位很難完成策略發展及更新的過程。在處於競爭狀況的組織，有關銷售及獲利的資訊是用於顯示效率的可信賴指標。很多組織——不只是政府組織——缺乏這一類的指標。由於缺乏指標，這些組織將缺乏更新的促因，而任何改變的過程只停留在空談。面對著這個時代的新精神及計劃經濟的瓦解，促成組織的領導人必須更著重於其組織的效率。

公司內的部門其實有著和公營機構相同的問題。部門服務的使用者沒有選擇其他供應者的機會，部門服務的供應者也只能提供服務給公司的其他部門。這些部門很難去衡量其部門的效率，他們必須發展出一套特別的效率衡量方法，而這套方法亦可適用在公營機構。

有些組織目前仍居於產業的領導地位，這些組織的主管所關心的是如何保有自己的權力或維持和他人的關係。他們認為以效率作為衡量的基準將有害於他們和其周遭的人的關係。

在歐洲，組織如果不想辦法去提高其效率就如同犯了七種必死罪刑中的三種：淫亂、暴飲暴食及懶惰。有這三種罪刑的人在剛開始時似乎還好，但最後這些人會失去一切。很多企業知道必須以效率為衡量基準但卻遲遲不採用，於是這些企業會慢慢嚐到其惡果。

企業家精神（Entrepreneurship）

有企業家精神的人對工作充滿動力、行動導向且對結果極為敏感。企業家一般具有下列幾項特質：

— 他們喜歡自己做決策。
— 他們喜歡接受風險。
— 他們希望能看見其行動的結果，及期望建設性的批評與讚美。
— 他們希望在營運活動中負責核心工作，故而他們比較喜歡規模小的組織。
— 他們喜歡快速發展及創新。
— 他們因擴充及事業導向的環境而興奮。
— 他們對自己和同僚的要求甚高。

另一方面，有企業家精神的人對下列的狀況感到厭惡

— 停滯及缺乏進步。
— 官僚及規定繁多瑣碎。

— 規劃及諮商。

— 爭論、勾心鬥角及外交協商。

以上暗示，企業家不一定適合當一位管理者或從事長期規畫，或擔任大公司的高階主管。上述的工作均需具備良好的人際關係能力，而具有企業家精神的人往往缺乏此種能力。企業家經常不是人際關係導向且不喜歡授權他人，因為他們認為自己做的一定比別人好。因為企業家有以上的特性，所以企業家不適合大企業且盡量避免在大企業服務。

企業家是有創意、有想像力、充滿活力及自我意識強烈的人，因此具有企業家精神的人常是組織文化的違背者。企業家對公司的開創及成長有其貢獻但不能過份強調。公司的管理人員應留意公司裡那些人是屬於有企業家精神的人。

企業家經常把他們的精力用來完成一項成果，例如造一艘船，學習彈鋼琴，通過一項考試，建立一家公司或重新改造公司的一項職能等等。他們具有強烈的意志力達成他們想達成的事。我們在運動員身上常發現企業家精神。運動人員有著強烈的意志力，他們不斷的訓練及練習以求打敗挑戰者。

為了瞭解企業家精神及善用此精神，我們必須對人類的激勵概念做深入的探討。

社會學家發現最近這些年來在歐洲的企業家精神有很大的進步。認為自己有能力開創一家公司的人數在增加中，企業家精神成為自我實現的方法。這些新的潛在企業家有強烈的成功意願，並希望由和他人競爭而獲勝中來證明自己的能力。他們認為金錢只是成功的一種象徵，而不是權力的來源。

傳統的企業家是個難以溝通且厭惡企業規範的人，現代的企業家有較佳的人際關係能力且在意社會規範。他們不只是關心結果，而且和其所處的人際環境有著良性的互動。

職能策略 (Functional Strategy)

圖18說明何謂管理職能（一般即組織中的某一部門）。職能策略是經常被提及的一個名詞；職能策略表示一個職能或部門為了和企業整體策略一致所必須遵循的方向。職能策略最近很受到重視，以往的職能策

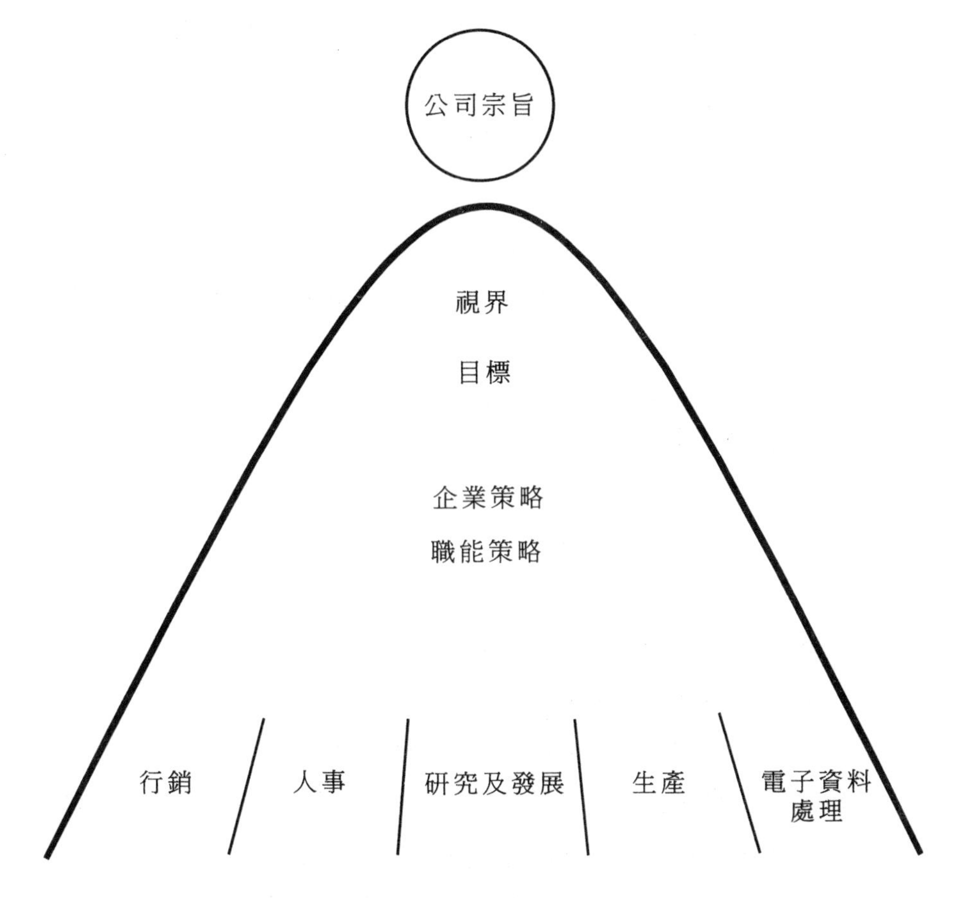

圖 18 職能策略。基本的企業策略乃依循公司的宗旨來訂定，企業策略再分為職能策略以供公司的不同部門或職能來遵循。更為留意職能策略將使得職能單位的生產力提高。

略只是由高階主管直接控制，但現在是以部門自己的思考來訂定。

把職能的策略交由職能單位自己來負責，這種作法使得公司有一種全新的感受，且提供公司訓練其未來高階主管的機會。職能策略即表示在某一職能架構下做正確的事情。

職能策略就是聯結企業策略與職能（部門），且使得每一個職能成員的步調一致。某一職能和企業策略的差異越大，則該職能的策略越難擬定。人事及電子資料處理的職能，傳統上很難和企業策略結合。另一方面，資訊、研發及行銷職能則與企業策略的結合較容易。

我們必須知道每一個職能的重要性是會因時而異的。在1960年代，行銷職能是最重要的。在1970年代，財務、人事及電子資料處理變成最重要的職能。而在1980年代，資訊則被公認是最重要的職能。

當你在進行某些職能策略的回顧時，你最好趁機會審核一下這些部門。我的意思是針對部門為了達成成果所耗用的企業資源做一次嚴格的評估及研究，且這種審核應該是毫無偏誤的。當你在擬定職能策略時，下列一些基本觀點必須謹記在心:

1.定義職能及該職能被要求做些什麼。
2.確定職能經理知道公司的宗旨。
3.明確訂出該職能對公司的貢獻是什麼。
4.明確訂出職能間的界限。
5.如果可能的話，對所有的職能同時做審核。
6.確定每一職能對公司宗旨的達成提供了那些成果，職能不應該只是一個專業單位，而應該是達成公司宗旨的單位。
7.平衡專業能力、專業道德及企業家精神以避免職能衝突。

一個理想的職能單位應當兼具有生產力及效率；職能單位當能執行其職能策略，而該職能策略必須和企業策略一致。

在計劃經濟下，職能單位的營運有其特別的現象，即這些職能單位不是以市場交易來決定其生產。在計劃經濟下，「顧客」只能向職能單位購買，而職能單位也只能賣給這些顧客。

在一些狀況下，管理良好的職能單位可以發展成為一個獨立的企業單位。例如原本是Scandinavian Airlines System 職能單位的電子資料處理部門及SAS Service Partner 部門，現在均已獨立成為一個具有銷售、生產及發展功能的公司。

職能單位可能因為一些原因而變成公司。公司化在過去20年是一種很普遍的現象。促成職能單位變成公司的原因有時並不容易了解，在此簡略的歸類其原因如下:

1.職能單位對公司外部的銷售佔其部門銷售的50%以上。
2.由於法令規定在某些狀況下必須將部門變成公司。
3.企業中有些部門要結束，故而一些部門獨立出來成為另一家公司。
4.一些原本很重要的職能單位其重要性變得很低，或公司可由別家公司取得較便宜且品質較好的產品。
5.公司核心的事業受到法令限制時，公司可以藉由設立新公司以避免法令限制。
6.一種戰略性移動以取得和工會談判時有較好的談判地位。
7.有些人需要在其商業名片上的職稱是「執行董事」。
8.為了達成外部所有權 (external ownership)。

職能性公司是一個特別的個案。在此同時，我們必須注意很多公司在成立初期即是一種公司化職能或零組件的生產者。SKF 及Datema 公司就是例子。

在市場經濟下，公司的職能單位需要有好的效率以適應競爭及取得生存。我們必須留意到在市場經濟系統下，並沒有一套自動的職能單位效率檢視系統。一些公司或許可以求助於價值圖以了解職能單位的效率。

職能策略對策略學者而言似乎不是一個重要的課題。策略學者一般均偏向於對複雜的多樣化系統、國家或國際事務做策略研究。有關職能策略的研究是一個新的領域，本書提出一些可以用在職能策略上的分析技術。

目標 (Goals)

有很多不同的名詞可用來描述一個活動的企圖層次。

願景管理（Management by vision）表示激勵員工以達成事務的理想境界（請參閱願景（Vision））。

企圖層次（Level of Ambition）表示促進企業領導者或管理者的策略規劃目標之績效動機。在公司管理中企圖層次的不同經常是衝突的起因。例如部門經理和他的上司可能有不同的企圖層次。我經常發現充滿精力的主管不與下屬討論就自己決定績效目標。這種主管經常會面臨上司的不滿及下屬的不支持。

目標在此表示願景及抱負水準的具體結果，及衡量策略成功的準則。目標當以服務顧客的績效水準做為指標，且以顧客服務水準當做目標的公司才能激勵其員工。但相較於以獲利能力做為目標的公司，如何明訂顧客服務水準是件較困難的事。

解釋願景、企圖層次及目標的目的，在於要求組織的成員多投入一些有意義的活動，以提高組織的績效水準。

一個目標當明白的表示出至少三個層面:

1.經濟目標
2.數量目標
3.品質目標

經濟目標是必要的，但人們不會熱中於以權益報酬率 (return on equity) 或其他會計準則做為基準的目標。

數量目標一般以市場佔有率或銷售數量為表示，這種數量目標也是必要的。如果公司沒有數量目標，公司將會縮減其規模以達成公司的經濟目標。

品質目標是指顧客所認知的品質。公司已漸漸重視顧客的反應來做為調整其產品及提高競爭力的依據。

目標管理表示對個人或單位設定績效目標，而不限定達成目標的方法或策略。目標管理最近頗為盛行，這種現象可能是因為組織的成員有較高的自我要求所造成。有些時候很難明確的描述目標是什麼，因為目標管理的主要關鍵在於由負責的人自己去找出其達成目標的方法。

有一個模式是為了目標管理而發展出來的。這模式假設一個主管及其下屬共同決定出目標，而下屬有一個完成目標的時程計畫。在這過程中主管扮演顧問的角色，而不能以老板的態度對待下屬。目標的擬定大致上依循下列的順序:

1.以下屬目前的角色及職責當做開始的起點。
2.下屬提出他所希望達成的目標及時程計畫。
3.依照下屬的現狀及其希望目標，主管及其下屬一同定義出適合下屬執行的任務。這些任務對下屬而言必須是其可達成的挑戰。
4.當下屬對任務指派滿意時，下屬和主管便定下協議。此時指派即完成了。（Bruzelius & Skärvad， 1982）

目標管理和直接管理或命令管理完全相反。在直接管理或命令管理時，下屬必須在特定狀況下執行被指定的工作。

程序管理表示對執行工作有很詳細的規定。這種管理方式對重複性的工作，設定很詳細的行為規範及標準。

策略控制是一種新的管理模式，我個人喜歡此管理模式。這種模式在擬定策略時並不給負責的經理完全的自由，負責的經理在擬定策略發展時，必須接受對完成目標有幫助的建議。

宗旨表示一個活動的目的。宗旨經常應用在大型組織的職能上。例如 SAS 營運部門的宗旨。在描述複雜的層級目標及意識時，宗旨這個名詞亦經常被使用，例如：公司宗旨。目標這個專有名詞至今還未有準確的定義，故在使用時必須留意其所代表的意義是什麼。

產業 (Industry)

產業的意義在早期只包括製造業。現今任何產出商品及勞務的組織其總體均可通稱為產業。因此我們現在有所謂的化學產業、旅遊產業、運輸產業及電腦軟體產業等等。

在廣義上，產業應當由一些變數來定義：

1.由一組效用函數加以定義的一個特定需求。
2.由很多個人或組織所做的獨立決策，這些決策有關於產品購買或服務提供。
3.一種共同的技術以滿足需求。

只要飛機的航空引擎由航空公司負責維修，則航空引擎維修就不能是一個產業。只有當航空公司開始向獨立的專業航空引擎維修公司購買維修服務時，航空引擎維修才能算是一個產業。另一方面，汽車產業向專業的車輛傳動軸製造商購買傳動軸時，車輛傳動軸製造商即形成一個產業。

Michael Porter 用五種競爭力（圖 19）來描述產業的運作。在本書的後半部有較詳盡的說明。

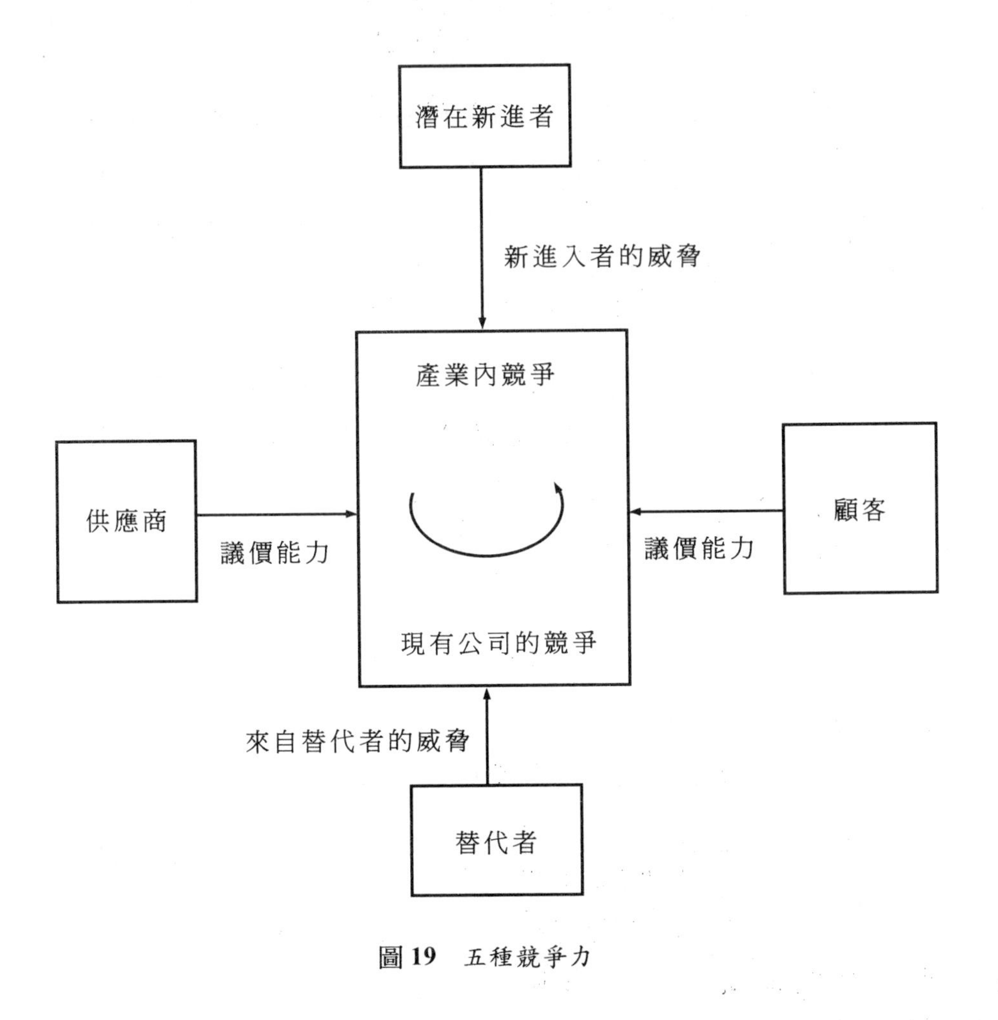

圖 19 五種競爭力

產業並不是處於靜態的。產業在一段時間內會起伏不定。在做策略分析時，產業定義是一個很重要的參數。策略分析必須做下列兩種評

量，產業即為其評估的基礎:

1.產業的吸引力
2.公司在產業中的地位

決定產業吸引力的因素，例如成長率及獲利率，將在本書的第三部份中說明。然而有些不理性的因素亦會影響產業的吸引力。例如一些資本家希望能擁有知識立法權 (intellectual legitimacy)，故而對出版產業有特別的偏好。另外一個不理性狀況出現在民用航空業，雖然世界上很多地方民用航空業不賺錢，過去二十年卻有很多人繼續投資民用航空業；自動搬運車輛產業雖然不賺錢，卻也依然吸引一些人去投資，或許是因為有人著迷於其技術的複雜性。

上述的例子在說明產業的吸引力並不一定是由客觀的準則來決定，非理性的因素例如童年夢想、期望受尊敬或盲目崇拜技術等均會影響產業吸引力。

一個公司在產業中的地位由下列因素所決定:

1.市場及其走向
2.相對於競爭者的獲利能力
3.顧客對其品質的認知
4.公司內不同職能的相對成本地位

總結上述：產業並不會是靜態的，而是一直在改變中；產業的吸引力不只受理性因素影響，其亦受非理性因素影響；一個公司在產業中的地位則受其短期及長期因素影響。

內部需求 (Internal Demand)

Terence T. Par 在*Fortune* 雜誌中曾提及大型且富麗堂皇的總公司建築物，暗示這個大企業有一些問題存在。沒用的、昂貴的、無競爭功能的豪華辦公室及眾多幕僚、公司私人飛機等等，均顯示公司問題重重。

上述均是對大企業的諷刺，但實際上大企業中的確有很多幕僚，這些幕僚是由供給所產生，而不是由需求所產生。

在以往，能控制很多人及很多錢是成功企業的象徵。然而，這個現象將逐漸消失，企業當以適應動態環境的能力做為成功與否的準則。現今仍有一些企業以公司規模大小作為其是否成功的指標，這種態度造成公司以供給為導向，而不是以需求為導向。

在計畫經濟體系的總公司就沒有自由經濟體系下的公司那麼幸運。計畫經濟下的總公司必須獲得顧客對他們提供的服務經常的讚美，才可望有較好的工作環境。

幕僚及總公司人員開始自視為服務的開創者，而不認為自己是資本及財產的消耗者。事實上，公司的資本及財產是由公司獲利部門所累積出來的。

當接受單位可以自外部供應者得到服務時，內部需求分析就可以執行。當接受單位可以自由選擇供應商時，自由經濟功能才可以真正運作。

經驗告訴我們，自由經濟體制在企業中經常是無法存在的。我個人曾參與一家大型公司的管理改善工作。這公司最重要的獲利單位對公司內的資料處理部門的服務不滿意，於是請來顧問公司做公司系統診斷。顧問公司建議由外界的資料處理公司來取代現有的公司資料處理部門。這份建議書很快的送到集團管理主管，但最後公司沒有做任何處理。

如果公司希望能對內部需求的強度及頻率能有客觀的瞭解，公司最好是請沒有利益影響的第三者較適當。如果由公司內部單位來從事內部需求調查，公司政策、社會關係等等將會影響調查結果的客觀性。

下列即從事公司內部需求分析的步驟:

1.列出被分析單位所提供的服務是什麼。

2.列出所有的服務中有那些內部顧客。

3.每一種服務有那些顧客使用、各佔全部的百分之幾。這份名單及百分比等等必須得到供應單位的同意，以確保資料的正確性。

4.每一種服務供給成本結構。

5.由接受服務單位針對供應單位提供服務的成本提出意見，及接受單位是否偏好其它供應來源。

6.加總個別接受單位的需求，且以此結果來進行成本降低。

在進行調查時，接受單位對於其接受的服務常會刻意貶低且惡意批評，調查人員對於接受單位的服務批評必須小心求證。例如你可以要求接受單位的經理說明為何不願意接受服務。

事實上很多不想要的服務均大規模的由公司內部提供，造成這種現象的原因是提供服務的單位認為生產這些服務代表著成功。

最後，公司當留意是否有部門將其部門成本轉由其它部門承擔的現象。如果公司內存在這種現象，公司將無法取得全面的最佳化。

投資 (Investment)

投資即現在做一個經濟承諾，而在未來獲得收益。傳統上投資即買入有形物體，這些物體會長期產生價值，因此可被列在資產負債表上。

和投資有緊密相關的是折舊。折舊代表投資的資本承諾在一些年內以費用形式在損益表帳上表達；投資的總金額可在一定年限全部轉為費用。如果年限是十年，則每年投資額的十分之一將在損益表上沖銷，這稱為折舊。存貨的折舊有時稱之為貶值。

1.投資在多少年後可以獲利，相對於其他可能的投資方案這年數是否太長？
2.投資的邊際貢獻（收益減變動成本）是多少，這投資案可以提供多少現金流量？

為了解決上述問題，有數種模式可以用於計算投資包括：

— 現值法，算出所有現金流量的現值總和以和投資金額比較？
— 還本期間法，算出回收的淨現金流量在何時可以等於其原始投資額？

投資被廣泛的定義為「任何狀況下不尋常的犧牲以獲取未來的利得」。市場投資即付錢在特別的行銷活動以維持現在的銷售量。

有些投資是投資在know-how及人力資本。由於企業逐漸體會人員能力的重要性，於是開始投資技能及技術。這種投資也是一種經濟承諾以獲取未來的利得。然而這種投資經常記載於盈虧帳上，且是一種直接成本項目。

不好的投資經常會引起災禍。在1970年代中期在瑞典 Uddevalla 這個地方有一個大的造船廠新成立，在同時間，韓國及日本也大量投資成立造船廠。後來 Uddevalla 造船廠的投資血本無歸。

在 1960 及 1970 年代很多東歐國家，波蘭是其中之一，投資很多資本於鋼鐵廠、水泥廠及造船廠。在社會主義國家，投資重工業就是一件「好事」。這些投資最後促成波蘭人民生活水準急劇下跌及波蘭政府對外國高額的借款。波蘭的經濟發展因為這些不當的投資而崩潰。

民用航空產業有一個由來已久的文化，他們相信投資新的大型飛機是顯示他們在產業中地位的方法。這種投資行為或許可以說明為何大部份的 IATA 的航空公司成員其獲利率均相當的低。

投資在 know-how 上可能不是一種好投資。有一段期間瑞典政府擴大其基礎建設，在這期間興起了很多大型工程顧問公司。但當此擴建期結束時，卻導致了工程人員過剩及很多工程顧問公司面臨危機。

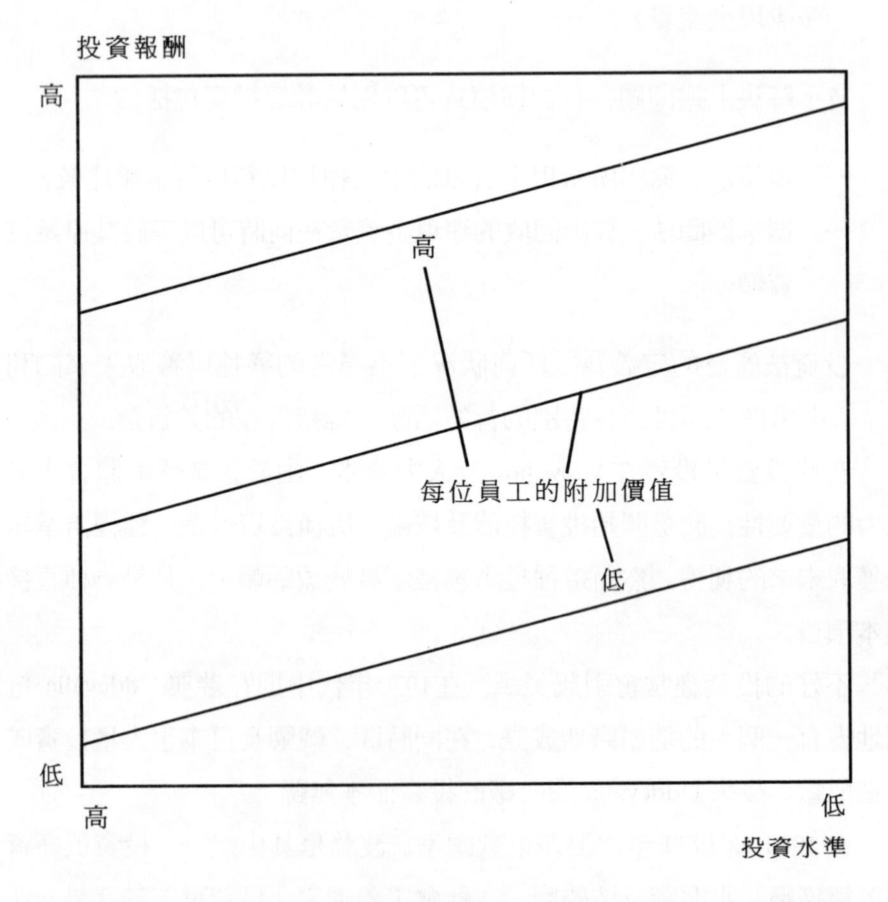

圖 20　投資水準及報酬。上圖顯示高的每員工附加價值及低的投資額／銷售額會使公司得到最高的投資報酬率。低員工附加價值及高投資額會造成最差的投資報酬率。高水準的投資會降低獲利率而高生產力能提高獲利力。

錯誤的投資也會發生在產品發展（協和式飛機就是一個最典型的例子），也會發生在市場（有數家國外重型車輛的製造商想進入瑞典，但他們最後多敵不過瑞典當地的兩大車廠，Volvo 及Saab-Scania）。

投資決策是公司中最重要的決策之一，公司在做投資決策時必須很小心，且對事業要有正確的判斷。

有一個已知的智慧告訴我們，即高資本密集會導致低獲利率。有三個因素促成這個結果:

1.高資本密集會導致更激烈的競爭，這種現象在銷售無法提升且產能尚未充份使用時最為嚴重。高資本密集產業可能面臨削價競爭及市場大戰。
2.關閉一個生產單位意味著巨額的損失，因此公司會盡可能的苟延生存，即使利潤已經很低。
3.在高資本密集產業，其產品價格經常是邊際價格。

我們有時候會發現一些低資本密集的事業比其高資本密集的競爭者有更高的獲利。上述的分析亦適用在競爭激烈且各競爭者產能均未完全使用的產業。這種分析不適於產能已完全使用的狀況。

如果企業決定在其產能上做大投資，則企業必須提升其每個員工的生產力，以避免獲利力下降。那些高生產力且低資本週轉率的公司，其獲利能力會比低生產力且高資本密集的公司高。

比較同產業的公司其各自資本及價值增加可以幫我們判定各公司的競爭能力。這個技術也可以用在不同產業公司間的比較。

領導（Leadership）

領導這個名詞在新的管理哲學下意指認同式管理 (management by

consent)，而不是以往所謂的權威管理。領導在過去是表示在一個組織中發佈命令的權力。領導就現在而言，意指在同一個領導人下工作的成員彼此間認同且合作。

在現代的公司文化，權力不再是遙不可及，而有條件的遵從亦是屬於過去的現象。這就是為什麼領導的概念是很重要的。在以往你可以要求你的下屬做任何事情，而不用關心你下屬的感覺或希望是什麼，但現在你再也不能忽視你下屬的反應了。

領導可以用下列三個特質簡單的加以描述:

1.對於將要做的事情給予指引準則。

2.使得人們一起合作。

3.提供達成整體目標的必要資源。

一個領導人最重要的責任即在於不斷的調整、理性化及再修正企業以適應環境。現在我們經常提及策略領導，策略領導意指對事物採取一種長期且廣泛觀點的能力，由這種能力使自己所負的責任能有最好的結果。

在現代的領導中，有效的溝通是主要的工具之一。領導人必須調節組織中的氣氛及意見，領導人也必須有能力去遊說他人接受其所提出的決策及論點。

有些人說現代的領導是一種市場導向的型式，領導人必須配合組織的變化來調整。由需求結構來提高成功的可能性。溝通不再只是一個流行的口號，而是一種接收、消化及引導公司到新的行動方向以配合外在環境。

根據一些研究的發現，好的領導者有下列的特性:

— 開放的胸襟及觀點

— 好奇心
— 敏感
— 結果導向
— 有決策力
— 批判性
— 對錯誤寬容
— 有領袖氣質
— 能夠鼓舞信心及熱情
— 冷靜
— 願意傾聽別人的意見
— 關心及體恤他人
— 不受虛有的聲譽而限制其行為
— 勇敢的
— 不受干擾的
— 有彈性
— 願意鼓勵他人繼續發展

長久以來成功的企業領導經常被歸因於領導人的智慧、所受教育及分析能力。在1970年代的研究發現，領導人的企業經驗、創意力，推動力及整體觀點等，均是成功領導人具備的特質。

企業經驗的意義為對一些企業狀況有經驗或做過此類研究。創造力表示有將現有的知識以創新方式予以組合的能力。推動力表示由想法轉變成行動的能力。整體觀點表示具有策略能力，以及在顧客認知價值和公司資源使用上取得平衡的能力。

很不幸的，領導這個名詞常只被視為「軟性」的變數，例如提高熱忱及說服組織去遵循領導人的觀點。這種軟性定義忽略了領導還包含了策略領導的意思。策略領導意指正確評估企業處境及明智決策的能力。

在分析上，領導能力和策略能力兩者是不同的。具有管理他人能力的人不一定具有管理企業的能力。一個具備領導力的人再配合一個策略分析人員，將是使企業營運順利的一種極佳組合。

策略能力（Strategic Ability）

讀者可以考慮一下 Adolf Hilter（希特勒）是不是一個好的領導者。我的目的是要各位去區別策略能力及領導能力。

我在很多場合均會問聽眾此問題而且期望聽到聽眾的反應。我選擇希特勒有幾個理由：他是近代的人物，他造成當代歐洲的浩劫，他從1933至1945年間有一段頗具戲劇性的經歷。當然其他人也可以當做討論的對象，例如成吉斯汗、拿破崙及沙旦哈森。

聽眾的第一個反應是「希特勒當然是個稱職的領導者」。這個第一印象有60%至70%的聽眾同意這個看法，其餘30%至40%的聽眾則有不同的看法。但在略加思考後，這些人有很大部份的人也認同希特勒的確是一個稱職的領導人。仍然質疑的人認為希特勒是個不道德的人，還有少數的人則質疑何謂稱職。

這問題的主要核心在於領導能力和策略能力的差異到底是什麼。一般而言，領導能力意指領導的人能提升他人的熱情，且能讓組織及成員服從領導人的能力。策略能力意指定義出人們所要遵循方向的能力。

希特勒定出一個千年的發展方向，但希特勒的構想只存在了12年。事實證明希特勒的策略是無效率的。相同的在伊拉克沙旦哈森有很多伊拉克人民跟隨著他，但沙旦哈森所提出的阿拉伯人及伊拉克人的光榮勝利策略顯然是很無效率的。

上述所舉的例子，純屬學術觀點而無任何其它用意。上述的例子也可以用在企業及組織的分析上。由上述例子，我們可以知道策略能力及領導能力是無關的。有很多天生的領導人可以贏得人們的跟從，但這些領導人卻不一定引導人們到正確的方向上。

在我從事顧問的歷程中我遇過兩種極端的人。有些人有很卓越的策略能力但缺乏領導能力。有些人的領導能力的確達到登峰造極但卻欠缺策略能力。以世界政治發展的過程為例子, Schumann 及 Adenauer 是很成功的策略規劃人，但他們卻不具有迷人的領袖氣質。

一個缺乏領導能力但善於做策略規畫的人適合扮演顧問或企業方向設定者的角色。沒有領導權力的策略規畫人其所規畫出的長期目標經常是無法達成的。

另一方面，如果領導人缺乏策略能力則這個領導人將為這個企業或組織帶來災難。有些高階主管善於遊說其員工，股東及董事會從事一些投資，但結果卻是使企業陷入危境。

市場 (Market)

市場可以定義為為了達成交易的一個有組織的會議，其原始的意義是指一個買方及賣方交易的城市廣場。現今對市場的定義是很抽象的，市場是一群顧客的集合，這顧客集合可以是因為地理位置或是因為有相同的需求所形成。這兩種對市場的定義經常引起困惑，因此有必要進一步作詳盡的定義。

如果市場是以地理位置為定義，則市場可能是一個國家或是一個區域，例如挪威市場或是歐洲市場。在以地理位置為市場定義時，便無關乎顧客購買那些產品及他們如何使用這些產品。

市場區隔（Market Segments）

就如銀行家投入個人市場及公司市場，手工具製造商投入自己動手（Do-It-Yourself）市場及專業市場，在這些例子中，銀行對民間個人及公司各自提供服務，手工具製造者對自己動手的顧客及對專業技師提供不同的服務，此即為市場區隔。一個區隔是整體市場中的某一個部份。在此部份中其構成份子間的差異小於此部份和其它部份間的差異。

把市場概念當作一個抽象的概念，有時候已經使大公司忽略了個別顧客的需要或忽略了顧客需求的結構。如果你把市場當做廣泛的分類，則你可能對於不同顧客需求結構的細微不同，會因反應遲鈍而冒險。

市場導向（Market Orientation）

市場導向表示以市場及其需求來做管理決策。藉由辨明市場需求及需求的動機，公司可以調整其資源（成本及資本）來滿足市場，同時提高其競爭力。

市場導向和以往的技術導向剛好相反。以往公司依其資源及其優勢生產出產品，公司盡量遊說顧客購買其現有的產品而不管顧客真正的需求是什麼。

市場導向比較偏向於企業家觀點，公司必須聆聽顧客的需求且想辦法去滿足其需求。

市場分析（Market Analysis）

市場分析是對資料作收集、處理及編排，以提供有關公司、產品或勞務的市場資訊。市場分析有兩種：一種是定量分析著重於購買數量、季節變動等等的分析，一種是定性分析著重於顧客認知品質及形象研究。形象意指顧客對某一事物的認知。

市場分析最早是用在消費性產品的研究上，工業性產品至今尚未重視市場分析。市場分析最近開始受到製造及服務產業的重視，服務業及軟體產業的成長亦促成定性分析日漸受到重視。在大公司的部門及課單位均會針對自己的產品及服務進行市場分析。

市場佔有率 (Market Share)

市場佔有率是很重要的，尤其是在傳統的策略思考中，而相對市場佔有率更是眾人所關心的數據，這是因為高市場佔有率可以使公司獲得規模經濟的優勢。規模經濟將會促使公司有長期低單位成本、高邊際利潤及高的獲利能力（參見經驗曲線模式）。

市場佔有率的理論經常被提及。一個高的市場佔有率不是公司單純做大規模投資即可獲得，公司取得高市場佔有率的唯一方法就是贏得市場，故公司必須比其競爭者更瞭解顧客的需求且想辦法盡量去滿足顧客的需要。

有時候市場佔有率理論很有成效，但有時市場佔有率理論卻失效，這是因為使用市場佔有率理論的人必須先了解市場佔有率的衡量方式。市場佔有率只有當市場是指公司最想贏得競爭的那一些顧客才會有意義。這個公司在意的市場稱之為服務的市場（market served），如果你是生產供家庭使用的水泥樑的公司，則你所服務的市場將會很小，大約就在你工廠方圓150公里的半徑內。如果你是航空器或核能發電廠的製造商，則你服務的市場將是一個全球市場。

一個高的市場佔有率經常是大家著重的重點。在不同的地區，市場佔有率的取得有不同的方式。在美國，競爭策略著重於合理生產及價格；在歐洲，傳統上強調區隔及品質。在分散（Fragmented）市場中，規模利益是不存在的，而且顧客很難取得替代性商品，因此市場佔有率相對而言比較不重要。

相對的，市場佔有率在集中市場是很重要的。在集中市場下，規模經濟利益存在，且顧客對產品資訊相當了解，同時可找到替代商品。英國的汽車產業太過份強調其在英國的市場佔有率，因為對於服務的市場定義不正確，因而失去在生產及發展方面的規模經濟利益。

定義服務市場（Defining Market Served）

為了算出你的市場佔有率，你必須先定義服務的市場。服務的市場是指你的公司所服務的地域及適用範圍，你的行銷組織也是據此而區分。根據服務的市場，你就可以算出你的市場佔有率。

如果你在 Stockholm 這地方從事糕餅生意且專門生產肉餡餅，則你的競爭對手絕不會是在 Madrid 地區生產土司的糕餅業者。相同的，在德國的小建設公司絕對不會視設在泰國的小建設公司為競爭對手。上述的例子在幫各位瞭解何謂服務的市場。

有很多的例子可以用來說明很多公司在定義服務市場時太過於狹隘。英國汽車業者只關心英國本土的市場，而丹麥的糕餅業者也只把注意力放在丹麥本土。當日本汽車業者利用規模經濟降低其生產成本並以相當低的價格銷售汽車時，英國汽車業者嚐盡了苦頭。而當丹麥加入歐洲共同市場後，丹麥的糕餅業者就必需面臨來自法國糕餅業者的競爭。

服務市場的定義，亦是市場佔有率的計算基準，也是在做企業策略及組合策略分析時很重要的因素。分析最小的服務市場時，以下是一個簡單的理論基礎。

1.第一個因素綜合了有關發展、生產、行銷及管理的經驗曲線和經濟規模效果。以民間汽車事業為例，發展的規模經濟效果比生產的規模經濟更重要；對於生產畫家專用的染料業者而言，染料的配方是決定服務市場大小的因素。另外，利用衛星來傳送行銷資訊的方式亦創造出一種前所未有的規模經濟效果。

2.第二個因素是提高對顧客的服務。以產品及服務型式提供給顧客的價值必須增加，以提高企業單位的競爭力。我們現在所談的是有關於價值彈性，價值彈性是指以產品或服務屬性以提高顧客的效用。

在作上述分析時必須留意因為組織規模太大而產生的反效果。妥協、缺乏彈性、缺乏協調意願及不具激勵誘因均是規模大的組織常有的現象，而這些不好的現象將抵銷一些規模經濟的利益。

行銷 (Marketing)

行銷意指創造需求，銷售意指取得訂單，在字詞上行銷這個名詞和產品及銷售有關。行銷是四個基本管理職能中的一個，其它三個是發展、生產和行政。

在20世紀的大部份產業均經歷了市場持續增加的需求，在這狀況下生產及行政似乎比行銷更重要。在二次世界大戰結束後的20年間，全世界本質上還是處於物資欠缺的狀況，這時候行銷似乎是多餘的，但這種短缺的現象現在已變成有剩餘。在1960年代初期，行銷變得很重要，行銷人員及行銷溝通人員已變成公司的重要人物。

在這段期間，行銷人員試圖將行銷包括市場研究、產品開發、需求開創及實體配送等行動。至今為止，行銷這個名詞還是被用來描述很多不同的活動。為了清楚的溝通，我們有必要區分出產品發展及行銷。

需求創造（Creation of Demand）

需求的創造由你所提供的產品或服務來決定。如果你是在銷售核能發電廠，你不需要每天在各種媒體中作廣告；但如果你是在銷售化妝品或是日常用品，你便必須經常在大眾媒體上做廣告。如果你是律師、管理顧問或其他提供專業服務的人，則你創造需求的努力必需在顧客所接觸到的媒體上表達出來。

很多人即使他們不懂行銷，他們在每天的報紙中均會接觸到廣告。在本書中行銷意指創造需求，而需求的創造必須由產品、服務及顧客的特質來決定。

北歐服務行銷學派的 Grönroos 及 Gummesson 提出的一個模式對創造需求有完整的介紹。這個模式的優點在於著重顧客認知品質的期望。

內部行銷（Internal Marketing）

這是一個最近出現的名詞，這名詞意指利用有效的內部溝通以增加人員激勵。內部溝通包括公司願景、公司目標、公司宗旨及公司策略的看法。很多公司發現經由激勵員工可以很顯著的增加工作的效率，公司員工也得到利益，因為員工認為他們的工作是有意義的且生活變得更有趣。有關內部行銷在溝通那一節會再詳細說明。

市場投資（Market Investment）

這個名詞（參閱「投資」）使用在任何行銷活動。廣告商聲稱行銷的支出應該被視為一種投資，而這種說法是不對的。

投資是指現在的承諾在未來一段期間回收，因此投資不能用來表示經常性的行銷活動支出，這些經常性支出只是用來維持預訂的銷售。投資應當用來表示非經常性的支出，而這些非經常性支出用在滲透新市場或是推出新產品。

行銷溝通（Marketing Communications）

這是一種集合性名詞，以表示任何遊說顧客來探詢或購買公司商品或勞務的資訊性活動。

行銷溝通這名稱的主要使用者是廣告商，但廣告商不一定會幫公司提出最好的行銷溝通。廣告商只是經常在日報及商業雜誌上刊登廣告。行銷溝通的真正意義是涵蓋所有的溝通活動，所以當你在使用行銷溝通這個名詞前請先了解它真正的意義。

在圖21中所表示的模式經常用以說明三種現象：

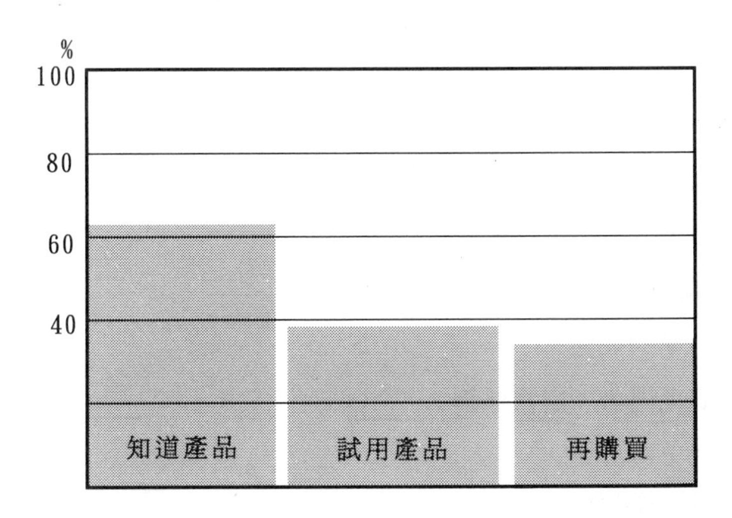

圖21 行銷效率的檢定。在這例子，63%的消費者知道產品，39%的消費者試用產品，33%的消費者再購買產品。

1.知道產品的顧客比例。

2.知道產品且購買產品的顧客比例。

3.再購買產品的顧客比例，再購買表示供應商已經滿足顧客的需求。

激勵 (Motivation)

簡單的說激勵就是使個人的行為及行動依循某一方式。激勵是在某一狀況下，人的一種心智、心理及生理的綜合過程，這過程決定了個人行動的熱忱度及行動的方向。

有關人類的動機有好多種分類方式。造成動機如此受人們重視的原因是：動機事實上是需求的同義字。動機及需求是所有組織，尤其是商業組織活動的關鍵。

Sven Soderberg在其《心理及文字組織》(*Psychology and Word Organization*) 一書中引用丹麥心理學家 K. B. Madsen 的歸類。Madsen 將人類的基本動機分成四大類19種：

1.有機動機：

(1)饑餓

(2)口渴

(3)性衝動

(4)母愛的渴望

(5)避免傷害（自我保護）

(6)避免寒冷

(7)避免熾熱

(8)排洩

(9)呼吸

2.情緒動機:

(10)害怕或安全的動機

(11)侵犯或戰鬥的動機

3.社會動機:

(12)渴望與人相處

(13)權力的渴望（自我堅持）

(14)表現的欲望

4.活動動機:

(15)經驗的需要

(16)身體行動的需求

(17)好奇心（心智活動）

(18)興奮的需求（情緒活動）

(19)創造的渴望（複雜活動）

人們行為的方式，例如他們的購買行為，即是同時受到多種動機共同影響的結果，而由多種複雜動機所形成的動機系統即控制人們的行為方式。當動機系統彼此對立且互相阻擾對方時，我們稱之為動機的衝突。

由於每個人的動機系統不相同故而每個人的興趣是不相同的。動機系統可能包括了身體行動、好奇、興奮、一般經驗及創造活動。

在動機系統中社會動機類（表現、權力及相處）經常會出現。一個動機系統的所有成份均會影響一項行動的績效，即一個工作的表現。興趣是一個重要的驅動力，因為興趣本身就是一種動機系統。Madsen 曾提及:

1.人們自工作中得到活動動機的最大滿足。工作狀態的多變性足以滿足身體行動、刺激及好奇等動機。

2.表現動機的滿足是件重要的事。如同美國管理學理論家 Frederick Taylor 所提：如果能夠把正確的人安排在正確的工作上，則這個人將盡其全力把工作做好。

3.最後，相處動機的滿足是件很重要的事。如果人們無法自工作中得到相處動機的滿足，則必須提供休閒時間的相處機會。

社會動機，尤其是表現動機，對人類有不同程度的影響。如果你能夠激起組織成員的表現動機，則整個組織的能量將增加很多。社會動機受環境影響，而環境意指人們的感覺及激勵人們信心的事務。

David McCelland 自1940年代末期進行一些研究。他發現了很多有關企業家精神、發展及衡量組織成員企業家精神的方法。

很多研究人員及實務界的人均認為瞭解驅力可以幫助我們瞭解個人的行為，這種分析亦適合用在分析工作組織的成員。在工作組織中，把一個人安排在適當的工作是件很重要的事，在公司管理上亦可用此分析

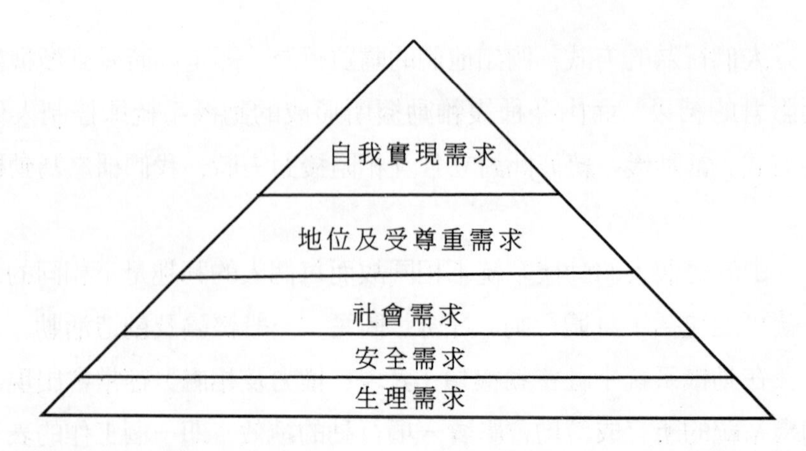

圖 22 馬斯洛 (Maslow) 的五個層次需求。很多研究及實務的管理者很強調必須了解人們的行為。

去瞭解顧客。此種動機分析適用在市場區隔，可把市場中相同動機的次群體當做一個區隔。

在動機研究中有名的學者有 Abraham Maslow, Frederick Herzberg 及 Victor H. Vroom。這些學者把個人激勵、公司目標相關聯在一起。如果我們能夠瞭解這些關係，則我們可以瞭解為何某一個人不採用某些行為而採用某一特定行為。

需求 (Needs)

需求意指控制需要的基本動機，因此需求（Need）和需要(Demand)是不相同的。我們舉個例子，所有的人類均有獲得成功的需求，這也就是為什麼人們會偏向減輕其責任負擔以使自己必定成功；人們不喜歡太多的責任，因為在這種狀況下他們成功的機會可能會變少。

顯示成功的象徵是一種滿足成功需求的方式，而對一個公司的經營者而言，擁有一部渦輪跑車就是一種成功的象徵。在這個例子，根本的需求是去感覺及炫耀成功，但需要則可能有好多種形式。

需求在很多不同的狀況可能以很多不同的方式來表現。一個獲利公司的主管可以以一個企業發展計劃、一個應收帳款減少計劃或一個固定資產銷售計劃，來表現出其成功的需求。

有兩個理由來說明為什麼需求及需要的討論會變得很複雜:

1.很多人不知道需求和需要是不同的。
2.進入正確的需求層次是很重要的，首先你必須知道你所要討論的是那一層需求層次。

第二個理由似乎很神秘。如果我們以滿足空運的需求為例，顧客對空運的需求是以理性的方式來衡量運輸及提高其獲利能力。在這個例子，我們不是在討論高階主管的成功需求。

需求經常以效用函數的方式表達。全體顧客的效用可以細分為很多個效用函數，這些效用函數又可以設計成用以衡量全體市場或部份市場。部份市場的衡量就是市場區隔。市場區隔就是將整體市場分成多群，而每一群對效用函數有共同的價值判斷。

所有的企業均是以短期及長期效率為基準，效率是用以表示給與顧客的價值和生產力的關係。價值為產出數量的商數，生產力是生產數量除以生產成本，一個企業的效率即價值除以生產力。

在定義需求時有一個問題，就是相關的需求結構會因時而變。所謂相關是指和企業狀況有重要關係的需求。而在1960 年代，安全性是人們購車時最主要的考量。而在1990 年代，似乎所有的汽車均很安全故而安全已不再是購車時的主要考量。汽車業者長期以來均假設汽車購買者在買車時均只理性地考量價格及性能兩個因素，這也就是為什麼在1970年代汽車業者以大量生產、標準車型及低價來吸引顧客。這些理性的汽車業者忽略了顧客需求結構的心理面。

航空業者的遭遇是另一個說明正確判定需求層次的重要性的例子。商業旅行的人有理性的企業溝通需求，但他們也有非理性的需求，希望能遠離每日的折磨及看到一些新鮮的事物。為了溝通的需求，一些替代性的產品被開發出來，而這些開發對航空產業的未來發展有很大的影響。影像傳送或電訊會議解決了溝通的需求，影像溝通比長途飛行省下很多時間及其他支出；但影像溝通不能解決非理性的需求，那就是遠離一成不變上班生活的需求。就航空公司而言，顧客的需求層次便是以休閒舒適為重要考量。

瞭解需求如何影響需要是企業必需具備的能力。如果日常用品銷售業者無法瞭解顧客逛街買日用品是為了滿足其娛樂休閒的需求，而誤認為顧客的需求是產品價格及功能，則此日用品銷售業者將無法吸引新顧客。如果日用品銷售業者只展售無品牌或少數廠牌的產品，則日用品銷售業者將無法滿足顧客。一家銷售複雜機械設備的公司是另一個不瞭解顧客需求的例子，因為這家公司忽略了顧客對好的售後服務的合法需求，顧客對備份零件、合理的技術服務價格及快速的運送均有合法的需求。

需求必須細分為一些效用函數，以便於明確的瞭解組成顧客認知品質的變數是那些。

現代的企業家管理必需瞭解顧客需求結構並且控制顧客需要。做好上述的工作是成功企業所必備的。

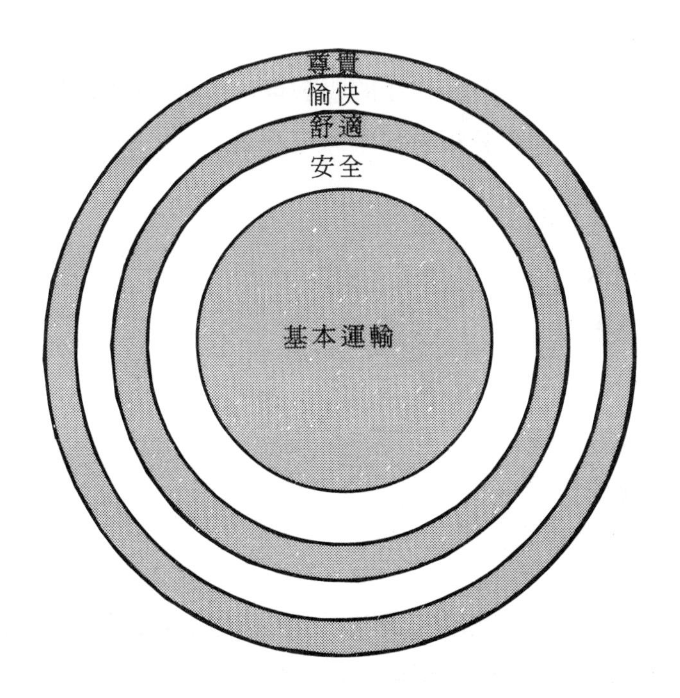

圖 23 我們的行為受我們的需求控制。如上圖所示一部汽車可以滿足不同的需求。

最佳化作業分析 (Optimization-Operations Analysis)

最佳化在策略領域中經常被提及。最佳化經常以下列兩種方式之一加以定義:

1.藉由在多種因素間取得平衡，使得工作盡可能的完成。

2.在一些限制條件下，為達成某一目的求出最佳資源分配的技術。

在二次世界大戰的時候，為了解決大量的人員及裝備長途運送的問題，於是最佳化的理論快速的發展，這一系列的理論及技術集合起來被通稱為作業分析。

作業分析被定義為將複雜問題數量化，並且以數學模式來證明及求出最佳化狀況。作業分析包括了多種技術如:

— 線性規劃
— PERT
— 決策樹
— Monte Carlo 模擬
— 等候理論
— 要徑法
— 迴歸模式

最佳化的優點是在已知環境下得到最好的可能解。最佳化不能改變原有的環境，故而最佳化適用於提高穩定環境下的生產或配銷效率。

最佳化模式使用的變數經常是預測值。所有的經驗告訴我們，以預測值求算出的最佳解是不能信賴的，由於預測值的不確定或錯誤造成最佳化並沒有價值。

在二次世界大戰後，有一段長時間策略問題經常是有關成長方案的選擇。在此類最佳化計算時經常使用預測值，且這類的最佳化計算中資源的取得及分配是常用的變數。最佳化後來得到很不好的評價，因為在計算最佳化時並沒有將做決策的人的企業概念列入計算。

次佳化是錯誤運用的一個好例子。次佳化是在整體的可行部份求取最佳化。在文字上，次佳化是表示不適當及錯誤的行動而不是我們上述所說的意思。我以 Göran Albinsson Bruhner 所舉的例子來說明，此例子如下：

次佳化意指在附屬目的下求取最佳化，即最佳可能的實現。次佳化求取附屬目的最佳化顯然和全面最佳化會發生衝突。

我以一個都會區高速公路部門來說明次佳化決策的不智。該部門在作決策時只考慮到省錢故而決定減少冬季鋪道沙的支出，這部門未考慮到因較少鋪道沙所造成的斷手斷腳的額外社會成本。這些斷手斷腳成本由國家保險局支付，亦即由納稅人支付，當地政府省下了維修費用卻多支出數倍的醫療費用。

這種錯誤的次佳化決策經常在公共部門發生，經常的狀況是各機構不知道其它機構在做些什麼。最近的例子是瑞典政府為了省下政府支出而關閉公立精神病醫院，這個決策促使很多無助的病人必須花很多的錢來看病。

次佳化造成的問題也可能會在民間組織發生，造成有些決策對一些部門有利但對全公司不利。

最佳化的衝突經常發生在存貨及銷售部門。在公司內儲存多樣的大量存貨會增加存貨成本，但對銷售增加會有幫助。公司如果以存貨的次佳化或以銷售的次佳化其中之一做決策，公司必將遭受損失。全面的最佳化必須是存貨及銷售間的妥協。

我們亦可以時間長短來說明次佳化。如果只考慮短期利益，則最好不要投資新建築、新機器或新產品開發。但如果不做上述投資，這公司顯然會面臨長期的困境。不擔心未來的公司經常是沒有未來可以擔心。

分權是今日在民間企業及公家單位最吸引人的流行字眼。我很擔心隨著分權在各組織的盛行，次佳化對各組織所帶來的危險反而會被忽視。（Bruhner 1991）

有機成長 (Organic Growth)

相似於有機份子的碳原子結構鏈，有機成長這個專有名詞亦可用來說明商業世界。有機成長意指企業根據現有的公司結構來擴展，但如果企業藉由多角化或收購來成長即不是有機成長。

一般而言，公司要成長有三個方向可選擇:

1.有機成長。
2.收購整個公司或收購公司中的一些事業單位。
3.進入到其它目前公司所沒有的事業（多角化）。

不管對男性或女性經營者而言，有機成長的能力就是個人經營能力的表現。個人有辦法改善企業的能力。如果一個公司能成功的有機成長，則表示公司比其它競爭者更能吸引顧客及更有競爭力。高的競爭力表示公司的成長率超過市場的成長率，亦即公司的市場佔有率提高了。

然而公司的經營者常認為有機成長太過於緩慢，而可藉由向外收購公司來加快成長的腳步，但這種以收購成長的方法是很危險的。在計劃收購時，你必須瞭解如果你的原有事業不成長則被收購的事業失敗的機率將會很高。事業的發展能力，亦即公司有機成長能力，是公司收購決策最有價值的保障。

以 Volvo 汽車公司收購 DAF 為例，從經濟的觀點這是一個失敗的收購。相對而言, Volvo 卡車公司收購美國 White 公司及和美國通用汽車公司的交易則是很成功的。Volvo 卡車公司收購的成功乃歸根於有機成長。

就軟體產業而言，以自家的資源來成長更是重要。收購軟體產業就是為了想取得人力知識，但人力不是固定資產，他們可以起身且離開公司。

有機成長可用下列例子說明。北歐航空公司將它的一個部門發展成一個獨立的公司, Service Partner，很多會計師公司將其業務再分出稅務諮詢及顧問。另一個例子是 Saab 公司善用其軍機的技術於民用飛機上。

有機成長的兩條界限如下:

1.有機成長是和收購成長相反的。

2.有機成長是與現有事業無關的新投資相反的。

投資組合 (Portfolio)

組合最常用來表示公司所擁有的證券組合。組合的含義可以擴充為一群事業單位，這名詞是引申自股票組合。股票組合表示持有多家公司股票的投資行為。

組合用在表示同一所有權下的事業單位群組，這種事業單位群組亦被稱之為集團。組合有時亦被稱為公司、相關事業或集團。

一個組合可能有很多方式形成的，有些時候甚至是由週邊職能產生的。例如 Service Partner 公司便是自北歐航空公司的一週邊職能單位發展出來的。

有些事業組合是來自於顧客——供應商關係，這又稱為垂直整合。一個造船場可以買下一家製鋼場以供應其所需的結構鋼材，這稱之為向後整合。這造船公司也可以買下一個生產香蕉或生產煤礦的公司以供其生產的船來運送，此稱為向前整合。一家汽車公司可以買下一個汽車經銷網或買下一個後軸生產廠，一家航空公司也可以買下旅遊代理公司或經營旅館。

另一種組合的方式在於發展相關事業以進一步滿足顧客需求。在資料顧問業，各事業集團以生命共同體形式發展，每一個別單位可滿足一類需求，因此經由提供更多樣的資料給顧客，可以更瞭解及接近顧客的需求。

組合可能是綜效或多角化的，而在綜效或多角化之間的組合當然也是可能的。在景氣好的時候，人們似乎會偏向於追求綜效及採取購買方式來達成其組合目標。

當隨著時間經過，組合將由追求綜效改為追求多角化。這意即所有權的改變必須列入考慮。一般的狀況是生產的綜效會逐漸失去綜效效果，而市場相關性變得較重要，這時公司必須面臨一個完全不同的新環境。

管理及發展組合是與事業結構有關而與事業策略較無關。一家有很多不同事業單位的公司，事實上就是處於事業單位產業。由於大部份的公司都有超過一個以上的事業單位，因此公司的管理必須能夠:

— 購買公司以進入新產業。
— 強化事業單位，例如採用收購的方式。
— 從不要的產業中撤出。
— 將事業單位賣給能比你經營更好的人。
— 以資本及成本形態來分配資源。
— 確定個別的事業單位均有策略管理。
— 利用綜效以強化事業單位的優勢或提升事業單位的效率。

當公司的事業單位只有一點點綜效或沒有綜效，則該公司的公司宗旨將成為冗長且複雜的言詞。有些人就創出「企業範圍」這個名詞來說明公司所經營的範圍，範圍一般以市場綜效或顧客需求相似性為劃分基準。

如果你所管理的組合有很多事業單位，而且這些事業單位有不同的公司宗旨，則此時很難以一個結構去說明全部的狀況。有創業家精神的主管將毫不猶豫的結束一些事業單位，而權力導向的主管則捨不得裁減事業單位。

造成組合中存在不同類事業單位的邏輯及可證實的理由包括:

1.事業的動態性產生了有機成長，如 Service Partner 是由 SAS 的有機成長，或 Volvo Bus 是由 Volvo 集團的有機成長。
2.技術技能促成事業發展出的新事業，和原有事業之間只有技術相關。
3.現有的主要事業有高的獲利能力但無法提供新投資機會。
4.公司有必要分散事業風險。
5.因為顧客需求或技術使得事業單位間存在著強烈的關聯。
6.成本或資本結構可以分享。

法律結構（公司或單位由同一所有者擁有）及事業結構經常是混合的。企業人員及讀者有必要去認知這兩種結構是不同的。

使用分析工具來評估綜效
（Using Analytical Instruments to Evaluate Alleged Synergies）

和其他現象一樣，組合策略因當時的市場狀況而異。在景氣不好的時候，每一家公司試圖去減少經營範圍的深度及廣度。這種減少的行為會促成事業單位價格下降。這種現象存在於商業及管理業如房地產公司及投資公司。

在景氣好的時候，集團快速成長；在景氣變差時，這種集團經常會遇到大問題。這大問題是集團的市價下跌的速度比一般平均狀況大很多。很多在快速成長集團任職的主管對集團價值快速下跌的現象都無法接受。在短短期間內，集團的價值往往跌得只剩下原來的十分之一。可能在前一陣子的狀況是每個人都想買但沒人要賣，但可能一下子變成每一個人都想賣但沒人想買。對於那些在景氣好時過份自信的人來說，面對此一改變實在是一個巨大的震驚。

如果我們以比市場週期更長的時間來觀察投資行為，我們可以發現在高獲利期所累積的資本將是管理者的壓力。管理者必須將這些累積資本做投資，而管理者經常偏好將這些資本投資在現有的事業的加深及加寬。

事業單位的價格，如同不動產或動產，在需求推動和供應拉動之下，會從成長曲線中廣泛的脫軌失序。在1990年及1991年不景氣的時期，有一些投資其投資標的物的價值很明顯的減少。

組合的價值及風險

	價值	風險
交易邏輯	補充的程度 顧客價值或資源的綜效	熟知產業以減少風險 虛構綜效的風險
投機邏輯	投機於上昇的價格 部份持有比整體持有有利 不理性化的結構	投機風險 過度借貸 缺乏遠見

圖24 矩陣圖說明價值及風險

投資組合策略 (Portfolio Strategy)

對投資組合提出兩點看法:

1.所有的商業活動，包括了製造和服務與貿易的生產活動都是合法的。
2.從傳統性商業邏輯移轉到投機性邏輯的危險已被忽略。

關於第一點所論及的內容幾乎是微不足道，老生常談且不需再說明。然而長期以來令人感到興趣的是，經由投機性邏輯較傳統商業以勞力生產財貨和服務之方式，反而更容易賺到更多的錢。造成擁有經濟與受過技術訓練能力的人們，不願意走入工業生產之領域中，因為他們認為藉由財產、股票及選擇權之交易方式可以提供他們更多的成功遠景。

我們應該區分出以配銷功能為基礎的買、賣邏輯，與以價格漲、跌為基礎的貿易邏輯之間的不同，雖然許多年來，「大撈一筆」是許多人的寫照，但也因此造成這類型經濟活動的壞名聲。

在任何時期，對價格上下變動之預測方法已成為交易的基礎，此類交易活動與配送的交易型態並不相同，所謂的配銷指的是提供供應商、顧客間的認知以及使用資本的合理發展和效用的規模優勢，來達成供應商至消費者間運送之最佳化。

對各種商業活動之分類，可參考在「商業分類」中的圖 11。

新商業邏輯觀所帶來的新風險 (New Business Logic Brings New Risks)

在 80年代，許多高層領導者未能理解到商業邏輯移轉到投機性邏輯之概念轉變，並由於領導者缺乏洞察力，而未能對股票、鑽石或其他財產等項目之投機性邏輯進行風險因子選定和風險評估。這些錯誤的造成，有時會導致本身財務困難、甚至破產，其原因並不是投機性邏輯本身，而是忽略了此種邏輯在不同情境下所隱藏的風險及價值理論。

航空業擴展其營業項目到飯店及房地產管理，其在價格策略上很清楚揭露出他們嘗試藉由投機性邏輯以獲取利潤，而非依照傳統性邏輯之要求，或是與其他的互補性因子做配合，諸如現金流量、風險分散等因子。

在美國、英國和瑞士的顧問公司，開始進行房地產商業活動的投機性邏輯時，乃是由於以下三個原因其中之一：

1.在有利的情況下，購買土地並擁有建造權。
2.能夠直接接觸客戶、也就是有自己的公司組織。
3.存在預期價格上升及投機性利潤的期望。

有數個顧問公司進入房地產市場後，遭遇到極大的困難甚至破產，其原因乃是他們放棄所知悉的貿易邏輯，而全力投入在似乎會提供更多報酬之投機性邏輯中。在北歐的一個大型且成功的資料顧問公司，便加入其他的營業項目，首先是工程顧問公司，再來是房地產。起初房地產價值上升很高，比起工程顧問公司要高出許多時，他們便賣掉部分的工程顧問公司，而在房地產上做更多的投資，於是加速造成了本身現金流量的短少，再加上借貸的增加與利息費用大幅上升，反而比房地產升值所賺的金錢部份多了許多，更慘的是當房地產價格滑落及現金用盡時，其問題就變得無法挽救，更令人驚訝的是，許多領導者並不知道他們正由熟悉的貿易邏輯進入投機性邏輯之中。

投資組合的價值和風險 (Value and Risk in Portfolios)

投資組合的企業單位，正如股票一樣，須依照以下兩種邏輯概念:

1.工業的貿易邏輯是由資產與產出來做考量。
2.投機性邏輯是由未來的價格做為考量的依據，例如外匯。

一個商業投資組合可被視為一定數量產品的所有權，而這些產品的價值是根據其對市場上隨機抽取的任何一個人對其所產生的效用來決定的。由企業單位的投資組合也能看出其所含的投資性風險，該風險與他們的價值有關係，因為每個人的邊際效用均不相同，且同一個人在不同時點的邊際效用也不相同。

在此指出兩個可能連經濟上的風險之追求者都未察覺到的問題:

1.繁榮時期總是鼓勵採用多角化策略。
2.企業邏輯被投機性邏輯所取代。

在繁榮時期進行多角化策略似乎已成為一種自然的現象，多角化與綜效的併購，兩者僅在於結果上之差異，一個會帶給顧客附加價值，而另一個沒有。長期間擴張與衰退的商業週期高低潮哲學可促進並加強企業者行為的廣度。

一般我們認為經由綜效的併購要不是為了成本的降低，就是為了顧客價值的增加，實際上綜效是一個定義較為寬廣的概念，這個概念稱之為互補性。換言之，即是不同企業彼此互相支援的程度，在理論上，可用以下幾種方式來達成:

1.如前述綜效可以分攤成本或增加價值。
2.無論企業處在於成長期或衰退期時，均可經由綜效去分散風險。

3.有效的控制產品處於擴張、成長和萎縮過程時的現金流量。

4.有減稅的機會。

在繁榮時期時，人們以為其擁有的財富是實際財富的平方，也就是過於樂觀的認知，由於此幻覺的存在，導致鼓勵投機性的投資增加，而使得許多企業的投資人及管理者忽略了基本貿易邏輯所帶來的好處，這就像說許多工業的領導者忘記了他們是如何達到現在地位，乃是經由傳統的貿易邏輯所努力的結果，而不是由投機性邏輯所帶來的一些看得到財務報表數字所裝飾的效果。甚至一些以技術為基礎的公司，也會忘記區分此二者之重要程度。

用一個較簡單且清楚的方法來描述前面所言：一個公司的領導者如何爬升成企業集團的領導者？是藉由貿易邏輯方式？還是經由投機性邏輯方式所達成的呢？

定位 (Positioning)

定位這個專有名詞已經越來越受歡迎，定位的起源是來自於廣告代理商的專門術語，其意義是處在行銷、投資組合和商業策略之交界區域之中。

通常，定位在重視資源運用以及在指引策略目標方向的公司上，扮演一個重要的角色，例如在美國的福斯汽車公司，將本身之產品定位在「小型車的市場」上，以及長島信託將自己定位成「長島人的銀行」。因此瞭解定位可以幫助策略目標的訂定，並指引企業邁向成功之路。

定位的目的有以下幾點：

— 可使公司能力為人所知。

— 可改善績效。

— 能多方面去解釋整體組織有機體的連結。
— 可去保護產品在顧客或相關者心中所佔的地位。

定位主要目的是要改變態度，其重要性僅次於改變產品。

定位更深入的含意，其所要強調的是相對於其他競爭者或產品品質的比較方式，而不是追求產品品質最高的絕對方式，此觀念強調的是一種相對的比較方式而非是一種絕對的方式。

如先前所提福斯汽車如何取得其在美國小型車市場上之定位，如福斯之Beetle型汽車，在美國市場上已被視為小型車款，乃因該公司有計劃的散發「小即美」的簡要訊息。並靠此訊息在大眾心中所建立的想法來做為主要的訴求，以利行銷活動。

而其他定位方法是要去加強大眾心目中的印象，其目的並不是去改變消費者的態度，而是去找出對該產品有興趣的隱藏群體，例如顧客並不瞭解產品是什麼？但透過產品定位的方式能讓顧客瞭解產品訴求，如「七喜汽水，非可樂」（Seven-up, the non-cola）。

定位可以觸發顧客心中之聯想，如依據一些已存在的產品去加強顧客的聯想。一般而言定位是與形象的認知有關，所謂形象的認知是指大眾對產品事實的認知與顧客對於品質的認知所產生的，基本上是依據他們的需求變數作為判斷。

定位是一種用來與其他產品做區隔的方法，在整體市場中，定位可針對某一市場區段進行區隔，並且在產品區隔上是最好的一種方法。

總結如下：

— 定位是一種有規劃的讓大眾產生認知的方法。
— 是注意且重視訊息的接收者，也就是了解顧客對訊息的反應如何？
— 與顧客已有的認知相結合。

— 使訊息簡單。
— 最簡單和最好的定位技巧，可比其他產品更早取得顧客心中之地位。
— 一旦定位達成後，需不斷的且持續的去保持。
— 反向定位（敘述產品不是什麼，如前面 Seven-up 之例）有時更容易使人瞭解。
— 定位可幫助你避免與該產品市場之領導者產生衝突。
— 定位過程之主要目的，應該在其所定義區域內成為領導者。
— 發現市場上的空間，找出市場空間位置，已利產品競爭。

定位的原意並非要去解決所有溝通與策略的問題，在有些例子當中，定位可以有效的幫助思考，首先可私底下考慮此一問題，即在你腦海中公司與其產品在市場中的定位如何？其次第二點來說你可以用定位這種行銷廣告術語來達成策略選擇與競爭優勢的重點。定位這個專有名詞能在現代化的管理思考上獲得顯著的地位，就如同顧客認知品質和產品需求導向等等。

價格 (Price)

價格的定義常常被定義成「為了達成某一項績效所應付的金額，或者是在購買時所應付的款項費用」，價格是企業基本變數的其中一項，它是顧客為了獲得產品或服務所擁有之效用時所需做的犧牲。

傳統上，價格在理論上扮演一個重要的角色，價格理論透過需求來詮釋價格的重要性，但若在產品與其價值相等的假設下，價值變數是可被忽視的。

在第二次世界大戰後至1970年中期這段期間內，價格的波動是為大眾所忽視的，很少人會注意到購買產品或服務之價格與帶給顧客的內涵價值之差額，因為當時的大部分產業都存在超額需求或將其需求轉置於其他方面的現象。因有一般性商品短缺的現象存在，故在當時大部分的例子中，只要成本上升價格馬上就增加。

在1970年中，許多歐洲國家普遍存在此種付出的價格並沒有與產品所提供的效用達成平衡的現象。由於工資大幅的上升，使得匯率和成本上升到極高的程度。因價格上升太高，將導致這些國家喪失原有之世界市場佔有率。

你可以說顧客並不能察覺到他們付出金錢所獲得效用是他們所期望得到的，因此許多公司被迫重新去思考，每當成本上升就去提升價格政策的可行性。

但是為何一直到1970年中期，企業仍採用成本上升就去提升價格政策的原因，可能是由於:

1.當競爭壓力很低時
2.當需求超過供給時
3.當大部分企業都是處於獨佔的地位時

在1970年代後期開始，如何定價變成企業內較為棘手且敏感的話題，有些企業開始將定價策略當成是一項策略的工具（請參考下文中需求的價格彈性）

由策略的情境範圍來探討，自從經驗曲線被發現後，價格也變成決定的重要因子，經驗曲線所陳述的是當產量加倍時，其單位成本將下降20%，並指出在許多不同的情況下，都有相似的結果，因而被認為是有相互間的關係。例如以理論而言，擁有高的市場佔有率之公司，將從事大量生產以獲得更多競爭力。

價格差異是根據顧客願意付款的差異而定，顧客願意付款乃是受到個人的需要及需求偏好所影響。

需求價格彈性之衡量是指依照該產品或服務之價格變動，所造成需求量變動的程度。其公式定義如下：

需求變動的百分比／價格變動的百分比

價格彈性一般總以正數表示，當需求量變動的百分比小於價格變動的百分比時，其彈性小於一，此時需求是無彈性的。當需求量變動的百分比大於價格變動的百分比時，其彈性大於一，此時需求是有彈性的。整條需求曲線上的點，其需求彈性是不會相同的。

需求的價格彈性對公司定價政策的公式而言，是一項基本因子，因為數量乘上價格可以決定銷售者的總收入。如果需求是有彈性，當價格下跌，總收入上升；反之，價格之上升，總收入減少。相反地，如果需求是無彈性時，總收入之上升或下跌，將與價格成同方向變動。

此相互關係常被用在以價格理論為基礎的經濟上，其與企業政策決策之連結是非常重要，最早採用價格彈性的產業是用於航空事業的降價策略上，是以獲取更多的乘客人數為目的。

許多學者嘗試將價格與成本的結構，以及將價格與顧客的價值評估分開，但問題是所有顧客內涵的需要是很難被測量到的。以北歐國家的醫療成本為例，因為其價格被壓低，導致需求永無止境；其他以東歐國家為例，其價格結構是由獨裁者的政治意圖所控制。

在此我們可以想像三個重要的結構作為定價的基礎：

1.以成本為基礎，因為成本可以被用來作為計算在獲得利潤下的最低價格。

2.在一個已知的效用函數下，顧客願意付出多少金額稱之為價值。

3.競爭者的價格，常是影響到本身價格水準的因素。

總之，我們可以說定價之方式已越來越重要，基本上是由顧客所認知的價值和他願意付出的金額之間取得一個平衡。

產品生命週期 (Product Life Cycle)

產品生命週期現今已被廣泛使用在企業活動發展上，用以分析連續性生產，如對某條產品線或個別產品做分析之模式。

產品生命週期經常被視為銷售曲線的延伸，指的是從產品上市到產品退出市場之日為止。

產品生命週期一般區分為五個階段:

1.萌芽期
2.早期成長
3.晚期成長
4.成熟期
5.衰退期

產品生命週期一般解釋是指其源自於產品的發明，在一開始萌芽的階段，管理者希望努力的讓潛在的顧客了解產品的競爭優勢，但只會對潛在的顧客達到此一效果。逐漸地其他顧客也會對產品產生興趣，且銷售量會迅速增加，此時已達到產品的早期成長階段。在晚期成長階段，銷售量仍然持續增加，但增加的比率趨於緩和，最後產品達到成熟期，其成長率幾乎接近於零，由於顧客產生新的替換品需求，使得銷售量降低，此時因替換品持續出現，即進入產品生命週期之衰退期且銷售量不斷地持續下降，最後不得不結束該產品。

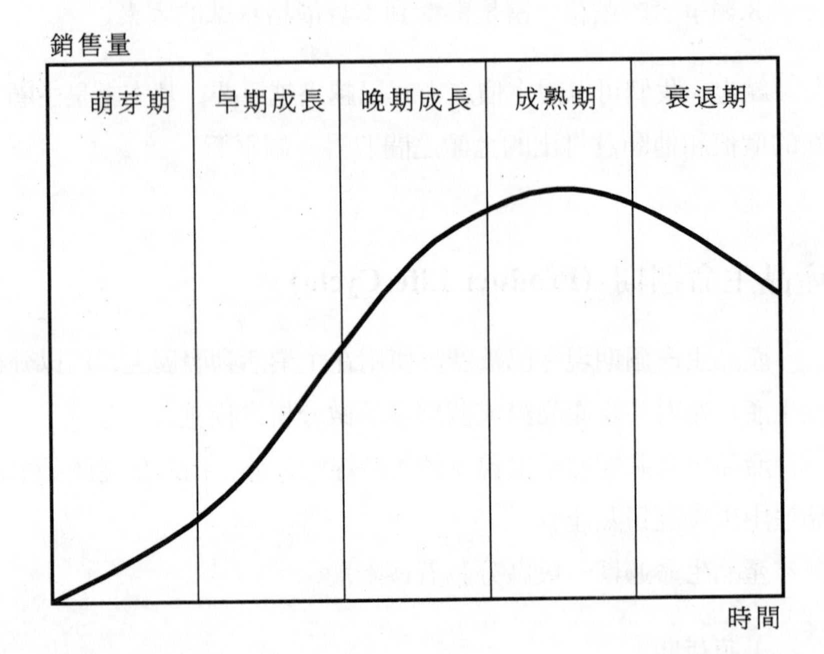

圖 25 產品生命週期：產品生命週期的五個階段。
當產品到達成熟階段時，銷售停止成長且到達曲線上的高峰，此時由替代的需求多寡決定其銷售量，最後因新產品出現並與現存產品做競爭，使得銷售量大幅下降。

在許多情境之下，產品生命週期是非常具有價值的，並在許多公司的策略分析上佔有很重要的角色地位，但在今日將被其他更複雜的模式所取代。如圖 25。

生產力 (Productivity)

生產力最簡單的定義方式是單位產出數目除以單位人工小時。其衡量公式如下：

人工小時生產力＝單位產出數目／單位人工小時

人工小時生產力並沒有考慮到其他資產的投入，如物料和資本。

總生產力是一種較好的衡量方式，其包含所有的資源、財力、人工小時及物料等，如何衡量這些整合的效果呢？一般而言我們是以金錢作為衡量的標準。

總生產力＝單位產出數目／成本

資本生產力的衡量方式是以單位產出量除以總資產的市場價值稱之。加值生產力則是將公司總收益減去所有的花費除以人工小時，每位員工的附加價值即為每人的產值。

員工的附加價值在不同的產業間是不相同的，在80年代中，股票經紀人、投資銀行家和管理顧問等類人的附加價值最高。反之，附加價值最低的為公司提供清潔和安全服務等員工。附加價值的獲利率對於以技術為基礎的公司而言是格外的顯著，這些附加價值會因許多方式而降低其價值，例如高額的薪資等。

對於每位員工的附加價值可由以下的要素定義：

1.營業收益
2.直接購買
3.人事薪資費用（包含社會安全保險、員工紅利）
4.管理費用（外聘服務費用）
5.員工人數

附加價值的定義如下：

（收益－直接費用－管理費用）／員工人數

如果減少員工人數（例如某一項業務外包被引進），將減少分母與分子的數值，但其所得到的附加價值生產力的增加或減少，將是外包考慮的重要因素。

傳統的自製或外購分析與產業的生產有關，即製造。在90年代中，我們應該將其延伸到公司的白領階級，更重要的是要去找出存在於公司內部價值很低或者不符合需求情況的工作，再者利用外包的工作能夠找出組織內多餘浪費的服務或產能。

前面公式的第二個重點是以自動化設備取代人工，如果因購買自動化機器設備來取代人工作業，雖然減少每位員工的附加價值，但經由自動化設備的使用，將促使產量增加，而獲得較高的利潤。

其公式可修正如下：

（收益－直接費用－管理費用－折舊－利息）／員工人數

投資在機器設備時，至少要考慮以下三件事情其中之一：

1.藉由人員的減少，獲利率是否可獲得改善。
2.該投資是屬於策略性質且必須適用於將來的競爭。
3.儘管減少每位員工的附加價值，但其能增加產量，以獲得較高的利潤。

上述的方式，考慮到以自動化來取代人工的優缺點，因此該分析提供企業進行自動化時的分析依據。

獲利率（Profitability）

所謂獲利率一般經常與投資報酬率被視為同義詞，也就是在企業中

資本投資所賺的錢。投資報酬率的公式如下:

投資報酬率＝（收益－成本）／資本

若以投資報酬率做為高度化軟體導向之公司的標準判定時，會變得沒有意義。對於投資在資訊顧問公司的資本報酬率而言，其對於公司的績效提升是非常有限的，因為在此類型之公司，其實質的資產一般由辦公室家具、電腦和公司汽車所組成，故在評估此類公司的獲利率所產生的服務時，必須使用其他的衡量標準，例如利潤邊際即利潤週轉率或其他合適的標準。

投資報酬率適合於何種公司呢？一般適合於資本投資於固定資產或持有存貨上類型的公司，就企業整體來看，公司必須有能力去控制投資報酬率內之元素，如下幾點:

1.收益，不論銷售商品或服務，收益均為價格乘數量。價格是由顧客認知的價值所訂定，而行銷技巧則決定了銷售量。
2.成本，分為兩類，一種為固定成本，又稱產能成本。這種成本無論產量為多少都是相同的。第二種則為變動或稱單位成本，這種成本隨著產品的生產及銷售而增加。
3.資本是由固定資產、應收帳款及存貨所組成的。因為資本在投資報酬率公式中同時位於分子的利息及折舊費用，因此減少資本所產生的影響是值得重視的。

雖然理論上是十分容易計算出在獲利率上資本合理化的主要效果，但資本合理化的實質技術知識還是相當新的想法。僅在最近幾年，管理者才開始使用資本來當成一項改善獲利率的方法。

有一個尚未獲得解答的重要問題，是如何判斷非財務資本的獲利率，諸如個人技術和know-how，而一般服務業公司所依賴的是非財務和財務資本兩者。

策略發展著重於長期的獲利率，而營運管理著重於短期的獲利率。時間結構也是企業管理上一項重要的值得注意的問題。

我們在今日要做些什麼樣的犧牲來得到將來的獲利呢？策略長期發展的成本，經常被記錄在年底的成本帳戶上，而減少公司的利潤。此類的投資報酬需經過長時間的驗證後，其效果才會顯現出來。一個具有企業整體觀的領導者應該去爭取短期與長期的獲利率，雖然後者可能與他的薪俸、職業前景等產生衝突，因此可知為了獲利率而設定時間結構，是一個不易應付的問題。

品質（Quality）

品質概念如同風暴一般出現在現在的管理觀念之中，並被廣泛的解釋成任何事情只要對公司或組織有利的活動均稱為品質。

回溯50年前，戴明（Denning）與裘藍（Juran）二人是提倡品質的先鋒，其理論在日本受到重視與採行，當時有一些國家型企業要去改善日本產品低品質的印象，他們以幾近狂熱的誠心，引進品管圈、品質保證、零缺點哲學和品質發展等方法來提昇品質。

在初期，品質與無錯誤是同義詞，是以一批產品的不良數做決定。然後功能性品質概念受到提昇後，即強調該產品是否能夠達到顧客的需求，現今所提及顧客認知品質則是包含顧客選擇廠商時所有考慮的因素，這代表在價值上整個意義的延伸，並在價格和品質間之關係做衡量。

品質在現在管理字彙中是最常用的字詞之一，且也已變成一種管理時尚，常是被用來代表改變效率的想法，有時品質是代表更有效率的生產，有時品質則是為了增加產品的市場滲透力，在此提供讀者有關品質運用的兩大領域，第一個領域是與生產相關的品質，另一個領域是顧客認知品質。

所謂生產相關的品質是指零缺點、減少浪費的觀念等，所謂顧客認知品質強調如何吸引顧客再次的訂購。

圖26指出此兩種品質對損益帳戶的影響。

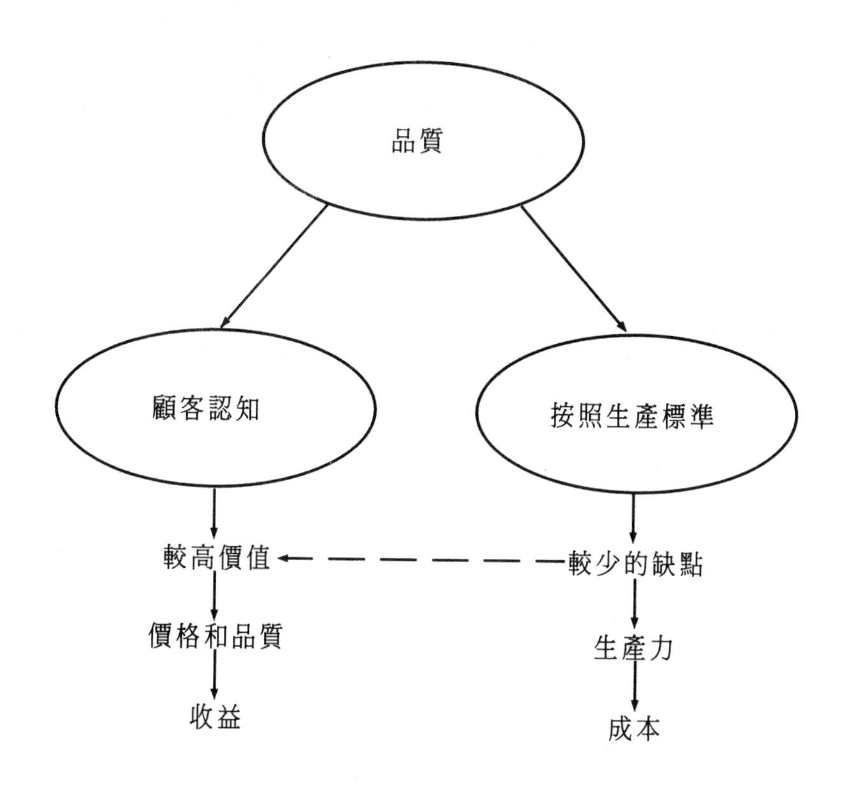

圖 26 品質可視為顧客認知與生產間之關係

許多企業組織均傾向於高估生產相關品質的重要性，而低估顧客認知品質的重要性。如圖 27所示。

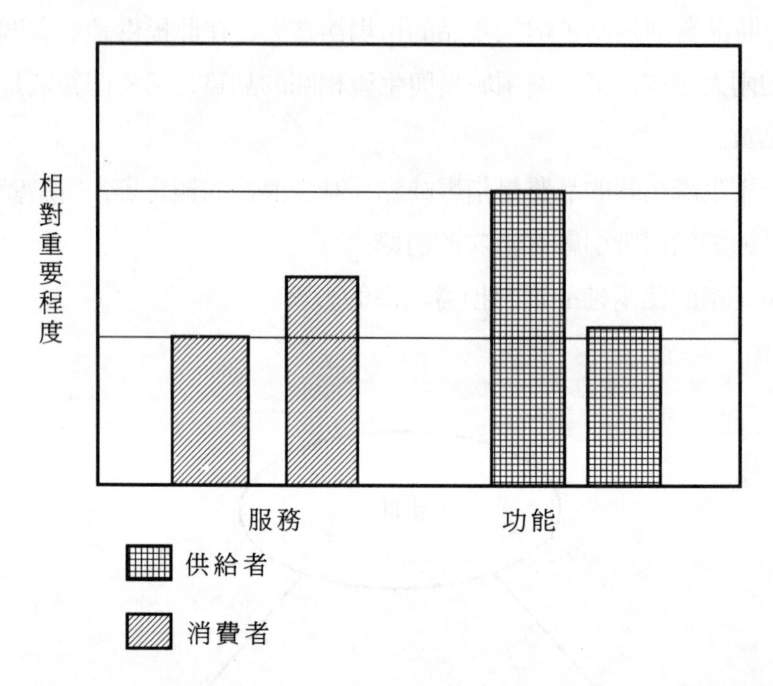

圖 27 供應商會低估產品服務品質而高估產品之功能性品質，因為供給者本身之組織成員認為顧客的服務相關變數並沒有比功能產品變數來得重要。

表 2 所列為美國 Malcolm Baldrige 國家品質獎的評分標準

核心價值與概念	標準架構
顧客主導的品質	1.領導
領導	2.資訊和分析
持續性改進	3.策略品質規劃
全員參與	4.人力資源發展和管理
快速反應	5.程序品質管理
設計品質與預防	6.品質和營運結果
遠程展望	7.顧客重視與滿意
依照事實的管理	
合夥發展	
公共責任	

為了追求更卓越的品質，其他的品質獎評審機構已促使品質知覺的觀念，能廣泛的使用在世界上。如表2所列為美國 Malcolm Baldrige 國家品質獎的評分標準，這些評分標準概念有許多是參考瑞典品質發展機構（SIQ）的標準而來。

瑞典品質發展機構（SIQ）標準模式的基礎如下：

— 顧客導向（Customer orientation）：所有員工將滿足內在與外在的顧客視為其必然的責任。
— 領導任務（Leadership）：創造「顧客第一」的文化。
— 全員參與（Universal participation）：所有員工了解企業目標，擁有所需具備的知識，同時被告知執行結果。
— 能力（Competence）：為組織的競爭基礎。
— 長期觀點（Long view）：營運的評估以長期目標為基礎，而非以短期優勢。
— 社會責任（Social responsibility）：各組織單位及其成員不僅要照法規要求執行，更要努力去做的更好。
— 程序導向（Process orientation）：組織要區分次級程序與支援程序，作為責任與權力的基礎。
— 預防措施（Preventive measures）：在產品與生產程序上預防錯誤發生，對公司或組織而言是有利的。
— 維持競爭力（Constant improvement）：必須持續的對服務和程序進行改良。
— 學習其他組織之優缺點來改良本身之組織(Learning from others)：不論是何種產業，此方法對組織而言是相當重要的。
— 顧客需求改變時，能迅速反應。（Faster reaction）
— 以事實作為決策的基礎（Fact-based decisions）：決策須以一些文

表3 瑞典品質獎的判定標準 (Criteria for Swedish Institute of Quality Award)

項目	子項分數	總分
1.領導任務、能力、地位		90
1.1 執行管理	45	
1.2 長久品質的管理和範圍	25	
1.3 社會責任	20	
2.資訊與分析		80
2.1 品質資料的管理和範圍	15	
2.2 與優良組織和競爭者比較	25	
2.3 資料的利用	40	
3.策略規劃		60
3.1 策略規劃方法	25	
3.2 品質目標和計畫	35	
4.人事發展、熱忱和參與情況		150
4.1 人事發展	20	
4.2 個人熱忱和參與情況	40	
4.3 教育和訓練	40	
4.4 工作品質的監督與激勵	25	
4.5 工作滿意	25	
5.營運程序		140
5.1 發展和設計程序	35	
5.2 生產與配送程序	30	
5.3 支援程序	25	
5.4 供給者的合夥關係	20	
5.5 環境問題的管理	15	
5.6 評價系統	15	
6.營運結果		180
6.1 結果——貨物和服務	65	
6.2 結果——主要的程序	40	
6.3 結果——支援的程序	25	
6.4 結果——供給者的合夥關係	30	
6.5 結果——環境問題的管理	20	
7.顧客滿意		300
7.1 顧客的期望	35	
7.2 顧客的合夥關係	60	
7.3 對顧客的承諾	15	
7.4 顧客滿意度衡量	60	
7.5 結果——顧客滿意度	130	
總　分		1,000

件及可信賴的事實做基礎，且員工必須具有評估事實的能力，以制定決策。

— 合夥關係（Partnership）：此種重要的概念，適合於顧客、合夥工作者、供給者、擁有者和社團全體。

最重要的是去達成「顧客滿意」。

歐洲品管基金會（EFQM）在1988年於西歐創立，在1991年該基金會與歐洲品管組織和歐洲協會共同合作，設立了歐洲品質獎，並針對西歐國家對全面品質管理（TQM）有卓越表現的公司給予獎勵。該獎項主要是頒給成功使用全面品質管理方法，來達成公司持續性的改善。

歐洲品質獎在1992年第一次頒獎，得獎者是Rank Xerox公司。

歐洲品質獎頒獎的評定標準（Criteria for European Quality Prize）

公司根據圖28上面所列的模式提出一些評估的資訊，來申請獲得此獎項。滿分為1,000分，其配分如圖所示，每個標準分為五個層級，0分、25分、 50分、75分及100分。在說明項目底下，每一個標準是根據兩項來評分，第一項是使用的方法，另一項是執行的效果。

首先我們來看，所謂使用的方法是指公司為了滿足該標準所採用的方法。得分的方式如下:

— 方法、工具和技術是否適當。

— 是否有系統化的運用。

— 審查的結果是否有加以實踐。

— 是否有將審查的結果加以改善。

— 該方法有無與企業的日常工作相結合。

在執行成果方面，所指的是所使用的方法是否有發揮最大的效能，並以該方法是否適當、有效率作為給分的標準，其得分的方式如下:

— 有無將此方法有效率的運用於企業各相關高低層次之中。

— 有無將此方法有效率的運用於企業各相關部門及活動之中。

— 是否與所有的相關製程有關。

— 是否有運用此方法於所有產品與服務之中。

在結果的項目下的各個標準是由卓越事項與範圍來判定。

首先我們來看結果是否優越，是依照以下幾點來判定：

— 是否有正向的趨勢。

— 是否有達成自訂的目標。

— 找出該產業中最好的公司，並與該公司做比較。

— 是否公司能夠持續保持優勢。

— 是否能夠證明此良好的結果是由適當的方法所達成的。

範圍是由以下的方式來判定：

— 是否有涵蓋到所有相關的部門。

— 是否與該標準的結果具有相關性。

— 是否與結果有關。

現在美國及歐洲一些頒獎的組織機構，在品質的程序中已走向官僚化，並產生一些沒有預期到的副效用。有許多次這些品質獎項，竟然頒給一些不賺錢或具有明顯嚴重缺陷的公司，因而帶給大眾一種錯誤的訊號。

而在有些地方，品質變成徒具形式、沒有系統化的代名詞，且與公司短期獲利率無關之因素。因此需要運用一些表格或規則來定義品質活動，以促使管理工作能更為有效率。

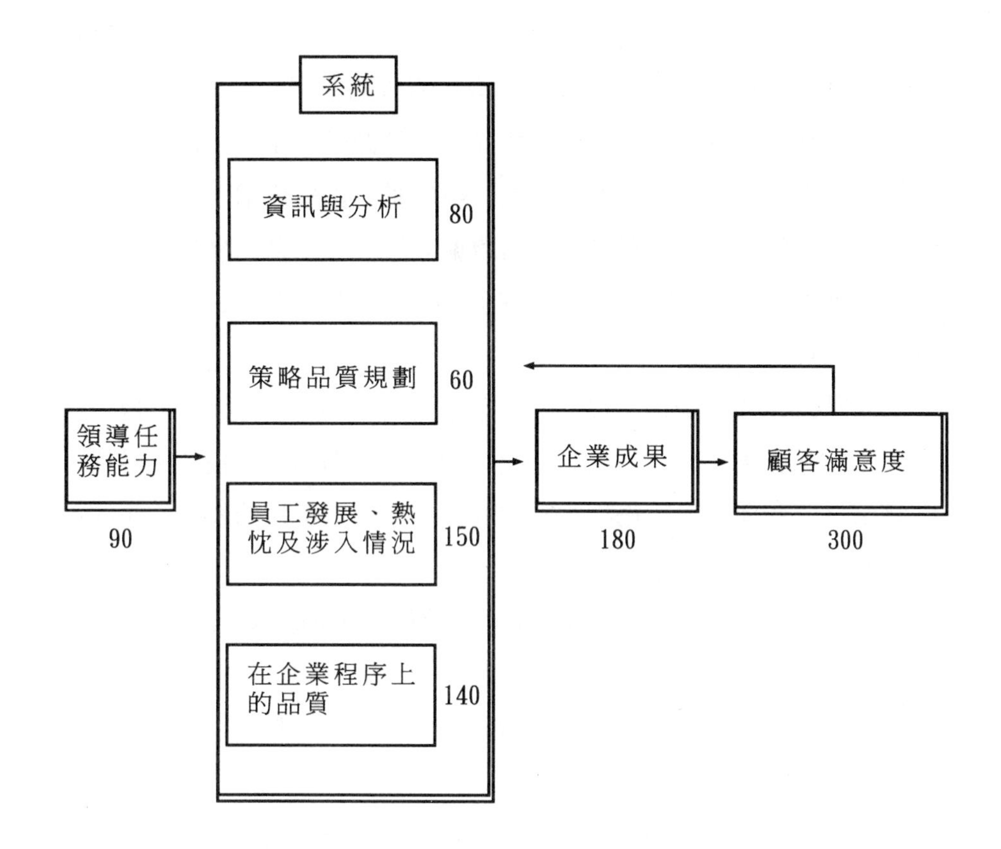

圖 28 瑞典品質獎機構：品質的評估標準和評分系統（滿分為 1000）

合理化 (Rationalization)

所謂合理化是指在用更少的資源來達成相同的生產措施，其所指的資源包括資本與成本。

在策略的發展上，經濟規模與成本合理化間曾具有相當高度的關係，若期望獲得高度的市場佔有率，則必須藉由大量生產以減低每個產品的單位成本。成本合理化為眾所皆知的事情，透過它可以預防公司的利潤遭受損失。

經濟的原始定義是對稀少資源的一種管理方式，更進一步所謂經濟是指合理化的持續需求，也就是要減少資源的使用。

經濟和企業的不同，在於經濟僅考慮資源的使用，而企業不僅考慮資源的使用，並也考慮到對顧客及組織的動態創造價值。所謂鐘擺原理指出企業策略在搖擺過程中，常常會偏向於極端。舉例來說企業常常會低估長期獲利率合理化的價值，在企業快速發展期間時，合理化常常容易被忽略掉。

所謂營運效率是指在現今的企業中對資源的管理，事實上也是連續合理化的同義字，其所表現的意義是如何有效率的運用投資的結構。而在嘗試達成營運效率的過程中常常面對的問題，是易於忽視公司的策略目標和顧客的認知價值。

效率在日常的營運中常常與顧客的價值標準產生衝突，該衝突是麻煩、充滿挑戰性的，而且是企業經理人關心的問題。對企業家來說，同時考慮顧客認知價值與合理使用資源是一件非常困難的事情，再者同時還必須考慮到公司合理發展的利益。

有些人會對策略階層、戰術階層和功能或營運階層間做區分，一般我們會忽略戰術階層，因為戰術階層缺少描述的價值，通常沒有產生問題，在此將其劃分為以下兩部份，即營運效率與功能性的策略。

所謂營運效率指能夠用最少資源輸入，達到所要做的目標，譬如將某人由某地送某地。所謂功能性的策略，則是要考慮到全盤目標和策略情況，是否有能力將事情達成。每個功能部門都能了解整個組織的策略目標，支持整個企業目標，以促使企業達成所設定之目標。

簡單來說操作控制是在既定的條件下控制組織的活動，而策略控制則是如何來制定這些控制條件。

相對成本的位置 (Relative Cost Position)

所謂相對成本的位置常被簡稱為RCP，它的意義是指將企業或部門之成本與競爭者做比較以找出其成本位置，RCP被視為一種指標，計算方式是將本身的企業成本除以競爭者的企業成本，若指標為1時，表示與競爭者成本相同。若指標小於1時，表示較競爭者具有成本優勢。若指標大於1時，表示較競爭者具有成本劣勢。RCP分析可以用在單一產品、產品線、一個企業或公司之中或企業中的某些部門分析上，例如針對航空飛行的服務或製造公司的行銷部門做分析。在分析內包含的成本有變動成本、總成本或某些成本的組合等。

RCP分析是兩個競爭分析方法中的其中一個，另外一個是顧客認知的分析。企業經理人必須包含價值的創造並持續不斷的對資源做管理，同樣地，分析的兩個主要項目是顧客認知的價值和與競爭者的成本做比較。

一個組織龐大國際化的醫療工程公司最近完成一個顧客認知價值的分析，他與主要競爭者比較售後服務部門的成本，包括了備用品的價格、運送時間與是否能迅速提供技術服務與其價錢等做比較。

在研擬策略發展去改善售後服務的同時，該公司也完成相對性成本的比較。該研究乃是對公司主要市場上所接觸的競爭者做研究。

以該公司為例，所作出的RCP分析如下:

1.該公司之生產成本以工資率表示時，較其它競爭者為高，因為該公司處在於一個較高成本的環境中從事生產（例如荷蘭）；相對於競爭者而言，其在一個低成本的環境中生產（例如希臘），公司生產成本中之人工和資本成本佔了銷售價值的三分之一，在此情況下工資成本是處於不利的狀況，與其競爭者相比較約差了

4%。

2.所有的醫療元件可由全世界各地購得，經分析後在醫療元件取得上並沒有顯著的差異，此時該因素的指標為1。

3.在中央管理方面比競爭者更有效率。公司是來自於北歐，其中央行政管理部門相當精簡，只有幾個幕僚和有效率的會計及後勤電腦系統，分析顯示管理的效率與競爭者的總銷售價值相比較約佔1.5%的成本優勢。

4.該公司在行銷成本上，分析所得之結果是非常沒有效率的，在全世界各地都有其銷售據點，使得組織過於龐大，而顯得有點僵硬與帶有些官僚氣息。總部行銷組織與各地的銷售公司的生產力，相較於競爭者是非常低的，與競爭者的銷售價值相比較約低5%。

先前的例子指出RCP分析是如何建立的，其最困難並不是分析背後的理論，而是如何來得到競爭者成本的數據。

此類分析較易用於航空業或顧問公司類型的企業進行分析研究，因為其分析資料較易獲得，例如在航空業上可以選擇一個並沒有直接競爭關係的公司進行比較，例如北歐航空公司（Scandinavian Airlines System）可以與關達航空（Qantas Airlines）或日本航空公司（Japan Airlines）做比較，而顧問公司也可與其他類似型態的公司做比較，但在有直接競爭的汽車業而言，紳寶公司（Saab）就很難與寶馬（BMW）、富豪（Volvo）以及賓士（Mercedes-Benz）公司做比較，因為彼此在汽車市場上從事直接競爭，故其競爭者的相關成本資料不易獲得。

資源—成本和資本 (Resources－Costs and Capital)

標題已舉出了我們常談的兩種主要的資源：成本與資本，如果要對成本與資本做更進一步的分析時，必須將其分成幾個部分進行分析判斷。

資本分成：

— 顧客的應收款項
— 固定資產
— 存貨

成本分成：

— 人事成本
— 資本成本
— 材料成本
— 管理費用

先前所提企業經理人兩個主要工作是資源的合理化使用與價值的創造。

資源管理經常是策略的主要目標。在需求大於供給時，可透過大量生產來達成經濟與規模優勢。一般人較注意成本而較少注意到資本的支出，且由於當時利率較低，於是資本成本也較低。但連同其他情況到了1970年中期，企業開始注意到資本的使用，其整個的關係可由投資報酬率的公式表示如下：

投資報酬率＝（收益－成本）／資本

所謂收益是指替顧客創造價值，而成本與資本是代表資源的使用。一般對企業的整體看法是如何在此三個元素中取得平衡。資本與投資間存在著很緊密的關係，所謂投資是指套牢、存貨（原料再製品和製成品）和應收帳款等組成，並經由現金管理做整體的管理。

資源管理在生產上是一個特殊的技巧。

有些資源在資產負債表上是看不出來的，如技術或Know-how等，對許多公司而言，此類非財務性的資源已越來越重要，且已變成主要的資產。如何管理此類資產，則需要些非常特別的技巧。

資源控制（Resource Control）

資源控制的同義詞包含決策制定、資源配置及功能策略和政策。

所謂資源控制在現今並沒有被廣泛使用，主要是因其與早期企業管理的科技主義時期的控制想法有所重複而遭到忽視。

控制該字眼所代表的是中央的集權，且是古典官僚學派最喜愛的表達方式。然而資源控制中之控制，其主要的意義是使用資源，指引企業有效率的朝向公司目標。所謂資源一詞即意謂成本與資本，更明確的說，是使用資源來達成更詳細決策制定與控制。例如:

— 定價
— 生產數量
— 投資發展
— 新產品
— 電腦系統
— 人事
— 應收帳款

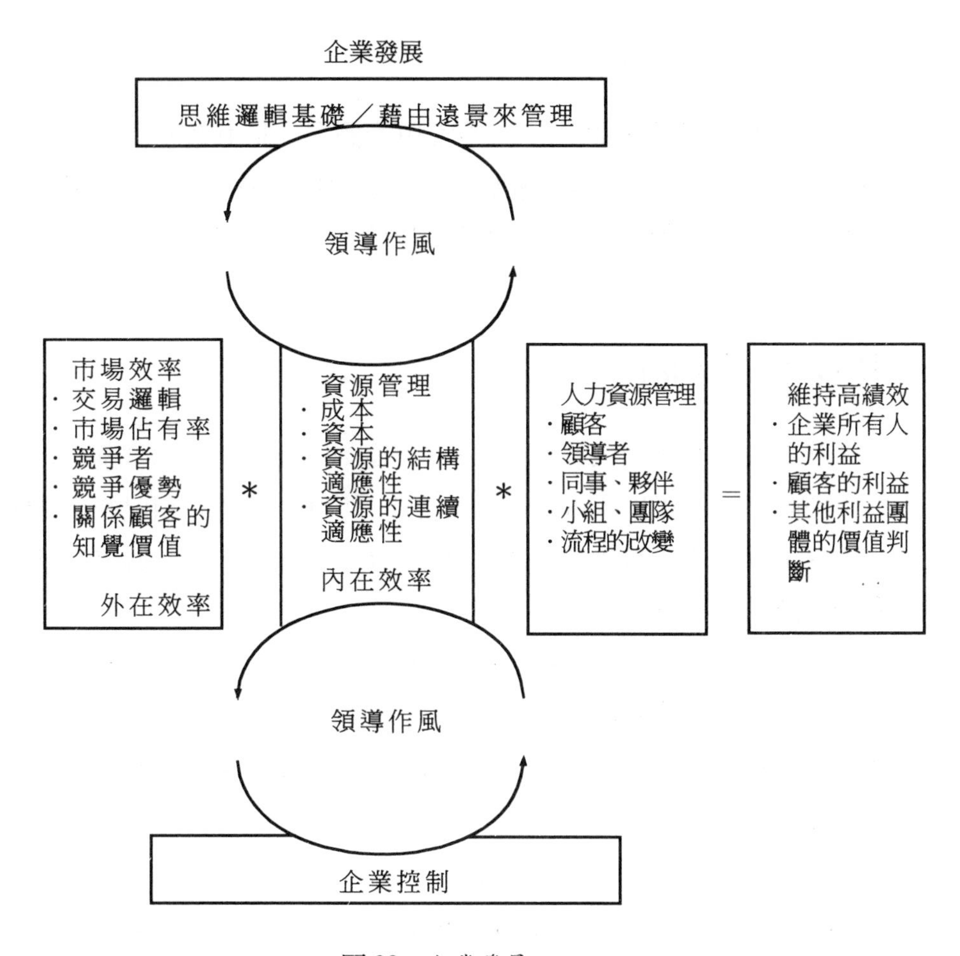

圖 29 企業發展

— 應付帳款

— 資本投資於固定資產的程度

— 資本投資於存貨的程度

— 溝通

— 行銷

— 投資

— 組織
— 廣告

上述僅是簡單的條列出一些常用的例子，並不完整且有些項目重複，其主要是要提醒企業或組織，注重資源控制是一個詳細決策的主要架構目的，以支持公司使命和整體策略的達成。

遠景 (Scenario)

所謂遠景是指對某些事件未來的假設或可能發生的情況稱之。對未來預測而言，可以用遠景預估表來替代，基本上預測是用已知趨勢或已知的事實去對未來做推論。然而預測的方法並不適用於一些不連續事件的推論和一些需要主觀判斷的事件上。

預測在科技主義 (technocrat) 規劃時代中，扮演一個相當重要的角色，並使預測方法變得更為精煉。（在科技主義規劃時代的管理者，僅考慮到如何合理的應用技術和經濟標準從事分析判斷，但卻忽略了人類的價值。）

在第二次世界大戰後到 1970年中期時，管理者認為未來是可以預測的，因此預測方法的使用，對策略的決定而言是非常重要的。但到了1970年代後期產生危機後，一些根本性質的工作必須要經過重新的評估，傳統預測方法也要進行關鍵性的檢查。在該期間對於仍使用預測方法去對現存的趨勢做預測的企業高層而言，若運用其所得到的結果，而在增加產能及其他方面從事擴張，將遭受到嚴重的打擊。

當需求曲線變為較為平坦時，投資所能得到是一個較低的報酬，且會造成產業間產能過剩的問題，因此大家覺得需要以另外一種形式來評估未來，遠景評估表可由以下兩個層面來探討:

1.首先來講遠景評估表，可以導引一條可能的發展曲線。

2.遠景評估表可以讓人看得到事件發展的情況，因此可用來當成討論的資料。

遠景評估是對未來整個發展環境做描述，可以使用於企業或其他類型的活動上，並可作為未來事件假設與預測選擇的參考。

在策略的領域中，遠景形式通常是被運用在預測一個產業中可能的結構改變和可能的競爭情勢。在此遠景評估一般是為了創造性的討論、策略性的思考，以及策略的確定而形成。關於一個遠景建立的預測和假設必須包括所有與一個企業的未來有關的因素。遠景評估所產生最重要的好處之一，就是所有極端的情況和可能的發展都可以在基於對遠景評估的假設和預測之下，在一種經由思考的討論形式中被考慮。

我們通常根據悲觀的，或許和樂觀的遠景評估來討論。這個可能的遠景通常是基於決定和策略公式所產生的，然而那些極端的可能情況可以幫助管理階層去確知那些和產業未來有關的要素。

以下將提出一個汽車製造商的遠景的例子。這個遠景評估的目的是為了試著確知對此製造商的發展部門的重要性之關鍵因素。

遠景評估表包含的要件如下:

主要發展的假設

經濟情況 (Economic situation)	經濟狀況已經停止或正要停止 購買力維持不變 所得收入差異不大 油價不會任意波動 新興工業化國家的結合
政治情況 (Political situation)	和平、穩定性 東歐國家的覺醒 較優勢的市場經濟
社會情況 (Social situation)	兩性平等受到重視 教育水準提高 重視健康的生活型態 家庭的結構改變
環境 (Environment)	污染 破壞的環境 環保意識抬頭

以下為1993~1998年的遠景預估:

1.沒有新的能源危機，但會有較高的能源價格。

2.環保意識抬頭，在環境問題上會導引決策的制定。

3.現今未開發國家發展他們自己的汽車工業，連帶成為火車頭工業，帶動整體下游市場。

4.日本產品朝向上層市場發展，提供新型態的汽車，如迷你旅行車。

5.進口商功能減少，傾向於行銷或行銷支援的功能。

6 在社會學和政治學的因素指出，現今更加重視環境、顧客服務及品質等因素。

7.大城市擁擠更為嚴重，上班族不再以汽車作為其工作之運輸工具。

8.媒體將會集中且國際化，廣告的訊息將會朝向一致化，電視媒體的重要性將會增加。

9.好的經濟成長，隨著保護自然資源的覺醒，將有利於經濟型的汽車產生。

10.對企業而言，政治因子將促進穩定的需求和好的商機產生。

11.非污染性車型較受歡迎，重視非污染和人因工程製造廠，將使人產生良好的印象。

12.在社會學上強調較平等的兩性關係的1950年代到1960年代出生的人，較喜愛那種有實際功能而非花俏的汽車。

市場區隔與差異化（Segmentation and Differentiation）

這兩個專有名詞適切的定義，如下兩點:

1.區隔是利用相似性質的需求，來劃分整個市場成為若干個較小的區隔。

2.差異化是指能提供不同的產品和價格，來滿足不同的需求與成本結構。

區隔與差異化兩個專有名詞是有相關性的，一個與需求相關，另一個與供給相關。

區隔是以產品或服務的效用函數作為劃分子群體的依據，區隔過程可以由兩個階段開始:

1.將具有相同的效用函數個體，聚集成各個區隔。

2.標示或定義區隔。

有些公司沒有進行第一階段分類，就將其標示在某一區隔市場之中，將導致區隔錯誤，區隔是一種較市場之商人最初想法更為複雜的程序。

傳統市場分析方法並無法對市場區隔產生答案，對區隔而言，並不會有相同的事情產生，雖然區隔可實際運用於工作上，但因為它不是一個統計群體，故傳統市場分析方法並不適用。例如大型公司可能要一種特別的服務方式，中型公司則需要另一種服務方式，而小型公司則可能需要第三種服務方式。

區隔程序有兩種方式，一種方式是將同性質的市場分成好幾個小區隔，而另一種方式將一個擁有多個小區隔的市場，結合成營運的區隔。如圖 30。

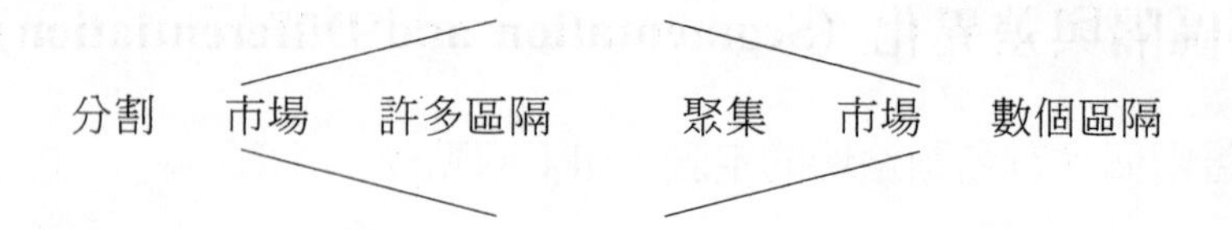

圖 30 一個同質的市場可以被分割為許多的區隔，而本身已包含許多小區隔的市場則可以聚集成數個營運的區隔。

如此以規模大小去細分僅是一種概算法，像是一般粗略估計，而並非是很精確的。

所謂公司的大小，只可能說由管理階層的知識或者是否願意去購買一項特殊的服務來下定義。因此這些不同的需求，基本上與統計的群體無關，但如此的分類方式是容易使用於行銷目的上。

另外介紹一種方式是利用統計分群，其是利用購買意願做分析，但購買意願若沒有經過一個仔細的調查，是無法得到一個確實的答案，因此常用一個估計的數字來代替。

行銷方面對於個別的消費者，常常會用到一些統計的考慮要項，例如年齡層、宗教、性別或居住地區等，但這些也只是市場區隔的概算而已。統計群體法與購買者的行為有相關性，明確的區隔需要一個具有創造性能力的衡量方法來進行，但在事實上，卻常被忽略。

以北歐航空採用辨別商務旅客之特殊需求，來做為區隔與差異化的例子，相同的事情早在幾年前美國國內航空也做過，基本上是為了滿足個人對於低價需求所成立的，他們如何使人達成低價的旅遊呢？其乃是同時使用新的飛機增加其載客量，並提出一些離峰時段鼓勵旅客使用，來達成其低價的策略。

以所從事「專長」為例，汽車製造商提供一個極好的例子，來說明如何為不同的市場的區隔下定義，並對產品進行差異化分析，例子如下：

奧迪（Audi）公司改變製造家庭房車的定位，而轉移到其他房車市場定位上，並朝向上層市場發展，並將家庭房車區隔成為更佳乘坐舒適性和流利的駕駛操控性，如此做法，反而進入傳統賓士車區隔範圍。

紳寶（Saab）公司也採用稍微改變的差異方法，如導入9000型車款後，由於該車款是屬於跑車型家房車，因而也佔據寶馬（BMW）主宰傳統的部份市場。

由這些差異的運用，使公司能夠成功的吸引更高購買力的客戶，並且有能力去提升售價，並改進其品牌的印象。

很多人會把差異化的想法視為產品或服務的升級，即將產品改變，使其能帶來更高的價格和費用水平，然而區隔並不一定意謂要升級，只是在某一個特定群體找尋一個相同的需求結構。

而在差異化的例子中，採用產品簡化對歐洲國內航線和美國人民運通航空企業，在吸引乘客上皆有所幫助。其兩者均定義其客戶群組是以低價的產品和服務為主的客戶群。另外也可從世界上的保險行業找到相同的特性，有些保險公司的保險條例太過於複雜，如此常常造成其所服務的範圍，並不是所有顧客所需要的。

若嘗試去區分現存的目標群體，使其變成同質性需求的區域，經常是有效果的。對於面臨快速轉變的消費性商品市場來說，如此做是必須的。然而，區隔與差異化也不能做得太過分，譬如說今日要去找尋嬰兒尿布與防曬油，就是一件困難的事，因為他們擁有太多不同的功能。

服務性公司和以技術為基礎的公司 (Service Companies and Skill-Based Companies)

當一個國家之國民生產毛額（GNP）中農業和工業的生產比率減低時，服務性生產行業的成長就會變得較為重要。因此，一些為服務業、軟體及專業技術業者形成的理論也因應而生。

服務公司所關心的焦點，在於其所傳達的價值，服務可能是非技術且工業化的性質，或者是高度技術且人性化的性質。

所謂服務性公司本身並沒有提供專門技術服務的內容技術，有些服務項目像電腦化內容性質的服務傳達，有些服務需要高額的資本投入，如電腦化銀行和航空旅遊等。其他如醫療保險、法律諮詢和管理顧問等，則僅需小量或甚至沒有任何資本投入，但其從業人員必須具備高度的專業知識去提供服務。

在所有工業中，工業產品的服務項目正在大幅成長，包含設備維護、售後服務、貸款和其他實際硬體的運送。

由於這些原因存在，使得此類型以技術為基礎的公司越來越多，也因而區分出兩種性質的貨品，一種是大量生產但不提供資訊，另一種是少量生產的產品，但卻包含大量的資訊。然而存在於此類以技術為基礎的公司的困難點，是如何結合專業的技術與管理的能力。在很多以高科

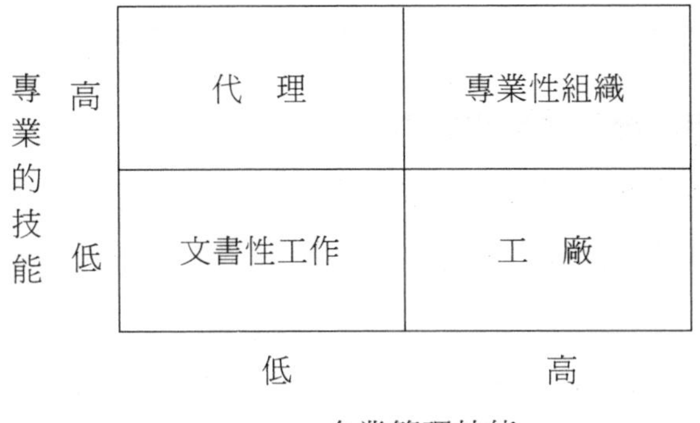

圖31 公司可區分為四個主要類型。代理是指專業人員所形成之具相同專業與目標的工作場所，但其生存潛力很低。文書性工作是本身專業和管理技能兩者都相當低的類型。工廠並不需要依賴個別專業人士解決問題的功能。專業性組織則是適合新的技術員工發展的理想環境。

技為主的公司有一些逐漸形成的問題，就是所招募進來的員工是否願意且同時具有擔任高階主管的能力。目前並沒有好的歸納與分類方法來規劃這些高科技產業，因此在未來對於高科技產業將會有越來越多的分類與定義方式產生。

Francis Bacon曾經說過「知識就是力量」(Knowledge is power)。

策略的管理 (Strategic Management)

策略管理的能力包含以下五個能力:

1.找出事件發生類型的能力 (Ability to see patterns in what is happening)

2.判斷企業變革需求的能力 (Ability to identify need for change)

3.規劃企業變革策略的能力 (Ability to devise strategies for change)

4.企業變革工具的使用能力 (Ability to use tools for change)

5.執行策略的能力（Ability to implement strategies）

1.找出事件發生類型的能力

所謂整體觀指的是能夠了解顧客之需要、需求、競爭者及產品，且該公司具有滿足顧客需求間相互作用的能力。因此可知分析是策略思考的一部份。

由於此分析複雜性和寬度是非常的廣泛，因此很難僅用模型來表示，若企業的規劃者能夠使用找出事件發生類型的能力越強，越能夠掌握環境變化的趨勢，並且用以追蹤公司需要改變的能力也越強。

經由集中思考到摘要重點以及回溯等能力是企業策略規劃較為重要的部份，企業策略者擁有摘要的能力越強，越能夠掌握到配合環境的模式及更容易追蹤到需求變化的情形。

2.判斷企業變革需求的能力

現在對許多公司而言企業變革是很容易發生的。對大部分的公司來說所謂企業變革所指的是擴張，但事實上企業變革除了擴張外，還包括一些軟體性的改革，例如產品生產的差異化、成本效率、及承擔風險的能力。

企業變革需求定義包含兩種能力:

1.事先警覺到出現在產業問題上之一些未被知悉的因子。

2.運用智力和創造力去結合已知和未知的變數，並藉此對不可預測的意外事件完成準備，且尋求機會去改進公司的能力以因應競爭。

有一個簡單但是不是很適當的方法，就是假設明天的狀況和今日是相同的，我們總是用固有的趨勢，如「就僅像現在這樣情況」去作為評估模式。

3.規劃企業變革的能力

策略的決定或策略的執行是種理智的過程或組織成員的認可過程，本書大部分涉及策略的藝術，第一個因素認為策略結構是公司或組織的一部份；另一個因素則認為經由執行過程能認知到策略內包含的元素。

4.企業變革工具的使用能力

策略管理構成要素之知識及對傳統態度之知識，對好的管理者而言，會有良好的幫助，大部分策略模式均以作業研究之模式做為基礎建構，藉由作業研究而使該能力受到重視，因此全面性在策略方面的教育，應包含傳統的與新的波士頓管理顧問群（Boston Consulting Group）矩陣、麥肯錫（McKinsey）的7S模式及經驗曲線（在模式章節有詳細的介紹）。這些模式在策略分析的領域中佔有重要的價值。

5.執行策略的能力

除非將你的思想付諸實行，否則策略將是空談且會浪費許多時間。顯而易見的這句話，長久以來並沒有受到重視。這也是為何這幾年來策略執行普遍受到重視的原因。但是如果過度重視策略執行，而沒有事先經由結構化的整體思想的話，將導致該執行是毫無目的且沒有效果。就如同開車高速疾駛卻沒有事先決定走那條路到目的地，而漫無目的的隨意行走；同樣的，若擁有精力充沛的思考力卻沒有遵行的行動，其結果將也是無效果的。

換言之，結構與動力是兩個重要的因子，這裡所採用策略管理的定義能夠使一個主要的問題，一開始就變得非常明確。傳統西方企業哲學較傾向於最大化短期利益和風險消除為訴求，其最困難的問題是要與所選擇的定義做連結，並去找出方法來衡量策略管理能力的效果，並設定獎賞給有改變成果的單位，此類的分析方法適用於投資報酬期間較長與需要高度投資的產業。

「由執行成果，便可了解其效率」，所以不難了解為什麼企業成功的要項，是受到其執行成果的影響。

成功的要項（Criteria for Success）

現在大部分的高階主管並沒有受過策略管理的訓練，因此隨著其往企業高層攀升時，並沒有隨之提高本身的策略思考能力，和在整個事業生涯期間對其成功的要項所必須具有思考策略的能力。如何獲得策略的能力？這是要經由研究不同策略情況下的機會，來分析與學習，進而增加其策略能力。如果沒有按上述去做，一個高階主管在其整個事業生涯只可能遇到 2 或 3 個策略情況。

這是個經常被忽略的問題，因為策略規劃能力必須經由這些訓練的經驗而提昇，創造或是模擬這些策略情況機會給高層管理者，對於領導者的發展而言，這是相當重要的一項因子。

策略 (Strategy)

所謂策略是源自於戰爭，其意義在使用所有可利用之資源下，去規劃並執行國家或權力集團的政策。由此推論，策略一般適用於長期且範圍寬廣的方法上，該名詞也為企業管理所採用，並逐漸去取代先前所稱政策或企業政策的意義。

策略是對市場、產品、投資結構等選擇之判定方式，注重長期獲利率，而營運管理活動，則較注重短期獲利率。

資源管理是策略之長期標準概念，其起源追溯於1926年美國俄亥俄州德通市空軍 Wright Patterson基地指揮官的想法而獲得的。他發現生產任何產品時，當產量加倍時，單位成本將會下降20%。該發現最後導出經驗曲線（在模式的章節中將有介紹），基於此發現之結果，也導出了許多與長期生產和低單位成本有關的模式，BCG矩陣就是這些矩陣其中之一，該模式的觀念由於在高市場佔有率下，可進行大量生產，以降低成本而獲得更高的獲利率與競爭能力。以今日的角度來看，一直到1970年代中期因為當時競爭壓力低，故這些結論在運用上都很適當。

從第二次世界大戰到其後期，組織間的主要問題是如何管理大量的員工、資本及幕僚，於是對於整個後勤作業系統重新做了一番修正與規劃。營運分析的技術很成功的被運用在最佳化的這些問題上，以找出更有效率的方法來完成工作。

在第二次世界大戰結束後，全世界性的物質短缺，因此需求存在被視為當然之事，在此情況下，資源管理是主要的問題。此時組織策略運作的主要方向，是如何運用在選擇企業的成長方式上。

此時投資組合成為企業策略思考的主流，許多多角化經營的公司投資在不同產業內，其高階管理者所關心的是在這麼多的企業中，應投資到那個產業上，做為其主要考量。因此在需求超過供給的情況下，個別企業單位的競爭要項或元素，就不會顯得那麼重要。

投資組合策略（Portfolio Strategy）

簡言之，投資組合策略要考慮如下：

— 併購新的產業。
— 藉由併購來增加新的產業。
— 分階段退出已涉入而現今不想要繼續經營的產業。
— 當發現其他更好的產業時，賣掉現有的產業單位。

— 重新分配資源，例如資本與成本的重新分配。

— 確保企業單位為策略的管理者。

— 在投資組合的企業單位間取得綜效的優勢。

有效率的競爭已逐漸形成，因此策略的重點已由投資組合單位轉移到企業單位，這已進入一個完全不同的議題之中，其策略的目標是為了創造競爭優勢，以確保企業單位能夠達成所設立的目標。

企業策略（Business Strategy）

策略的目的是希望能夠達成一個持續性的競爭優勢，並帶給企業更高的獲利力。策略是由許多行動所組成的，其設計是經由協調、分配公司的資源，以達成公司的目標。

所謂的策略發展所指的是整個過程，包含:

1.定義公司使命。

2.在目標上，將其願景具體化。

3.為達到目標，將策略做有系統的制定與執行。

策略最重要的是其能將策略思考模式轉換成具體的行動，並且在執行階段中獲得更高的效率。

部門性的策略（Functional Strategy）

公司是由各部門所組成，部門性策略是用來分配各部門間的資源，將投資組合策略細分成不同的企業策略，再將企業策略分成不同的部門性策略，因為真正產生資源的輸入是由部門層級所產生。企業管理最重要的功能是研發、生產、行銷和管理，這些可再細分成一些特別的部門如資源、人事和資料處理等。而營運效率是被運用在短期內，以期使組織的效能變得更好。

策略的討論常是混淆不清的，因為策略從高層移轉到低層單位時，常會因某些因素造成混淆不清的事實（因為上階層的策略常常是下一階層的目標），例如在投資組合階層時，如何達成目標的策略，也早已劃分且制定好了，這些策略進而會轉變成下階層不同企業單位的目標，然後企業單位再依此目標去發展本身的策略，此一方式不斷的在企業內進行移轉，該移轉之階層稱為階層性的策略。

在現今發展過程中，一般策略發展經常是依照組織發展的階段而設計，以求得改善組織狀況的方法，使其更加適合企業的競爭與發展。

現在專業的策略人員已慢慢從企業的經理人中脫離出來，且認為策略是與管理不相同的，依作者的看法認為此乃是不好的趨勢，許多人將企業經理人的功能定義的太狹窄，認為策略並不包含在企業經理人的責任之中，但就整體的觀點來看，企業經理人的功能應包含策略的制定與執行。

策略分析（Strategy Analysis）

高階管理者常常需要利用結構化分析法，以提供他們對企業做一個整體性的了解，許多的管理顧問發展出能夠滿足需求的架構，例如：

1.投資組合（Portfolio）
2.貿易邏輯（Trade logic ）
3.企業單位（Business unit）

所謂企業單位又可分成四個單位進行分析：思想邏輯基礎、外部效率、內部效率及策略管理，以上可再做進一步的區隔。

1.思想邏輯基礎（Ideological base）

(1)願景

(2)目標

(3)企業使命和策略

2.外部效率（Outward efficiency）

(1)需要

(2)市場佔有率

(3)新企業

3.內部效率（Inward efficiency）

(1)成本

(2)資本

(3)生產力

(4)領導作風

4.策略管理（Strategic management）

(1)制定企業方向的能力

(2)組織擁有參考資料選擇企業方向的能力

(3)具有激勵組織內人員並喚起員工熱忱的能力

對於一些企業的高階主管而言，這些是他們應該了解的事情，以便去掌握企業的狀況。一個投資組合包含多個事業單位，但一個事業單位並不限制只涉入一種產業，所以分析應該由描述投資組合開始，投資組合整體包含許多企業單位，其主要的分析變數是:

1.產業吸引力，以獲利率和產業發展為其衡量方式。

2.在該產業中的企業定位。

所謂貿易邏輯，一般人常常都會忽略對它的了解，如果你能夠好好的去思考它，就能夠提高你的思考方式，並且給予你對企業清晰的觀念。為何要如此做呢？因為企業單位本身是一件最重要也最需要考慮的事情，只要能夠確實掌握，就能分析區分出思想邏輯基礎、外部效率、內部效率和策略管理的考量。

思想邏輯基礎所指的是企業的領導者希望他的企業朝向他夢想的遠景前進之方向，並經由目標設定來達成，這些設定的目標可視成企業達成遠景路途中之里程碑，這些目標用金錢、市場占有率和顧客認知品質來表達，其路程方向是由策略來決定，而公司的使命是經由需求、顧客、產品和競爭優勢等來定義。

外部效率包含兩種情形，一種是對顧客需求結構的瞭解；另一種是公司如何來滿足他們的需求，而市場佔有率和趨勢是用來測量他們的方法。外部效率同時也包含創立新的企業，其所指的是該公司具有擴張的能力且是一個認真規劃的公司。

所謂內部效率是指企業單位的成本位置，換言之，即是如何使用它的資本，如何開發它的總生產力，並與競爭者的成果做比較，雖然是一件不易做的工作，但仍然可以做得到。

最後策略管理能力是一種新的分析變項，與管理策略的診斷相關，其所指的不單祇是診斷的情況，同時還包含對發展的可能性做診斷。管理必須選擇正確的方向，並引導整個組織朝向發展方向前進。

使用該方法來達成一種井然有序的綜效，在實務上證明是非常有效的，這個分析能夠在被改進，並按照實際狀況大小來調整與修正其範圍，但更重要的是要去掌握整體的發展方向，而不要將精力投入在細節事件上。

策略執行（Strategy Implementation）

就策略執行方面，傳統來講一般公司主管將焦點放置在策略的形成，而較少注意到策略制定，使得策略的執行沒有策略的形成那麼有魅力，因此造成管理者常常委託別人來執行策略，且常常低估了策略執行的困難度，一般的學者專家僅重視理論的發展，而忽略實務執行的配合。因為他們認為實務的執行較不重要，因為每種特定的情況下，會有不同的措施，使得無法發展出一種共同的步驟或模式。在不同的情況下，其執行方式也不同，因此很難發展出一般性的工作供大家所遵循。經過許多學者專家的研究成果之後，發現有一些事項必須要用不同的方法來操控，而所有的模式一般都包含以下四項：

1.組織的結構（Organizational structure）

2.報償系統（Systems of rewards）

3.目標（Goals）

4.控制系統（Control systems）

在表4內有對現存理論做歸納，該表由維吉尼亞理工學院及州立大學的教授Larry D. Alexander所完成的，並針對此議題做研究所得之結論。

在做此策略執行所要控制變項研究的同時，我們不能忽略去探討策略為何常常會失敗的原因，也就是說要去找出為何其對組織沒有重要的影響，或者是說其在市場上沒有產生任何的營運效用的原因。世界上充滿著許多詳細分析且精確制定的方法，但是有許多被證明是沒有效率的。策略的執行並不是給一段限定時間，去要求他達成此目標的方式，而是指策略的執行要去創造一個組織願意去接受改革、有學習的能力去發展技術，進而改善企業之長期績效。

由經驗可知策略執行的過程會遭受到許多的問題，並使該程序受到阻礙甚至失敗。策略執行如同墨菲定律（Murphy's law）所言「該出狀況的事遲早會發生」。

在1985至1986年Larry D. Alexander教授對美國私人與公家機構進行策略執行的研究，第一個對私人機構研究是由《財星雜誌》（*Fortune*）所列的五百家公司名單內挑選93家公司進行研究，並對挑選公司中評估其最近策略決策之品質狀況做分析。

第二個研究依舊使用相同的方法，但目標對象則是52個聯邦政府和76個州政府的行政部門。這兩個研究提供一個良好的基礎，在於對私人與公家機構在策略執行所產生的問題與易犯的錯誤提出說明做成結論。

在表5中列出策略執行22個評估問題中之的10個項目作為說明，並按照私人機構的重要性，去進行排序由高至低。

在表4中指出，在許多理論之中，有許多變項都具有一致性，僅有

表4　策略執行模式的摘要

模型變數	Gailbraith and Kazanjian (1986)	Hrebiniak and Joyce (1984)	LeBreton (1965)	Lorange Morton and Ghosal (1986)	Nutt (1983) (1986)	Quinn (1986)	Stonich (1982)
組織結構	Yes	Yes	Yes	Yes	Yes	Yes	Yes
任　　務	Yes	No	Yes	No	Yes	?	No
人力資源	Yes	No	Yes	No	Yes	Yes	?
獎懲系統（制度）	Yes	Yes	?	Yes	?	Yes	Yes
資訊與決策程序	Yes	No	Yes	Yes	?	Yes	No
目　　標	Yes	Yes	?	No	Yes	Yes	Yes
文　　化		No	?	Yes	Yes	Yes	Yes
管理程序	No	No	?	No	Yes	?	Yes
控制系統	Yes	Yes	Yes	Yes	Yes	Yes	Yes

少部份變數不一致，譬如組織結構指出責任的分配和工作的形式，而人事則包含人員招募、選擇、調任、訓練、發展和管理型態等。

以下對表5做更深一層的註解：

1.對於需要長時間思考的問題，領導者認為很快獲得答案是理所當然的事情，事實上在企業組織內並不是如此，除此之外，因為組織之內存在某種惰性以及學習因素的關係，更會讓其他人思考此類問題的時間變得更長。
2.分析常太流於表面化，忽略一些無法量化的因素，因而影響到策略的執行。
3.在策略執行需要有一個清楚定義責任的組織來執行它，許多企業運用現有的員工來執行額外的策略，常造成員工仍注重原先之工作，而忽略掉次要的任務，然而此類簡單的心理因素卻常被忽略。
4.有太多的事情同時被視為是重要的，而分散管理之重心。
5.一般管理者都忽略策略的執行人員，也需要不斷的去學習與獲取技術的知識。
6.一個有趣的發現，一些不可控制的外部因素，對於公立機構而言比私立機構的排序顯得更為重要，這可能是歸因於政治、預算分配等。
7.很明顯地，人際關係因子對策略執行是非常重要的，對於實際過程的複雜性而言，其策略的思考層面常被低估。

在表5中按照私人機構問題之重要性，依等級高低開始排序，而公共機構相似的問題則呈現在右手邊的專欄內。

表5 策略執行的主要問題

問　　題	私人部門		公共部門	
	等級	%	等級	%
策略執行超過規劃的時程	1	76	1	74
在策略執行的過程中，有嚴重且不可預知的問題產生	2	74	3	68
策略執行活動間的相互協調性不良，產生無效率的配合	3	66	6	59
干擾策略執行的其他活動與危機	4	64	4	65
員工能力不足	5	63	–	–
員工未獲致充足的指示與通知	6	62	–	–
不可控制的外部因素對策略執行產生不利的影響	7	60	2	68
缺乏管理領導力和向心力	8	59	(tied)	55
未能明確定義清楚重要任務和活動	9	56	–	–
資訊系統的不適用	10	56	8	56
計劃與志向相衝突，造成之員工敵對的心態	–	–	5	61
重要人員間的相互不合作	–	–	(tied)	55
員工們對公司全面目標未能充足明確的瞭解	–	–	7	57

圖 32，是由 Pressman和 Mildowki 兩人所發展出來的策略執行問題概念模型，經過簡化後為 2 × 2 的矩陣，該模型能夠指出策略執行的困難。其將座標軸分為策略制定與策略執行兩類，策略制定分為好或壞，同樣的策略執行也分為好或壞。落於右下方的象限的邏輯概念代表的是沒有問題，其藉由策略執行的無效率，對於一個不佳的決策會產生破壞與中和的效果。

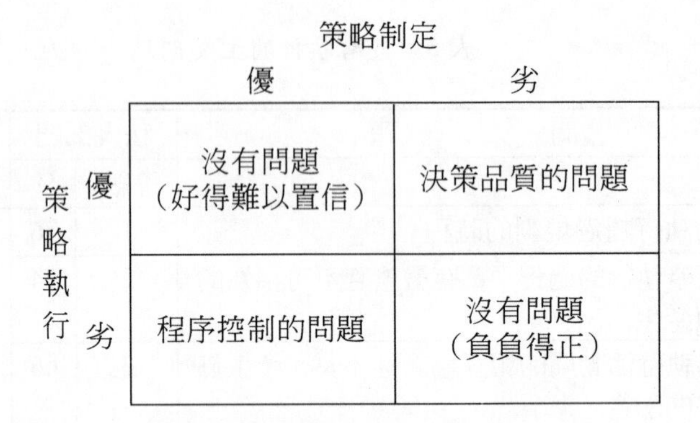

圖 32　策略執行的簡化模型

在策略文獻方面很少對策略的執行進行探討與分析，任何人若想要對策略的發展過程做研究時，應該要對現有的文獻資料與找得到的研究結果做詳細探討。

綜效（Synergy）

綜效是由協同合作（Synergism）該字詞所衍生出來的，協同合作這個字在生物學的意思是指不同器官間的合作。而綜效所指的是兩個或更多個企業單位組合成一個投資組合群體所獲得的策略優勢，因綜效能產生更多的價值與更低的成本並促使營運更有效率。整合策略的效果比個別的策略效果的總和，更具有優勢。

在管理上有許多人並不喜歡用綜效一字，而採用相近意義的名詞來替代它，例如:

— 策略標準（strategic level）
— 相互關係（interrelations）
— 成本優勢（cost advantages）

— 合理化利益（rationalization gains）

— 共生（symbiosis）

安索夫（Igon Ansoff）將綜效加以推廣而受到歡迎，其目的是用來解釋公司群體結構，造成1950年至1960年間許多聯合企業的產生，也就是說不同企業單位的投資組合，在那個時候有關於思考與決策的工作都是由群體的管理階層所決定的，因此使得群體的管理部門變得非常大且包含許多的幕僚部門。因此經由分擔成本的結果，所得到的成本減少是非常的巨大，由群體的管理功能來看，就可知綜效的效果。因為綜效擁有上述許多好的結果，使得世界上許多公司常常覺得要去修正或調整其全球化策略，來達成綜效的結果。當他們要去併購一家公司時，他們覺得有必要告知該公司及全世界為什麼要併購它。事實上，公司常常會為其全球化併購策略的正當化作辯解，因為藉由購併可帶給企業成長的契機，常是令人感到刺激且迷人的，且對市場經濟是有助益的。

經由併購的成長方式與組織經由擴張的成長方式所不同的，是在於具有市場眼光的人如何去運用企業管理的精神。經由不斷的購併與撤資，可以創造出一些在股票市場所忽略的價值，有時稱此價值為公司或企業的突擊（Corporate raiding）；也有人認為併購是一種無情剝削企業的方式。因此他們常用綜效該字眼來替代併購，作為購買其他企業的藉口，造成綜效這個字聲名狼藉，迫使他人採用其他意義相近的字來取代綜效。

投資組合的綜效（Synergy in Portfolios）

綜效的投資組合正持續不斷再成長，因為公司嘗試透過產品組合與擴展其運輸能量，以增加其價值。

綜效這個理念並不是意指 $2+2=5$，其定義如下:「綜效的達成是由群體企業單位整合的結果與這些企業單位個別的結果相加做比較所得的。綜效本質的優勢乃在於經由投資組合後，企業可以比單獨存在時創造更多的價值。」

綜效可以經由六方面來增加價值:

1.在集中功能的形式下分享資源，例如共同的採購、共同的銷售力或研究開發。所謂分享資源指的是規模經濟。
2.在綜效的投資組合的結構下，企業單位能藉由其他企業單位的經驗來學習，特別是在研究開發和行銷功能間know-how的移轉。
3.企業間具有相類似的交易邏輯、文化和領導風格之要求型態時，需求會從一個企業單位轉移到另一個企業單位。以改變速度最快的消費品製造商為例，能夠很成功地從企業內分支出來，並從香煙市場進入飲料市場，相對而言，在高科技的領域內，其相同的事情也一樣會發生。
4.與擁有好名聲的企業單位結合，來分享他們已建立的良好印象。
5.垂直整合下能夠創造出更多的附加價值，他與他的最終使用者能夠有更好的接觸，且可更接近產品、技術與服務，以便保有較穩定的關係。
6.將多個企業單位的產品組合在一起，對顧客所創造的價值比起個別產品單獨所創造的價值是更高的。此觀念也被運用於不同的專業領域上，例如一個顧問公司同時擁有數種顧問專長，或是航空公司與旅館的結合。

在此要特別注意的一點，是前面所述六個重點，是在PIMS裡面稱之為共享印象。而所謂印象是指消費者對企業或公司實際的認知，通常指的是企業的商標，對於顧客而言會因為商標而影響到顧客對產品的期望，也就是先前所提的顧客認知品質，該品質會影響到顧客對產品的忠誠度。

在投資組合的結構中，印象所產生的結果可能是好的也可能是壞的，這個經常被忽略的結果有時是非常重要的，當北歐（Scandinavian）航空公司買入大陸（Continental）航空時，大陸航空立即宣傳其與北歐航空的關係，以藉由北歐航空的商標印象來增加本身的優勢。

在PIMS的資料庫被用來研究此一觀點，如果一個投資組合中所具有的企業品質一致性高於一般的競爭者時，該投資組合應該會顯現出較高水準的結果，並優於資料庫內的平均值；相反地，一個低品質的投資組合相較於他的競爭者而言應會顯現出較低於資料庫中平均值的績效。研究資料證實，以下兩個假設（如圖33）有較高品質的投資組合會產生高於平均標準投資報酬率2.5%，而有較差品質的投資組合會產生低於平均標準投資報酬率2.9%。

優勢投資組合與不佳的投資組合（Flagship and Rotten Apples）

就先前所提，大部分人都是注意正向的綜效效益，而較少人去注意負向的綜效效益。由綜效的定義知道綜效可帶給企業正向或負向的效益，因此如果將企業單位分開獨立執行，也可能比其相互結合時，所產生的綜效來得更有價值，因此綜效就如同是劍的兩面，到底是要採用投資組合或是要採用多角化的投資方式，至今在許多研究上仍然無法清楚的劃分出來。

如果一個投資組合是由大部分高品質的事業單位和少部份的低品質的事業單位所組成，可以發現這些低品質的事業單位（爛蘋果，rotten apples）在執行上較其單獨執行時的效果來得好。但在此同時，雖然低品質的事業單位績效提昇，但卻使高品質的事業單位的績效下降，導致整體績效下降，其全盤效果是負的，大約下降1%左右，如圖33所示。

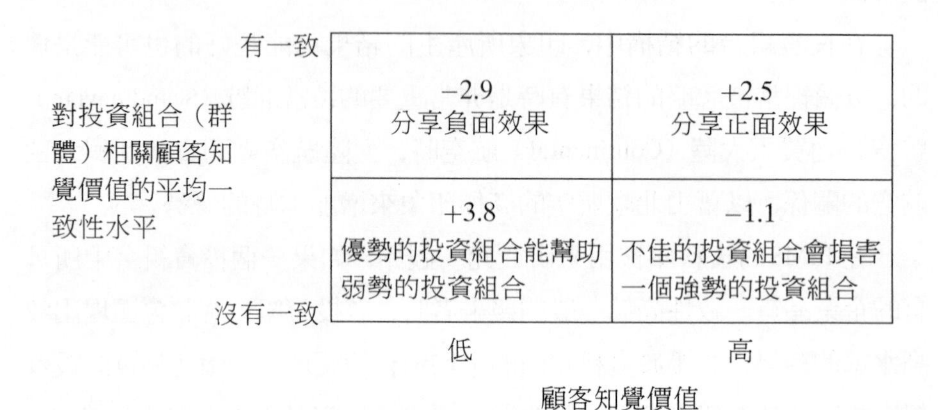

資料來源：PIMS 在投資組合上相關顧客認知的平均水準。

圖33 在許多企業單位的投資組合上，一個企業單位的印象能抹滅掉其他單位。PIMS 從其資料庫中已能夠證明這種觀念的傳佈。在一個最好的優勢投資組合群體能夠展現出高於以資料為基礎的平均值3.8% 的投資報酬率，甚至當其他企業單位處於貧瘠的顧客認知價值（如圖左下方象限）。再者，「不佳的投資組合」能夠去推倒一些企業單位內其他好品質的投資組合的結果（如圖右下方象限）。

反之，當如果一個投資組合是由大部分低品質的事業單位和少部份的高品質的事業單位所組成，可以發現這個優勢的投資組合（flagship）會提昇整個投資組合的印象。在此同時，雖然低品質的事業單位績效不佳，但因高品質的事業單位的印象將其他低品質的事業單位印象大幅提昇，導致整體績效上升，其全盤效果是正的，大約上升4%左右。

這些研究的發現，對投資組合產生了巨大的影響，也就是在評估投資組合策略時，必須以整體的角度來進行分析，而不要以個別事業單位的成果進行判斷，就不佳的策略投入高品質的事業單位而言，表面上其可靠高品質事業單位來提昇其獲利率，但事實上該策略卻影響到公司其他高品質的事業單位的績效。反之，優勢策略投入低品質之事業單位時，也會影響整體的績效表現。

例如以商標優勢做結合也是有關係的，如先前北歐航空與大陸航空的合併，如果北歐航空不與大陸航空合併而與Sabena合併時，Sabena的獲利率可能大幅提昇，但北歐航空則可能因其與此不佳的公司（rotten apples）合併而導致其獲利率嚴重下降。

另外例如富豪汽車（Volvo）接收荷蘭汽車廠（DAF），也是有名的商標轉換困難的例子，當時富豪汽車將其優勢商標用於荷蘭汽車場所出產的現行車種時，其獲利率並沒有明顯上升，其導因於消費者對該車款不良的效果所產生的負面印象尚未移除，直到該車廠推出新車款時，富豪（Volvo）的優勢商標才幫助該車廠，使其獲利率才逐漸上揚。

從這些例子中，我們可以學習到非常重要的思考方法，即企業單位不單只是利用產品組合，來增加產品功能去吸引顧客，並且要注意顧客對商標的認知與真實性結合所產生的印象結果。

如何來衡量藉由投資組合綜效所產生整體產能的附加價值是很重要的，但也要注意商標所造成的印象，另外「優勢」與「劣勢」投資組合的概念，對綜效的投資組合分析所產生的價值貢獻也是值得注意的。

以時間為基礎的競爭方式 (Time-Based Competition)

以時間為基礎所重視的是重要製程所需的時間，在90年代，耗費最短的時間方式被當成策略來制定，當時認為一個成功的公司能夠適時、適地提供適當的產品給顧客，並在製程調整之後，能使公司更容易制定決策、更快的新產品發展以及對顧客需求更具有敏感性。

更簡單來講，以時間為基礎的競爭方式，將運用更緊密的控制系統，使公司更具有經營效率、成本效率和重視顧客導向。由經驗上顯示製造公司較難達成市場導向的程序要求，因此以時間為基礎的競爭方式是一種良好的工具。

波士頓管理顧問群倡導此觀念，並受到許多管理顧問公司的採用。此觀念在研究下顯示以下四點：

1.當生產期間縮短時，其成本可以減少。
2.投資在產品品質之要求，可減少生產成本而並非增加。
3.當產品種類多、反應市場需求時間短時，可以減少成本。
4.如果能夠注意顧客的需求且給予更多的選擇，將會使需求大大的增加。

在此指出一些矛盾之處：較多的存貨或較長的準備時間並不能夠更精確的去滿足顧客之需求，反而使其精確性更差。資本合理化之後，儘管企業的營運步調增快，也能夠提供更多的動機與更多的工作滿足。關於對這些矛盾之解釋，簡言之，當需求產生後，工作應該是變得更有意義的，也就是所謂的「在太陽底下沒有新鮮事」；所有有利的事件，將再被發現並使其效果最大化。

對於存在於以技術為基礎的公司間之相似矛盾點，則較少被考慮。在十年多以前一個企管顧問公司的幕僚會被告知，將其重點放置在花費更多時間在公司內部觀念的建立與發展，並指出最能夠幫公司賺錢的人即常能為公司創造出新的觀念且能夠成功的去推銷公司服務。這些表面上看似合理的政策，常會招致反效果。假設中資源的競爭並不真正存在，或者是僅在一個非常有限的程度之下。

交易邏輯 (Trade Logic)

交易邏輯，有時是指產業的事業邏輯，對於企業的策略者了解特定產業的關鍵的成功要素有相當重要的幫助。簡要地說，交易邏輯的目的是要了解在特定產業中維持獲利力的關鍵因素。交易邏輯的了解可以讓你進行一個策略性發展的過程與更有效的策略分析。

交易邏輯是以下列五個問題的形式來定義。因為並沒有被普遍接受的定義，所以這個名詞的定義相當程度是視需要而定。

1.產生需求的需要結構之本質為何?
2.導致產品成功的功能因素為何?是否包含非理性因素之產品魅力?
3.產業如何被建構?
4.存在什麼退出與進入障礙?
5.該產業的成功關鍵要素為何?

問題三中的結構是指決定產業競爭種類與程度的技術與經濟性因素，其為產業的不同群體間動態互動的結果，也就是:

— 供應者
— 購買者
— 競爭者
— 替代性產品
— 中央政府與地方政府的影響力
— 新公司的進入
— 既存公司的消失

在評估風險及潛在利益的目的下，產業間變異可以用上述項目來分析。有時候評估產業的社會重要性是非常有用的，例如在100年前，蒸氣引擎的製造是很重要的，而在50年前，火車軌道則是非常重要。另外，只要電子產業持續成長，資料諮詢產業就會被看好。

交易邏輯的了解對於企業策略家是十分重要的。若其具有這種知識則在產業成功營運的機率大增。相對必須注意的是公司快速的發展，通常會讓管理者不能充分了解，而有效的執行工作所必要的產業交易邏輯。

近來的管理者都必須要認真的學習產業的特定成功要素，某些產業的邏輯模式因為極端複雜，故必須深入的分析才能了解。且管理顧問的最艱困任務也是了解顧客所處產業的交易邏輯。

商標 (Trade Mark)

商標是一個字詞、標記、符號或設計，其可以辨明某種產品或將公司本身及其產品與他人區隔開來。商標的重要性長久以來一直被低估，特別是在製造業。商標如BMW、ICI、IBM，其本身都含有很高的價值，因為他們可以影響潛在顧客對於這些公司產品各種表現的認知，因此商標與印象有相當的關係（外在世界對其實際的認知）。

商標的功用就是協助行銷（創造需求），藉由強勢的商標，一個公司可創造需求（對該公司產品的消費需求）而不需要昂貴的行銷費用。

其他表達的方式是消費者對於品質的預期是建立在商標上，這會產生兩種結果:

1.消費者要求產品或服務，是因為他們的預期是由耳聞的第一手經驗所產生。

2.若商標引起的預期高於產品的實體，則很容易導致消費者失望。

商標在注重科學與理性管理的時代被忽略，他們對於行銷的影響並沒有充分的被了解。舉例來說，儲蓄銀行忽視其可被強烈聯想到日常儲蓄的商標。從前大眾將他們自己的錢儲存在儲蓄銀行一輩子，事實上儲蓄銀行現在已經改變了他們本身具備的功能。故近來商標的重要性已經再次受到重視，且成為企業策略的優勢來源之一。

商標會對企業產生兩種影響:

1.他們可以創造需求，且因此對於行銷有無價的幫助。

2.他們的印象引起必須被滿足的預期。

印象（外在消費者對於現實的認知）的概念對於消費者對商標的反應有強烈的影響力。

當人們聽到一個商品名稱如Fiat、Mercedes、SAS或Aeroflot會產生一種聯想，使顧客預期其產品為高水準的，因此建立與維持一個商標是企業管理的一個重要部份。而這件工作可以藉由徵詢顧客意見與維持營運活動的品質而達成。

若你在一個龐大的組織內職掌一個功能部門，則你必需仔細的了解組織內其他成員心中對於本部門名稱的聯想為何。

在下圖中，我們將介紹幾個在瑞典知名的商標:

ALFA-LAVAL

圖34 有關商標的一些例子

價值觀 (Value)

顧客認知價值是一種過去流行的詞彙，在1970年代晚期的激烈的競爭氣候下被賦予全新的生命，也有其他的字詞來形容這個相同的觀念，但它是企業發展的基礎概念。

不論你賣甚麼或提供甚麼到市場上，也不論你是一個政治家、生意人、貿易公司老闆或是一個復興宗教的領導人，你都必需提供給人們（我們姑且稱之為你的顧客）一種具有價值的產品或服務的訊息，為了得到此價值，顧客必須付出代價以為交換。

圖35中的縱軸表示提供的價值，橫軸表示顧客所需支付的成本(價格)，而深色對角區域代表其支付金錢所應得到的價值。消費者在此帶狀區域較低的左方代表所得的價值較低，但也只需支付相對較低的價格。在此區域內我們發現消費者所買的便宜的小車，大多為Ford、Renault、Fiat或 Volkswagen所製造。

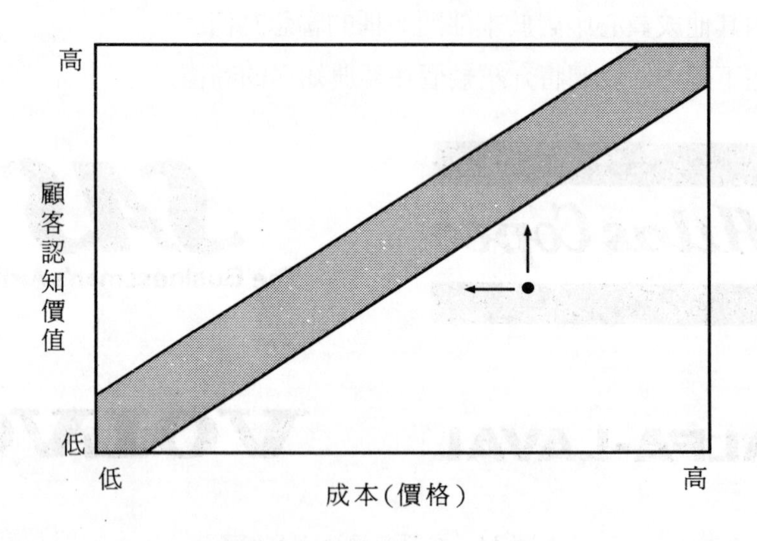

圖35 價格與價值之間的關係。這張圖表顯示出了一樣產品的價格和顧客對此產品所期望的價值之間的關係。圖中深色條紋部份表示顧客對欲購買的產品所願付出的金錢，隨著所願支付金錢增加所產生的價值認知漸高。

在帶狀區域的右上方代表消費者得到很多價值，但也支付了很多金錢，他可能購買像Mercedes-Benz、Saab 9000CD或Rolls Royce此類的汽車。在有許多競爭性商品與服務的產業都可以這種方式進行分類。

在此圖的左上角，消費者得到的價值比支付的金錢還要多，他們所得到的差額乃是透過議價的過程而成。此區域內的廠商通常會增加他們的市場佔有率。事實上，在任何一個產業中，不同公司所提供的產品在價值圖上都有一均勻的分佈。有些公司的產品，在同樣的價格之下，比其他公司的產品更有價值。

若有一個公司的產品處於圖的右下角，則其處境堪慮。他的產品被認為並不值得其定價，而且消費者認為付出的金錢超過所得到的回報。

在圖右下方有一黑點即代表此種情況，兩個箭頭代表產品在此點時所能採取的改進方法。一般公司會採取向左移動的策略，也就是管理其資源而將成本及資本合理化，使其價格降低而增加競爭力。

另一種改進的方法則是向上移動，也就是增加產品的顧客認知價值，而使其回到深色對角區域之中。這種方法有一些困難點，那就是會有一些商業上的風險以及不易以數學模式來計算。企業必須將顧客認知價值量化來計算，這和資源管理的方法是完全不同的。

價值分析（Value Analysis）

價值分析在50年代早期就已經存在，學者以不同的方式來稱呼它，例如:

1.價值論（Axiology）
2.功能或成本分析（Function/cost analysis）
3.價值工程（Value engineering）
4.逆工程（Reverse engineering）

價值分析起源於製造業，其想法簡而言之就是在考量消費者效用之下，使所有的功能最大化。

價值分析是在40年代末期，由通用電子集團 (GE) 所發展而來，其採購主管 H. L. Erricher 提出透過改變及改進功能部門和產品成本間之連結關係，以促進物料的流程和生產，換句話說就是達到較高的價值。後來通用電子公司的巴爾迪摩的分部委託 Lawerence D. Miles 發展一套數量方法，而這套方法後來被稱為價值分析，Miles 因此被認為是價值分析之父。而價值分析可以被簡單的定義為系統性與創造性的設計產品或服務，一旦如此其效用函數將有效的把所有可能的成本最小化。

這裡所用「價值」的專有名詞，其意義為顧客由產品或服務的功能與屬性中所得到的效用（$U(f)$）除以獲得這些功能的使用所必須犧牲的金錢支出（$C(f)$）。

數學上這種關係可以下列函數表示:

$$V = \frac{U(f)}{C(f)}$$

在這裡 $U(f)$ 表示效用的函數，$C(f)$ 表示成本函數，而分子與分母以相同的單位衡量，若效用增加則價值也會增加，相反的若成本增加則價值下降。

效用可以被分解成產品或服務屬性的函數。Prisma 在 1970年幫 Erik Olsson 和 Ulf Perning 發行了一本有關於價值分析的書，書中把效用函數分成三個構面:

1.根據本質
2.重要性的順序
3.視需要而定

這種分類是指將有用的函數細分出來，換言之這些效用的觀點就是使產品符合實用上的目的並且具有吸引顧客的功能，也就是說其屬性就是要使產品被需要、使人想獲得或是擁有。

依重要性來排序是最重要的構面，其為價值分析的基礎，Miles將函數分成基本或是輔助的。

視需要而定的分類是一種在現代市場分析中穩定發展的概念，其表示產品或服務的函數是依據既定情況下的特定條件，最粗略的分類就是區分成必要的與非必要的函數。在許多個案中，我們可以發現許多不同的選擇，因此必須擴充範圍以包含負面或不需要的函數。其可以進一步

程序上的步驟 計畫的階段	現有情境的收集		定義問題（依功能性劃分）設定目標（評估功能）			設計考量與評估不同的解決方案				決策與實行	
執行								[G1]		[I]	
概念評估							[F]		[H]		
腦力激盪						[E]					
分析			[B]		[D]						
發現事實		[A]		[C]				[G2]			

資料來源：瑞典金屬製造業協會。

[A] 基本

[B] 功能

[C] 更多的事實

[D] 評價

[E] 概念

[F] 評估

[G1] 處理

[G2] 更多事實

[H] 選擇

[I] 執行

圖36 價值分析的實施計畫。問題以系統化的方式處理，一個步驟接著一個步驟：發現事實、分析與分類事實和問題、價值關係的建立、適當的發展不同的解決方案、客觀審查與取捨、選擇以及施行最佳的方案，此一計劃有五個階段：發現事實、分析、腦力激盪、概念評估和實行。

用來修改附加價值函數的範疇，換句話說這些並不是必須的，但仍希望能盡量做到。在後面的例子中我們會再介紹此點。

價值分析逐漸獲得領導人與顧問們的熱烈探討，就如前幾年內部行銷與公司文化的幾篇論文一般，儘管其內容複雜，但仍舊被推行至有形產品的推廣。價值分析和一般學說所不同的是，由於過去較缺乏以顧客的效用來評價產品或服務，因此價值分析可以使領導者朝集中在不同現象的階段前進，現代的方法提供了過去從來不曾存在的機會。

價值分析的基本架構是由瑞典金屬製造業協會所起草（見圖36），此圖是出自 Nils Lundqvist 和 Rune Fridlund所寫，瑞典金屬製造業協會所發行的《功能性成本分析》（*Function Cost Analysis*）一書。

價值理論 (Value Theory)

有三種價值在企業裏是很重要的:

1.事業部門對顧客提供價值的創造
2.投資組合中每一事業部門的價值
3.整體投資組合的價值超過個別事業單位價值的總和

當我們思考價值觀的命題時，必須追溯自很久以前亞理士多德注意到的一個問題，而這個問題經濟學家也思考了相當長的一段時間即:「為甚麼實際上最有用的事情，其市場價值卻最低，而某些最不重要的其價格卻最高」。

一直到19世紀許多的經濟學家開始相信與了解使用價值與交換價值間的區別，食物與飲料是有用的，但卻較便宜。然而絲綢與鑽石較不實用，卻相當的昂貴。

亞當斯密（Adam Smith）也遭遇到相同的問題，使用價值與交換價值的迷思一直未獲解決，直到經濟學上邊際效用的發現，這個專有名詞指出最需要的用途便決定了價值。

因為水資源非常豐沛，故其效用價值低。而鑽石的價格高，是因為其稀少性。我們可以想像如果在一個荒涼的沙漠中，我們將很樂意的用最燦爛華麗的寶石來交換一杯水，因此稀少性可以創造價值。

亞當斯密藉由價值勞動論來解答此一問題，他簡單的說明資產的價值是由可以被交換的勞動量來衡量。

古典經濟學家從成本面來處理這個問題，他們以勞動成本來解釋任何事情，另一方面新古典學家認為效用才可決定價值，而且效用事實上為解釋個體經濟關係系統的關鍵要素。

邊際效用的理論就如許多突破性的概念，出現在大多數人都未能接受的情境下，發展這一套理論的經濟學家是Herman Heinrich Gossen（1810~1858），Gossen 在其一本著作裏發表此一概念，不幸的是銷售狀況並不理想，因此他將其餘未售完的書收集起來並將其焚毀，不久之後抑鬱而死，完全沒有料到自己日後會備受推崇。

邊際效用的本質可以解釋成：「物品的邊際效用是由最近購買的一單位物品所產生的總效用或滿足感的增量。」（Richard T. Gill, Modern Economics）以下是此一理論的兩個重要結論：

1.邊際效用遞減法則是闡述當特定產品的消費增加，消費者的邊際效用遞減。
2.消費者傾向分配購買產品，以達成最大的效用，此時購買單一產品的邊際效用等於購買任何其他產品的邊際效用。

價值理論與供需法則有許多共同的地方。

垂直整合 (Vertical Integration)

垂直整合意指市場交易經由自身內部的交易所取代。

垂直整合就如多角化，一度曾在企業管理上風行一時，雖然他已在幾十年前渡過了受歡迎的顛峰期，最典型的例子就是一家美國的縫紉公司 Singer，其曾經在某段期間內整合了所有的生產過程，從基本的原物料（如木材與鐵礦）一直到已經完成的縫紉機，但是大多數的產業現今都已逐漸的減少整合的程度，較少自行生產產品的所有零件，取而代之以向外部供應者購買零件者較多。

理論上所有的功能部門都可以像獨立的公司一般地運作，你可以將電腦部門、工廠、銷售部門或其他的管理設備部門拆散。在垂直整合中必須決定是在公司內部生產產品與服務，或是由外部取得這些所需。

這些決策和投資決策一樣，奠基在判斷內部生產與外部購買何者會更為有利，但是這些決策不僅僅是利益面的衡量，同時還有更高層次的策略性的考慮。

深度垂直整合（advanced vertical integration）的缺點與時俱增，通用汽車底特律分部的管理者就深深為其所困。通用汽車是世界性的汽車製造商中垂直整合程度最高者，內部提供的產品與服務佔一臺已完成的通用汽車價值的65%，舉凡傳動裝置、變速箱和引擎都在通用本身的車廠中製造，由於其過度相信規模經濟因而遭到顧客的控告，理由是在其購買的別克汽車中發現雪佛蘭的引擎，那些購買者並沒有做好準備以接受雪佛蘭的引擎裝在別克車上，通用汽車秉持著合理生產的理念，因而犧牲了其差異化。而這樣做的結果是顧客的認知價值受損使其市場佔有率連帶下跌。

一般看法是市場交易較內部交易更為有效率，這就是為甚麼公司會縮減人員，因為他們發現他們可以經由購買外部的服務以更有效的發展與改善生產。中央極權的組織的本質，會使其錯估本身的力量，因而堅定的相信所有的生產過程都可由自己獨立完成。另一方面更具開創性的組織表現出完全不同的傾向，因為其藉由從其他公司購買所需使其價值鏈更為有效。

下列為深度垂直整合的缺點:

1.因為排除市場力量，因此他們的修正行動並沒有產生實際的效果。
2.其會使組織試著導入輔助的要素，但是此舉會扭曲競爭狀況，並且遮蔽問題（rasion d'être）。
3.由於其摻雜人為議價力量，有違自由市場的本質。
4.其會創造相互依賴的關係，因此若任何一涉入部門面臨困難，則全體都將遭遇危機。
5.被保障銷售所吸引的市場，會引導組織至不正確的故步自封的保護觀念。
6.保護的觀念會鈍化組織競爭的意願與能力。

錯覺（Illusions）

即使時至今日許許多多垂直整合的個案都是自我矇騙或錯誤信念的結果，最尋常的謬誤就是相信可以經由生產鏈的某個階段裡的優勢來消除競爭的情況，下列出了一些廣泛存在有關於垂直整合的一些錯覺:

1.在生產過程的某階段中良好的市場地位，可以移轉到生產過程中的其他階段，這個信念通常會在瑞典消費者共同合作運動及其他集團企業中導致不良的投資決策，因而受到上述所有缺點的打擊。

2.內部交易將縮減銷售人員、簡化管理，而且也將使買賣交易的成本更為便宜。因此經濟規劃者的傳統信條即為集中控制是必須的，而自由市場力量是被嫌棄的。

3.我們可以經由買賣合併在其生產過程前後的價值鏈來拯救一個策略上弱勢的單位，這種作法在特殊情況下的案例應該是可行的。但是這種情況非常稀少，每一個產業的邏輯是以其有利點為判斷基準，而且運用上除非是從事多角化以分散風險，否則無法應用。

4.產業的技術知識可以幫助在上游或下游生產過程中取得競爭優勢，這也許是事實，但是必須適當的審視這些優勢，以確定這些邏輯並非謬誤。

有很多的例子藉由打破垂直整合的結構，以達成獲利力的戲劇性增長。這就是為甚麼企業會朝向整合性程度較低的方向發展，汽車製造商運用自己的配送線運送他們的汽車至外銷市場，並不會較雇用外部運送公司的成本更低。同樣地他們自己製造變速箱，也不會較專業的變速箱製造者更便宜。諸如此類的例子實在是非常的多。

在科技主義時代，為甚麼垂直整合如此受歡迎的原因之一，就是規模經濟，規模經濟的證據是有形且可計算的，相反的，較小規模的優點，例如企業家精神、競爭導向是很難以數字明白表示的。

在某些特定的個案中，垂直整合有明顯的優點，特別是關鍵資源的掌握是可以產生競爭優勢的，在那些個案垂直整合是有幫助的，其優點如下：

— 生產過程協調順暢將有助於增加較佳控制的可能性。

— 藉由向前整合以便和最終使用者做較緊密的接觸。

— 使關係更為穩定。
— 獲得產業中具決定性的專業技術知識與方法。
— 確保必須的產品或服務的供給。

某一家歐洲大型的旅行社被旅館企業整合，以便在旅遊名勝地區建立渡假村。這個例子即為透過旅行團以提供假期的便利，此即為策略上的優勢，其他的案例如：聯合航空投資旅館及Ikea的向後整合，自家俱銷售一直到產品設計與計劃，但為了平衡，於是將生產過程中的最後一個步驟，即家俱的安裝交由顧客自行組裝。

垂直整合通常是被自我膨脹的動機所誘導，因此當你正在考慮垂直整合的時候，請務必小心的審視你的動機。

願景 (Vision)

願景是一種夢想的概念，其可用來描述所有者或管理者期望在可能最好的情況下，企業在不遠的未來的發展程度。願景提供企業想要達成夢想的基準，而且可以作為策略規劃雄圖的指標。

願景在現代企業的改變過程中，正扮演著越趨重要的角色，這個名詞和企業主的行為與抱負有很大的相關，這也是其越趨重要的原因之一。

願景的目標之一，即為設定未來目標達成的標準，以便和現行的績效做比較。也許願景最重要的目標就是賦予工作有意義的內涵，因而創造激勵並使得公司全體上下都能參與，進一步來說願景相較於量化的目標而言，是公司目標組合裏更為擴散的元件，願景永遠不需要被實現，但是當結果達成時則可以且必要加以修正，Hickman與Silva（1984）將願景作如下的描述：願景是從已知到未知的心智上的旅程，其結合現行事實、希望、夢想、危險與機會，以創造未來的願景。願景也可以說成將企業文化與企業相連結，創造員工個人績效價值的共同標準。

願景與策略間的關係
（What Is the Relationship between Vision and Strategy）

因為有許多的管理觀念重複，因此了解願景與策略間的區別是很重要的。

願景與策略重疊是因為這兩種名詞都在描繪企業需要的未來，但是願景較策略長期而且更為廣泛，無論如何策略一般包含未來計畫的細節，以及預期的結果，願景則較不明確。另一方面願景著墨較多於何謂未來，以及未來中何者對於組織及在組織中工作的人們而言是重要的。大多數的企業策略是根據於外部情境與事實的客觀分析，以及內部的強弱勢而設定的，但是願景則根據較不具體與無形的環境，相反的較專注於激勵性的問題，諸如組織中人們的需要與抱負與組織在社會中扮演的角色。

組織的領導者應該要同樣重視策略與願景，前者並不能取代後者。

零基規劃 (Zero Base Planning)

零基分析對於著手處理特定活動的基礎提供了一個根本的方法。

零基規畫肇始於一張空白表格的紙張，並且每一個活動都要被檢定以便決定其重要性，此一方法有兩個重要的功能:

1.診斷：其重視各事業單位每項任務的存在理由。

2.動態：其可以使其他的方法，諸如基準法或內部需求法轉換成實際的行動。

此一方法據說源自於卡特總統的幕僚，目前已廣泛的流傳而且被許多的顧問公司所使用。

它對於任何一項活動都沒有偏見，並且徹底的探究是否某一活動是必須的。缺少徹底思考通常是改進效率的最大阻礙，而零基方法正好彌補了此一缺點，因為其鼓勵打破固習且鼓勵創造（以革新的方法重新整合既存的知識元素），此法的步驟可以摘要如下:

1.將每一功能分解成數個可管理的活動而且定義每一活動的目標。
2.依序考慮每一個活動和刪除此活動會造成的後果。
3.以不同程度的服務，思考將活動組織起來的不同方法，此步驟應該包含自行製造或購買分析（make-or-buy analysis）。
4.估計各項代替方案的成本與收入。
5.估計組織或製程發生重大改變的風險。
6.以數量表示分析的更新與成本縮減的成果。

零基規劃的目的在於藉由去除不必要的作業，並且致力做正確的事情以促使資源達成更有效的利用。經由購買或自製分析與考量不同的方案，也可以正確評價事情是否正確的執行，在此過程中的步驟可能將視所遭遇的情境而適時的改變，就如研發部門提倡某種程度不同的順序過程。

零基預算也有其缺點，就是過度強硬與徹底的導向，類似的現象也發生在組織診斷中，當人們有機會對其聽眾發表他們的見解，他們並不見得會害怕，相對的會去誇大與高估實行零基預算而導致節省成本的可能性。

零基預算是為了避免一種非常普遍的現象，那就是部門只靠供應商的推式供給，而非顧客的拉式需求來衡量其功能。就如同在其他的例子中，必須要打破效用與非效用間適當的平衡。

在個人的經驗中，若存在某些更為客觀參考依據則此時零基預算最為有效，而不是僅判斷某項作業是否為必須。因此我傾向於將零基預算視為成本減縮的工具，而非診斷的工具，例如：成本減縮的架構。我並不是在貶抑零基預算，只是在指出特殊條件下的特定用途。

模　型

安索夫產品／市場矩陣 (Ansoff Product/Market Matrix)

在 1950 年代末期與 1960 年代初，長期的預算方法如長期規劃，逐漸的轉變為策略規劃、策略管理與策略思考。策略規劃一般是奠基於控制某些參數，如產業趨勢、通貨膨脹與物價變動。

在那段時期使用作業分析的數量模型以最佳化未來的情境，這些模型包括線性規劃、蒙地卡羅模擬等等，在 1960 年代幕僚人員被教育成運用數量方法與競賽理論在實際狀況之中，並且利用一連串的參數來描述實際情形。競賽理論與決策理論就是他們思考的基準。

伊格爾安索夫（Igor Ansoff）是企業策略學派的第一個代表性人物。而企業策略學派是 1965 年他第一本發表的著作的名字。他介紹了競爭優勢、產品／市場矩陣與競爭定位，依安索夫所言，競爭優勢包括了如：原始物料的生產與控制、配銷網路、財務資源與研發等。

安索夫創立了很多的矩陣與模型。就如許多其他的策略家一樣，他看起來像是個工程師，這或許可以解釋為何他的理論都具有高度結構與量化的特性。他的產品與市場矩陣原先是為了用來作為形成多角化成長的策略工具。

市場／產品	既　存	嶄　新
既　存	經由滲透而成長——增加市場佔有率	經由市場拓展而成長
嶄　新	經由產品研發而成長	經由多角化而成長

圖 37　此四個領域的安索夫矩陣正說明對於企業成長的典型策略

安索夫是分析策略學派的創立者之一，此一學派倡導環境與現實的分析可以導致最佳的企業決策。決定論這個字眼在這裡的使用上是與唯意志論相反的，唯意志論對於人類的自由意願與志向有決定性的影響。分析學派相對於當代的觀點是較為技術性的，所謂的技術性是表示當人們處理技術與經濟問題時是絕對的理性，而且不會因為他人、環境或文化價值而稍做退讓，分析學派的代表人物嘗試著建構一個模型與技巧，而其可以將分析與結構分開並且從行動與執行中思考。

稍後安索夫的矩陣被擴充至九個項目，圖 38 即為展示此一矩陣。

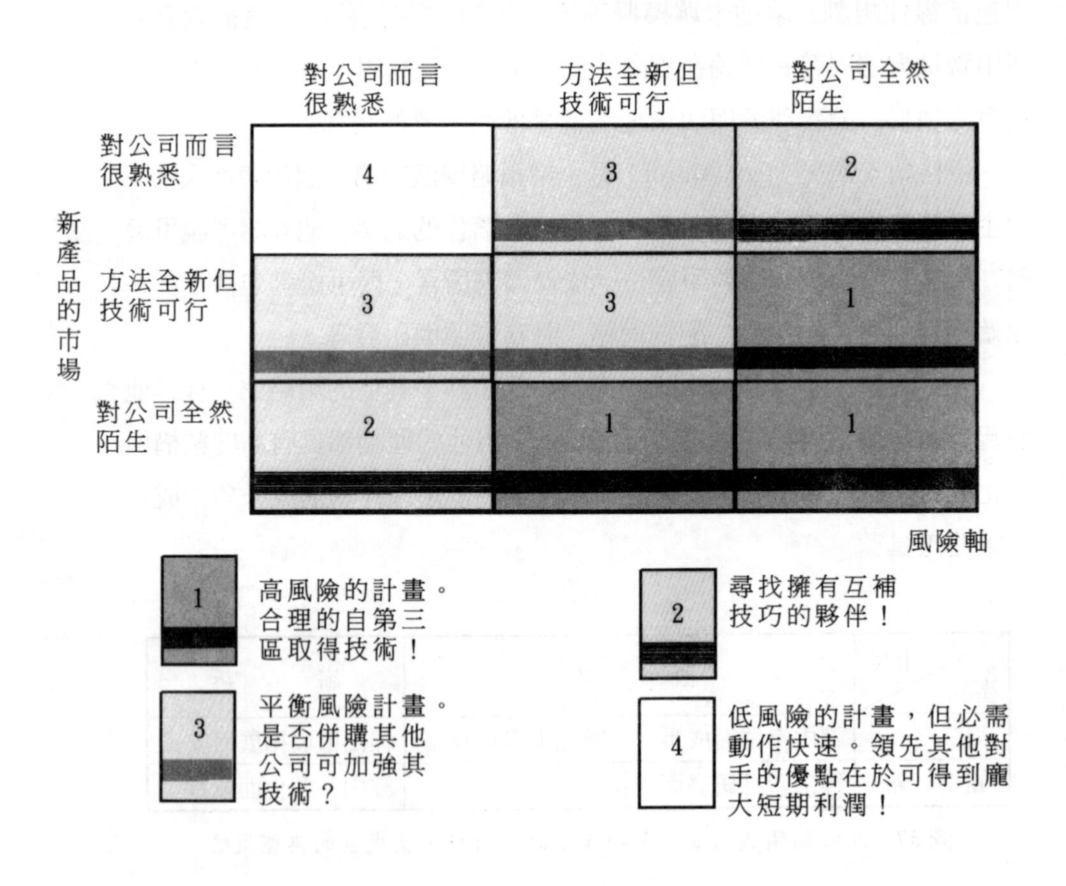

圖 38 安索夫矩陣是被使用在一些不同的背景關係中。這張圖表舉例說明了對於產品發展計畫所擬定策略的風險和選擇。

分析學派主要集中於不同種類的投資決策，其可使一公司相對於其顧客與競爭者而建立其定位，因此可以供作投資決策的考量因素。

BCG（波士頓）矩陣（BCG (Boston) Matrix）

60 年代末期，布魯斯韓德森（Bruce Henderson）也就是波士頓顧問群（BCG）的創辦者，發展出一個投資組合矩陣，而此一矩陣對於企業界產生了深遠的影響。

第一個觀念就是經驗曲線（Experience Curve），其是由較早的學習曲線（Learning Curve）所衍生出來。學習曲線假設員工生產力的增加是取決於員工從事於特定作業的次數。

學習曲線擁有很多的內建的臨界值效應，而這些是經驗曲線所缺少的。而後者認為每一次作業的重複，執行的成本將降低大約 20%。而這表示當銷售量的規模加倍，銷售成本將減縮 20%。此一看法同樣可應用於訂貨處理、開發票與生產步驟等。

有關 BCG 矩陣的第二個基本概念就是與最大競爭者相對而言的市場佔有率。經驗曲線融入了 BCG 矩陣的相對市場佔有率與生活週期曲線的概念。此一矩陣是以不同的動物符號以代表不同的情境：狗、野貓、問題兒、明星與金牛，這些專有名詞使這個矩陣被戲稱為「BCG 動物園（the BCG Zoo）」。

若我們觀察這個矩陣的四個象限，且試圖去預測未來 3 至5 年的現金流量，則我們可以看出某些特定模式。狗或明星事業應會有最小的正或是負的現金流量，而金牛事業會產生大量正的現金流量，野貓事業則會擁有負的現金流量。

在投資策略發展的早期，平衡現金流量是投資組合管理最重要的目標之一，這個理論認為資金應由金牛事業產生，而且應投資野貓事業以建立市場佔有並且達成較強的競爭地位，以便使其轉變成明星事業。一旦市場停止成長則明星事業將變成金牛事業。

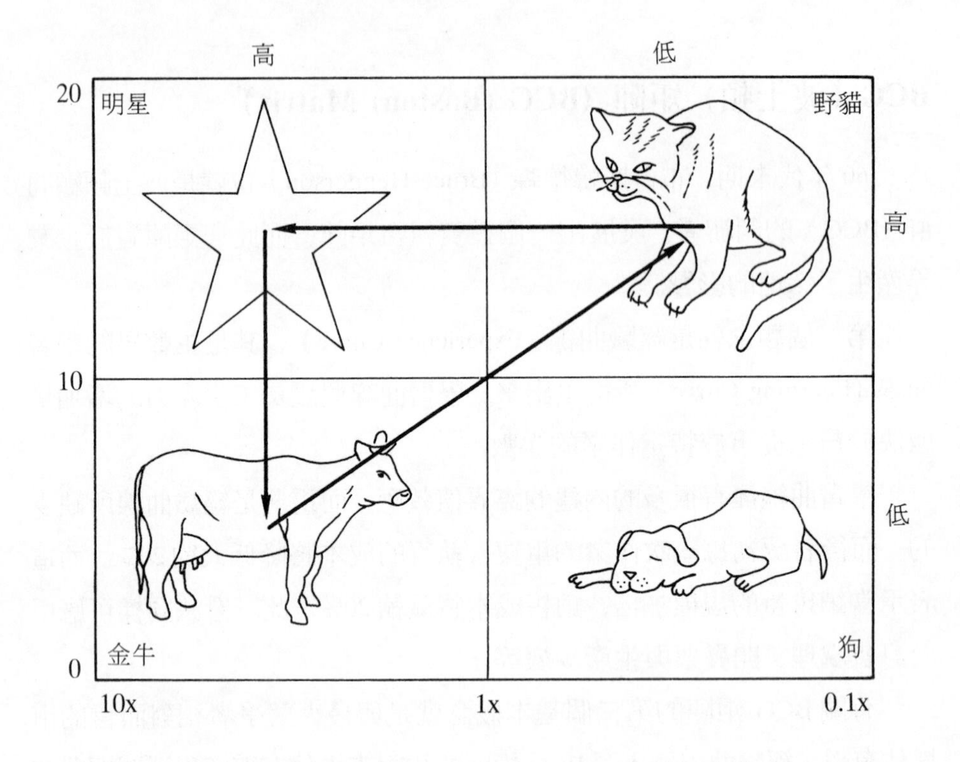

圖 39 波士頓矩陣因為其使用的動物符號而被稱為「波士頓動物園」。這裏的概念就是要在企業單位間平衡其現金流量：資金必須被投入於野貓事業，以獲得市場占有率與競爭地位。如此將逐漸使野貓轉化為明星事業，甚至是金牛事業。

BCG 矩陣背後的立論基礎是認為，最好的策略是當市場成熟時，必須具有壓倒性的市場佔有率。其思考邏輯如下：

1.當市場成熟時獲利率最大。

2.具壓倒性的市場佔有率將產生最大的累積生產量。

3.大量表示最低的製造成本（根據經驗曲線得知）。

4.低成本可以造成價格下降、市場佔有率擴大或者是邊際利潤的增加。

BCG 矩陣產生了重大的影響而且許多的美國公司運用它來評估事業單位。

BCG的競爭者很自然的也想進入此一領域；麥肯錫公司（McKinsey）與亞瑟迪李托（Arthur D. Little）都發展出了九個項目的矩陣以取代四個項目的波士頓矩陣。在下面章節中會再繼續做深入的闡述。波士頓矩陣曾經遭到許多的批判，接下來，我們以一些例子來介紹在這個過份簡化的模型中所存在的風險。

詹姆斯佛吉森（James Ferguson）是一個大型食品集團的領導者，對我們說出一個關於以知名的品牌麥斯威爾（Maxwell House）進入咖啡市場的實例，這個事業單位根據一般的投資組合分析技巧被歸類成金牛事業，也就是說其任務在於產生正的現金流量而非發展與成長。結果此一事業單位的管理階層在傳統咖啡市場受到過濾式咖啡壺與即溶咖啡的侵吞時，沒有採取任何行動而且幾乎喪失了這個傳統市場。

另一個例子是奇異（General Electric），其為運用投資策略的先驅。奇異運用投資組合策略管理是源自於60年代初期，但是他們已經認知到了此一技巧的限制危險。而成熟事業如電氣火車頭、照明等，在投資需求被發覺之前都一直是財務困難的。

理查哈姆馬許（Richard Hamarmesh）研究了BCG 矩陣的缺點後，提出若必須決定應售出哪一個事業單位時，早期的投資組合規劃方法是較有用的，但若你想要決定哪一個事業單位應該成長與發展時，就發揮不出其功用。在這篇著名的論文裏，理查哈姆馬許以這個主題提出一些相當好的建議。

1.不要以策略攪亂資源的配置，規劃並不能取代願景的領導。

2.密切的注意每一個個別事業單位的策略，而不只是整體的投資組合策略，因為這才是投資組合規劃的目的。

3.直線管理者應參予規劃過程。策略應該由直線管理者制定而非幕僚人員。

4.不要以策略思考打亂策略規劃，策略規劃的訓練有助於發展策略思考，但此二者並不相同。

第四點是受許多學者所爭議的，他們覺得嚴謹的規劃訓練，實際上將抑制策略思考。策略的發展必需具備創造力，所謂的創造力也就是以嶄新與革命性的方法，整合既存的知識元素的能力。嚴謹的訓練削弱了成員活潑與具創造性的思考，因此使得策略的效果大幅減弱。

在討論 BCG 成長／佔有矩陣的最後，讓我們看看霍華史地文森（Howard H. Stevenson）所作的摘要，其描述 BCG 矩陣的變數、測定方法與執行。

	理想準則	合理的概算	含　意
市場成長率	未來5 至10 年事業單位的整體成長率	過去事業單位的增加數量 過去資金的增加數量 未來事業單位與資金的增加數量	市場成長速度
事業單位的相對市場佔有率	當年度事業單位的生產數除以最大競爭者的生產數	每年銷售量或銷售金額 每年產量或產值	公司位於經驗曲線的位置、成本地位與獲利力
事業單位的規模	每年的規模生產百分比	每年銷售量或銷售金額 每年產量或產值	此一事業單位對於公司而言的重要程度

圖 40　BCG 矩陣：測定和解釋的變數和方法

企業週期 (Business Cycle)

圖 41 所顯示者為一具高度指導性的方法，其可以使基本的企業關係更為清楚。

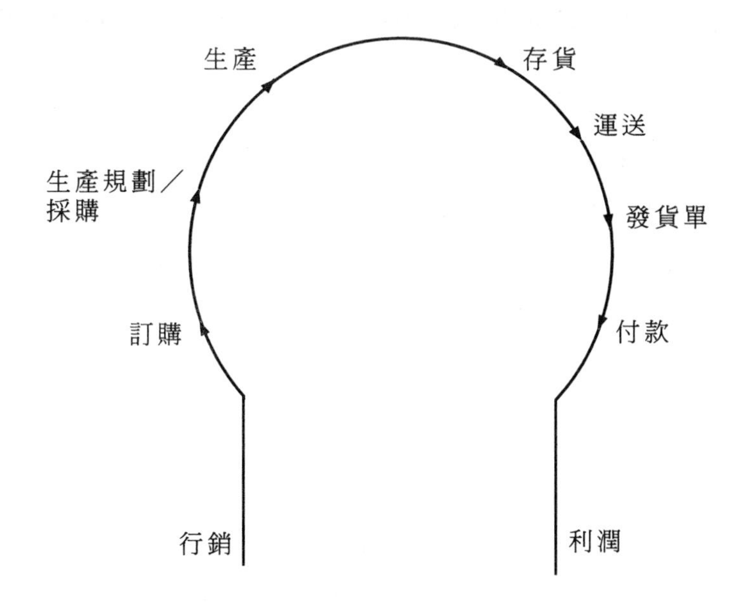

圖 41　企業週期。這張圖表可幫助讀者來明瞭企業的基本原理。

行銷可以視同如需求的創造，利潤通常是指資源所產生的報酬，在這裡所謂的資源不只是資金與成本，尚包括了專業知識與特殊技能等無形資源。

企業週期和企業管理的四個基本的功能間存在著緊密的關係。此一簡單形式結構的價值在於其有助於賦予複雜的組織與企業結構更為清晰的輪廓。企業週期就是功能部門間的互動，尤其要注意的是組織的設計與組成人員。在企業週期中的每一個功能部門都可以被分解成子功能部門。每一個公司都有為數眾多的功能性部門諸如人事部門與管理部門。

我們可以在圖 41 中添加個人的需要與正當的本質到行銷功能部門，我們也可以增加對於資金報酬的需要，如此一來可以作為激勵系統中的誘因。

企業流程再造 (Business Process Re-engineering, BPR)

在這個管理領域上嚴格的說起來有很多的專有名詞都代表著相同的事情，例如企業流程再造（Business Process Re-engineering）、企業流程管理（Business Process Management）、企業流序再設計（Business Process Redesign）、企業再造（Business Re-engineering）與工作再造（Re-engineering Work），以上所提是根據下列三點主張，並依據管理上系統化的觀點:

1.亞當斯密（Adam Smith）所提出的大量生產與大量消費已轉變成為以顧客所認知的價值為準則的時代，另一方面泰勒（Frederick Taylor）對於工作的分類也已過時。
2.資訊科技現在已經可以將原先為人力從事的工作予以自動化，不同的思考方式可以激發資訊科技所有的潛力，而且由此可以產生許多全新的方法。
3.過去策略主要的目的是將資源做最佳的利用，但是現在對於策略的觀點則傾向於為顧客創造價值。

當大眾需要貨品的供應時，很自然的我們會強調生產力的問題。大量消費控制著大量生產，且顧客所認知的價值並不是如此的重要。主要的任務只是提供顧客生活的必須，而且相對於價格而言，顧客比較不重視品質。計劃經濟的整個系統就是根據這樣的概念——規模經濟與全然理性的生產鏈，而完成整個架構的。

當你可以擁有三家最好的地理區分佈：西伯利亞（Siberia）、高加索（Caucasus）、烏克蘭（Ukraine）時，為何還有 68 家製鞋工廠在蘇聯？若不考慮顧客認知價值時，你可以只製造黑色和棕色的鞋子，因為主要的考量是要給人們鞋子穿就好。因此不必重複對不同式樣來進行採購、銷售或發展功能，而只注重能以長的生產週期來降低生產成本。

計劃經濟裡的某些缺點就是永遠無法達成高生產力的目標，甚至忽視顧客所認知的價值。在德國統一前東德的消費者必需等待六年的時間以購買一輛 Trabant，這種小貨車會產生大量的有毒氣體，雖然有規模經濟的幫助，但是不論是生產量或是生產力都不能達成。當東西德統一，而且東德的人民可以自由購買其他品牌的車子，Trabant 的製造商終於面臨結束營業的命運。若給一個自由選擇的機會，沒有人會想要購買 Trabant 的車子。計劃經濟的矛盾就在於完全不是產能的問題，而是客戶完全沒有購買的意願。

第二項主張是關於資訊科技所包含的機會與尚未完全發揮的潛力。許多研究已證明包括資料處理與通訊連結的資訊科技，其與商業活動在某種程度上是無關的。企業管理者與資訊技術專家不只是要在高度創造性的水準上相符，也就是其必須充分利用資訊科技所有的潛在優點。

資訊科技專家對於商業的認知太少卻被強迫面對企業管理者所寫的規格，而企業管理者對於資訊科技的可能性也了解不清，以至於不能有效使用資訊科技，而對於舊有的問題提出徹底的新的解答。BPR 的雙重來源就是資訊專家認知到企業的流程可以用不同的方式建構，而當代的企業策略家則把價值鏈視為流程或是程序。

不容置疑的資訊科技與現代企業策略的界面存在很多隱藏的可能性，但就如在許多有趣的研究領域，知識被以不同的方式傳播因此很難做全盤的整合，企管策略是難以想像的複雜與多重構面，資訊科技同樣的也是不可思議的複雜而且需要高度專業化的知識，故要統合所有領域的知識並不是一件簡單的任務。

第三項主張則直接的產生在企業策略的領域內。價值鏈是企業與組織系統化的看法和顧客認知價值的基本觀念。所有合格的 BPR 就如一個方法可以達成所有組織活動的目標，而價值鏈的觀念就是產生某些事務而其價值大於生產的成本。

為甚麼從原物料的價值增加或顧客滿足的概念已引起注意的原因之一，即顧客變得更受重視，且另一方面市場交易比內部交易更為重要。朗諾寇司（Ronald Coase）以其有關公司興盛與衰敗的起源與原因之著名論文贏得諾貝爾獎並非偶然。一個系統性方法架構且其目的在於顧客滿足的價值鏈，是企業策略的基本層面。此資訊專家知識的互動，會產生較大的生產力與較大的顧客滿足度，因此 BPR 因而誕生與興盛。

企業流程再造（BPR）的意涵（What does BPR Mean?）

BPR 視公司為一個整體的系統，而其功能必須根據顧客的要求及需要，以盡可能有效的增加產品或服務的價值以較他人能更為有效的提昇顧客滿足感。

此概念是去辨明與排除重複的努力、不具生產力的時間、不必要的工作和妨礙傳統的組織的其他無效率的事情。這樣的結果是改善組織內部既存的流程或是採取徹底的零基預算。

流程因而可以被定義為一連串活動的結合來滿足顧客。以下列出幾點應該注意的地方:

1.以企業目標與成功的因素為起點。

2.過程可以被區分為三個種類：核心企業過程、支援過程與管理過程。

3.效率圖的兩軸如價值與生產力都應該包含在內。

4.BPR 排除了功能形式（部門化）組織所造成的不連續性流程。

5.BPR 與精簡或是重構是不同的，其是指以較少的資源達成更多的目標。

圖 42 指出 BPR 的法則，傳統的企業功能在水平方格，而程序則為垂直的箭頭。

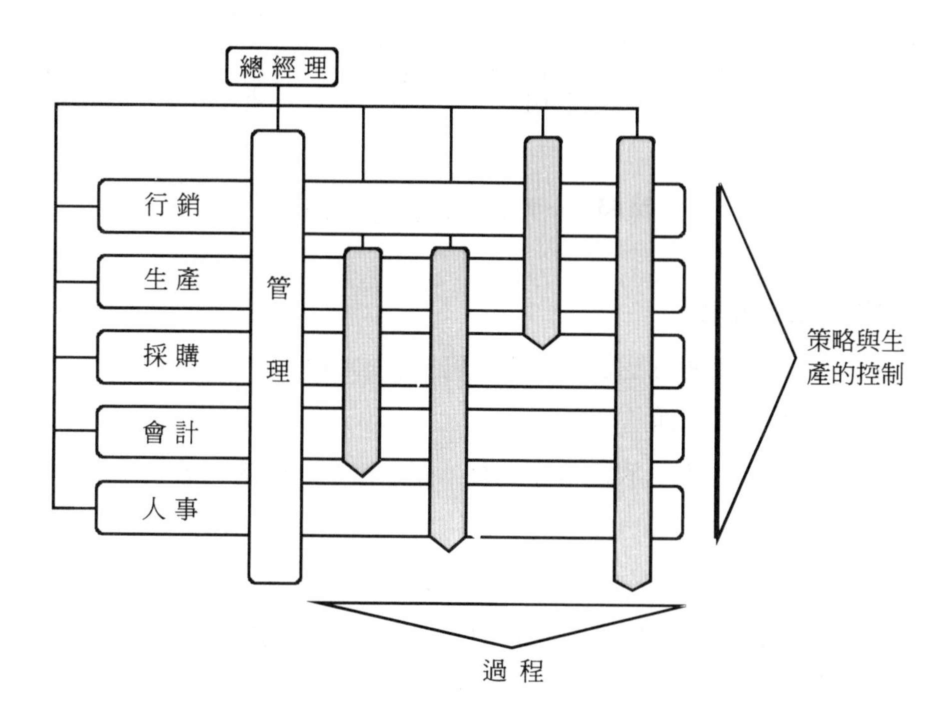

圖 42　概要說明關於過程如何橫切過功能性組織線

有好幾種模型可以作為 BPR 的指導，就如許多其他案例，主要重點在選擇有多少邏輯關係應該被分解，若不考慮步驟或階段的數目，則 BPR 的目的在於透過排除重複、無效率時間（Dead Time）和無附加價值活動，以提昇生產力與強化顧客認知價值，這個概念不但可以更快速的工作而且更為靈活。

圖 43 所顯示者為卡洛夫（Karlof）與派特諾（Partners）所發展而來，這個模型實際上並沒有與其他人所使用者有何不同，以下列出其步驟，每一步驟並有幾個檢核點。

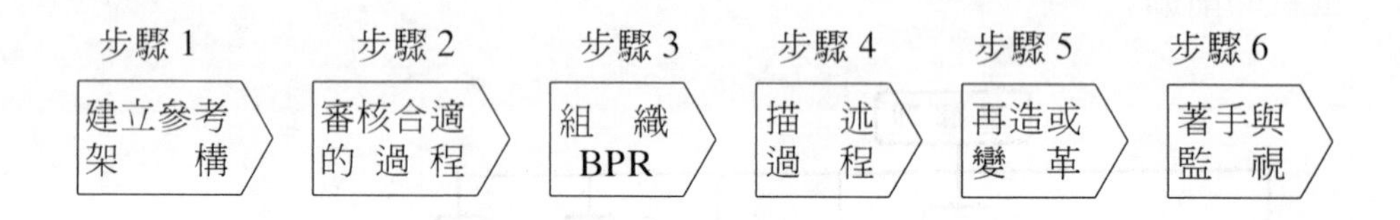

圖 43 企業流程再造的 6 個步驟

步驟 1 參考架構

1.必須確定朝可能是顧客或市場的需求的方向前進。

2.嘗試利用先前的經驗。

3.BPR 並不表示放任幕僚人員，而是需要直線管理者的參與。

4.經由分派不同的角色給不同的利益團體如：過程擁有者（Process Owner）、過程大權獨攬者（Process Czar）、工作群體（Work Group）、控制群體（Control Group）、參考群體（Reference Group）等以組織工作。

5.基準評比法（Benchmarking）為從表現出色的例子中獲得啟示與資訊的來源稱之。

步驟 2 審核適當的流程

1.組織本身通常知道哪一部份的流程並未充分而有效的運作。

2.某些問題很明顯是由流程的不連續而產生。

3.某些過程對於競爭獲利力和成功是特別的重要。

4.某些過程在關鍵成功因素中有較大的影響。

步驟3　組織BPR

1.BPR 的成功需要有一個強勢與全心投入的領導者。

2.過程擁有者（Process Owner）可以從參與的人們中選出，此舉的效果應該比較好，因為選出的人都實際從事作業的過程。

3.過程大權獨攬者（Process Czar）的角色，大都由組織中某些知識的根源所扮演，其可貢獻經驗與衝力（impulse）。

4.公司內通常有好幾個功能性部門加入，而所有的部門皆以工作群體的方式代表。

5.雇用諮詢的顧問是很有用的，因為他們具有公正的精神與專業知識。

6.控制群體（Control Group）制定決策且提供持續不斷的支援，他可以被比擬為公司的管理階層。

7.參考群體可以被視為議會，其可調解爭議、設定溝通網路等。

步驟4　描述過程

1.使用有效的繪圖技巧劃出現行過程的實際情形。

2.試圖取得大家一致同意的現行過程的本質。

3.分析不連續與其他不規則的情況。

4.定義過程的輸入與輸出、消費者與供應者。

步驟5　再造或變革

1.使用有效的方法如：零基規劃（zero base planning）、基準評比法（benchmarking）、資訊科技（information technology）。

2.集中於過程中的消費者。

3.勾勒一大家都認同的完美流程。

4.設定新流程的目標與衡量績效單位，然後將其簡化為子目標與活動。

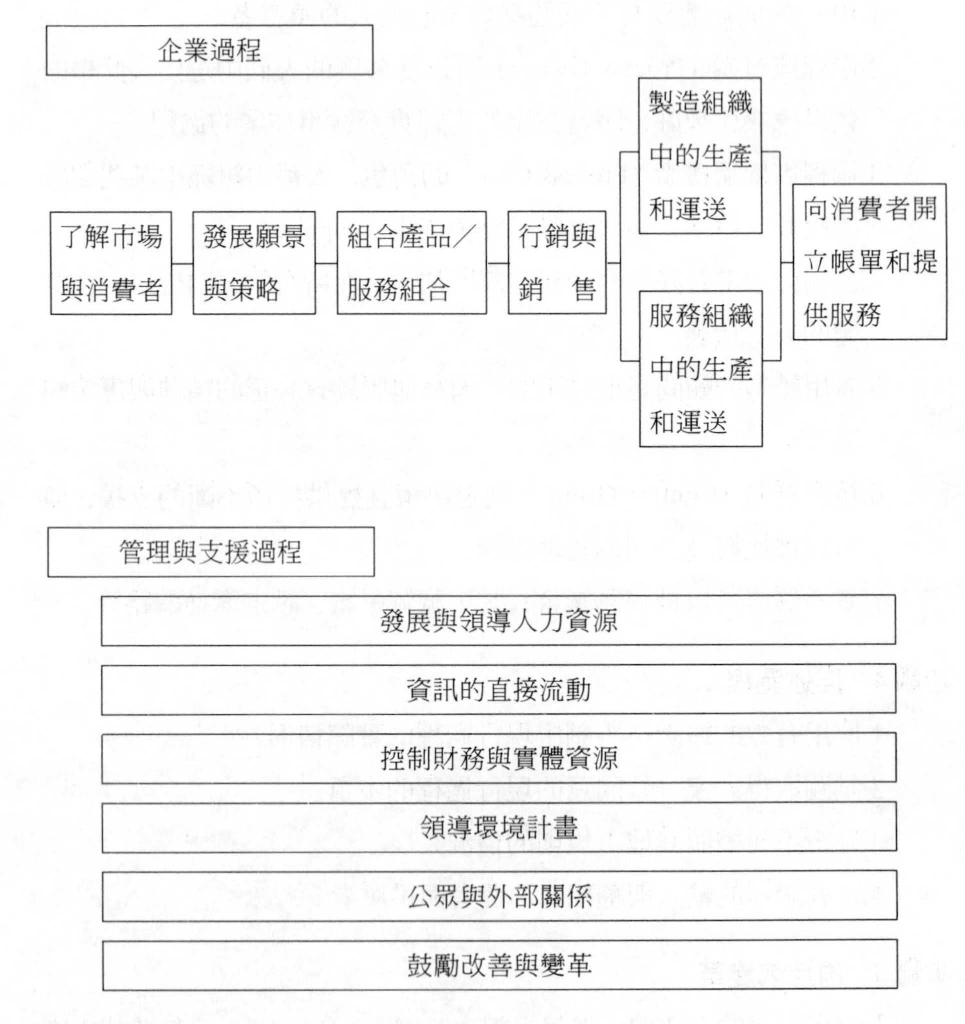

圖44　此表乃根據美國生產力與品質中心對於一些過程的分類。這張表是一個架構的簡單摘要，此一架構可進一步被分出數以百計的次級過程。

步驟 6　著手與監視

1.發展需要的技巧以為執行前的準備，採用有效的既有技能並填補差距。

2.由過程擁有者（Process Owner）與過程團隊（Process Team）啟動全新的程序。

3.與部門領導者達成協議以避免產生不連續性，你也可以稱其為穩定的秩序。

4.經由定期與表現出色的案例（即基準點）相比較，以激勵持續不斷的進步。

5.衡量、控制與監測，以便評估流程的效率提高程度。

BPR 代表一種過程思考，其已經在 90 年代廣為流傳。這種方法並不像基準評比法（benchmarking）一樣的清晰，而且許多企業管理者也很難去精確定義何謂流程以及其和功能（function）有何不同。美國生產力與品質中心為了幫助他們認清他們自己公司內部的重要過程，因此提出圖 44 的分類表定義了百餘個過程。

除了一般的過程外，每一個產業都有自己較為特殊的過程，這對他們的作業而言是非常重要的。以下是一些例子:

特殊產業的企業過程

產　業	過　程
銀行業	借貸
電信業	開具貨單
保險業	認領調整
零售交易業	未售存貨的報酬
國內航空	行李處理
旅館業	訂房間
公共部門	申請許可
製藥業	臨床測試

在企業流程此一命題中，有些相當不錯的論著。BPR 中最大的風險之一，就是缺乏精確的定義與衡量。要注意的是，BPR 是根據組織的行動導向觀點而來。

聯合分析（模擬選擇情境）(Conjoint Analysis) (Simulated Choice Situation)

聯合分析是一種強而有力的工具可以在模擬的情境下，比照消費者行為與消費者態度。這個字眼聯合（conjoint）是「共同的考慮」（considered jointly）的簡稱。這個方法可以幫助你以經濟學上的名詞（願付價格或者是價格彈性）決定對於消費者而言，最重要的產品或服務特性為何。

聯合分析提供一種定量的衡量方法，以測定不同效用間的相對重要性。此一方法的用途如下:

1.決定全新或是經修改的產品與服務所應具備的特性。
2.決定索價多少。
3.估計銷售量與需求量。
4.評價新產品或服務的概念。

假設你想要搭飛機到紐約開會，以下有兩種選擇方案你會選擇哪一種?

1.英國航空波音 707 在你希望啟程的兩小時前後有一班飛機，但是其常常延誤抵達紐約。這個班次停留兩站而且可能載客率僅達一半，但是服務員和善且體貼人意，途中你可以觀看兩支電影。
2.TWA 波音 747 在你出發四個小時前後有一班飛機，但是他經常是準點抵達紐約，而且是直飛班機，其飛機載客率常達90%。可是空服員冷漠且傲慢，旅途中只有雜誌可供閱讀。

市場分析方法（Market Analysis Methods）

從行銷的觀點，我們必須知道實際上顧客會從產品或服務中期望得到什麼。前述的例子指出這個問題的複雜性，第一點顧客自兩個方案中所做的選擇是多面向（mutlidimensional）的，也就是說他們包含了不只一個的效用函數。第二點消費者必需做每一方案總效用的相對價值的全盤決策，如他們必須根據某些準則將這些方案排序，聯合分析可以處理產品或服務不同屬性（feature）間的相對權重。

有好幾種其他的方法可以用來決定效用函數的相對重要性，最簡單的就是詢問人們他們認為哪一項功能最重要，舉例而言若是投票選擇汽車，許多的填答者會宣稱他們想要一種車子其具備了經濟、省油、跑車的爆發力、房車的外型款式，且價格合理……等等特性。此法告訴了我們大多數消費者的態度，但是並沒有告訴我們大多數的消費者在實際狀況下將會如何選擇。

另一方面，在聯合分析中受訪者面對的是選擇情境。某種效用函數是否足夠重要到犧牲其他的效用？如果有一種效用函數應該被犧牲，那麼應該是哪一個？事實上資訊是經由給受訪者一些不同效用函數與水準的組合之概念描述而獲得。聯合分析提供了高度真實與有用的資訊。

聯合分析的問題在於不同屬性的偏好可能會互相衝突（大型房車可能沒辦法停在車庫裡），或者可能沒有足夠的資源以滿足所有的偏好（較低的價格通常並不具備較高的品質）。

應用 (Applications)

在應用上有三個領域特別有趣，首先消費者在市場上如何做選擇與他們如何判斷方案有效性的資訊，其次此分析可以找出更具有吸引力的新產品或服務組合，最後效用函數可以用在執行策略市場模擬，以便評估改變行銷策略所導致的生產量與價格的互動關係。下列是一些較適合運用聯合分析的典型情況：

1.不同產品或服務具有很多的特性或效用函數，最少在兩種水準（如：手排與自排）以上。
2.大多數最有用與適當的效用函數組合並不存在（如：產品與服務的發展）。
3.存在一些情況超越既有的範圍。
4.屬性偏好的情形是可能已為人知的（如是否旅客希望更快速的旅程、較少吵雜、更為舒適）。

聯合分析實務 (Conjoint Analysis in Practice)

為了了解聯合分析如何使用，讓我們看看一個例子。我們假設一家公司想要推出一種家具清潔劑，管理階層提出五種最能影響消費行為的效用函數：

1.包裝
2.品牌
3.價格
4.是否產品被歸類為「檢驗效果最佳」
5.是否有「不滿意退錢」的保證

這家公司已經設計了三種包裝（A、B 和C）而且可以從以下三種品牌名稱中選擇其一（K2R、Glory 或Bissel），這種清潔劑定價為$5.95、$7.95 或$11.95。除此以外，此一研究將顯示顧客所要求的價值，例如此產品是否檢驗效果最佳或是否有「不滿意退錢」的保證。因此我們擁有總共 $3 \times 3 \times 3 \times 2 \times 2 = 108$種上述五因素的組合。

聯合分析使用一種特殊的實驗設計稱為正交法（orthogonality），其可以允許選擇組合，因而可以由整體中導出其他獨立的組合。在這個個案中把組合數由 108 縮減為18 是有可能的，潛在消費者如今呈現了 18 組不同包裝與價格的家具清潔劑，而且按照他們可能購買的情形排序，圖 45 顯示了受訪者的排序。

組合號碼 No.	包裝	品牌	價格 $	檢驗結果	售後服務保證	等級
1	A	K2R	5.95	No	No	13
2	A	Glory	7.95	No	Yes	11
3	A	Bissel	11.95	Yes	No	17
4	B	K2R	7.95	Yes	Yes	2
5	B	Glory	11.95	No	No	14
6	B	Bissel	5.95	No	No	3
7	C	K2R	11.95	No	Yes	12
8	C	Glory	5.95	Yes	No	7
9	C	Bissel	7.95	No	No	8
10	A	K2R	11.95	Yes	No	18
11	A	Glory	5.95	No	Yes	6
12	A	Bissel	7.95	No	No	15
13	B	K2R	5.95	No	No	4
14	B	Glory	7.95	Yes	No	5
15	B	Bissel	7.95	No	Yes	5
16	C	K2R	7.95	No	No	10
17	C	Glory	11.95	No	No	15
18	C	Bissel	5.95	Yes	Yes	1

圖 45　家具清潔劑的聯合分析的結果：組合與排序

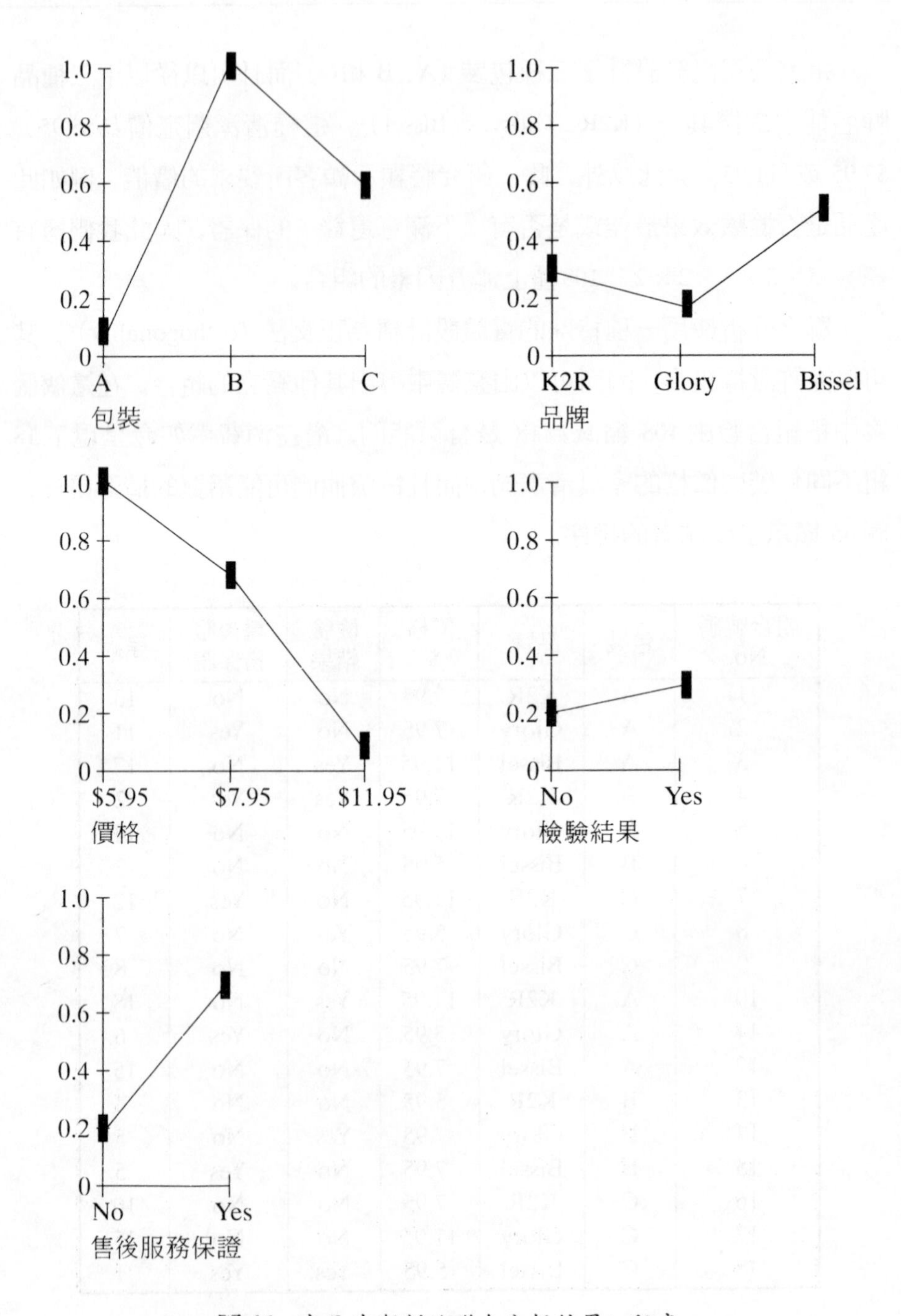

圖 46 家具清潔劑的聯合分析結果：程度

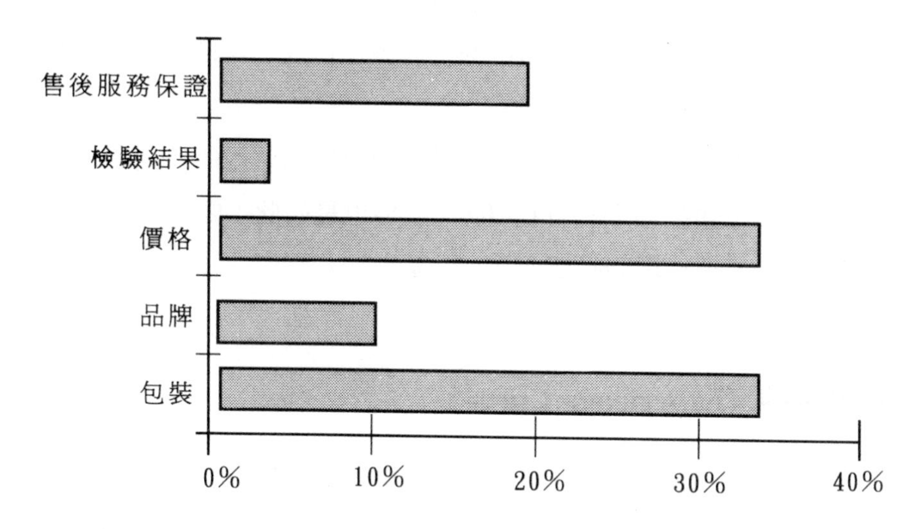

資料來源：Harvard Business.

圖 47　家具清潔劑的聯合分析的結果：其要素的相關重要性

電腦程式被用來解決每一個影響消費者選擇的因素的效用函數。這個技巧使得不同程度的每一因素之效用函數都能浮現，如此使得最高的顧客認知的效用函數可以實現。

圖 46 在電腦處理後，第 18 個組合擁有最高的價值。

（包裝：C）	= 0.6
（品牌：Bissel）	= 0.5
（價格：$5.95）	= 1.0
（檢驗結果：最佳）	= 0.3
（「不滿意退錢」保證：是）	= 0.7
總效用	= 3.1

圖46 顯示若第 18 個組合的包裝改成B 而不是 C，則總合的效用函數將會更高。因此修改後的組合 18，代表了最大的可能的效用函數，因為它是各個因素最高水準的組合。

每一個因素的相對重要性是由最高與最低的效用的差距所決定，例如包裝的效用間距為 1.0 – 0.1 = 0.9，價格也是如此。要注意的是因素的相對重要性全視所選的階層而定。

經驗曲線 (Experience Curve)

經驗曲線（Experience Curve）主張在生產過程中的任何作業，若產量加倍則每單位成本將下降約 20%。這個理論是許多早期的策略模型的立論基礎，包括 BCG 矩陣。

回溯到 1925 年，經驗曲線主要被應用在製造過程，至今仍然為規模經濟的哲學主體且長期支配著策略的發展。

這個理論宣示了較大的市場佔有率是有用的，因為較大的市場佔有率提供了增加產能的機會，並且使經驗曲線下降，從而生產成本降低。這種方式可以獲得較高的邊際利潤、較高的獲利力與較佳的競爭地位。

經驗曲線進一步主張不斷累積的生產量，將會逐漸的推高生產效率，因而使得由經驗獲得利潤是可能的。當大量生產的時候這種學習效果將可以進一步的專業化與分配資金成本。

規模經濟表示固定成本被分配至很多的產品單位，在許多案例裏規模經濟的優點都被忽略了，部份的原因就如某些相對上較小的歐洲國家和某些傾向於在國內服務的市場。規模經濟的應用不只是公眾部門，尚包括了政府代理的事業諸如：郵政、鐵路、電信事業。

經驗曲線是一種學習過程的名詞，其代表了大量生產的含意。經驗曲線首先由一位美國俄亥俄州戴頓（Dayton）陸軍航空部隊基地的指揮官於 1926 年所創立，其發現每當累積的生產量倍增時則單位成本將下降 20～30%。

專業技能經濟（Economies of skill）是一種專業技能導向公司所遭遇到的情形中的用語，規模經濟無法在此派上用場。在許多專業技能導向的產業中並不能直接從大規模生產獲得幫助，某些職業如建築師可以從投資電腦輔助設計（CAD）與會計系統中獲得利潤，但主要的成功因素是其所屬成員的專業技能而非生產的規模，管理顧問公司的專業也是如此。

規模經濟與經驗曲線的效果之間的區別並不總是清晰可辨的。在許多個案中這些並不重要，但是在其他的狀況中卻存在著重要的影響，因此你必須適當的注意這些有時簡單有時卻非常重要的觀念。

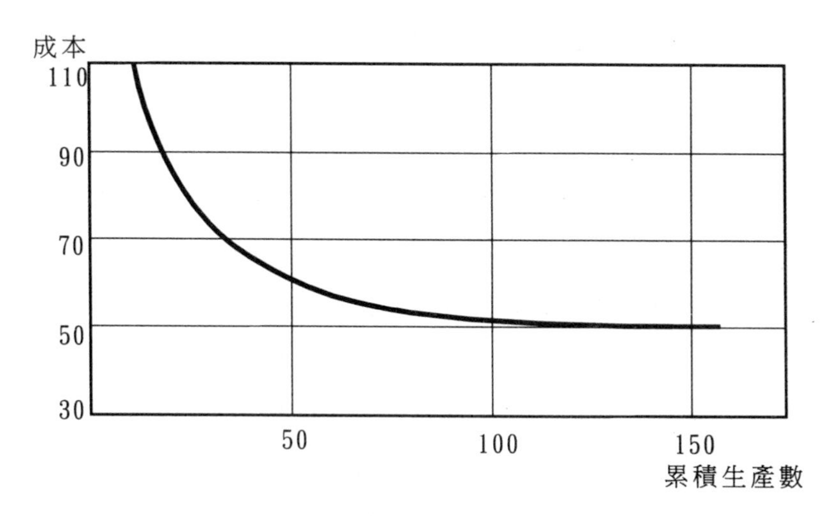

圖 48　經驗曲線是在1926 年由一個美國軍官所創立，他經由觀察飛機的製造發現，若產量倍增則單位成本將降低 20% 左右，這種作用已經引用到實際的生產過程，而且因而支配著企業策略思考與影響市場占有理論。

經驗曲線的起因 (Causes of the Experience Curve)

經驗曲線的效果並不是根據自然法則而來，因此我們必須要了解產生這種效果的起因。在這裡成本的減少並不是自然發生的而是相互影響產生的結果，這種可能性是已知的且被廣泛的運用，這些基礎的現象相互重疊且強烈的相關，但是仍然可以加以分析區別，接下來就是區分的方式：

1.勞動的有效性（Efficiency of labour）：當員工重複特定的工作時，他們工作的效率會逐漸的提昇、減少浪費、並且生產力提高，此一過程可以藉由訓練與良好的人力資源管理政策而達成。
2.工作組織（Organization of work）：工作組織重整的特徵有兩種：專業化的程度可能隨著產量的增加而提高，另一則是組織可能必須重新建構以便更為貼近生產流程。前者表示員工將負責較少的工作，而後者則是由瑞典的汽車產業所證明，他們已經證實了生產流程應如何改變。
3.全新的生產流程（New production process）：生產流程中的創新與改善對於減低單位成本有重要的影響，特別是在資本密集產業。
4.勞動力與資本間的平衡（Balance of labour and capital）：當企業逐步的發展時，勞動力與資本間的平衡將會改變，舉例而言若工資上漲時，資金成本可能從工資轉移至機器人，諸如此類的情況已經發生在一些高勞動成本的國家如日本、瑞典與前西德。
5.產品的標準化（Standardization of products）：經驗曲線的概念並不能全盤影響產品的標準化，福特在1920年推出的T型車就是一個例子。因為其產品的標準化造成了缺乏彈性的危險，標準而大量的生產將會抑制公司的創新。
6.技術的專業化（Technical specialization）：當發展生產流程的時候，專業化生產設備的引進，將會導致更為有效的生產與更為低廉的成本。

7.修改設計（Design modification）：一旦累積了經驗後，消費者與製造者都更加地了解價格與性能間的關係。透過價值工程，產品可以重新設計以便節省物料、能源與勞動力進而提高績效。

8.規模經濟（Economies of scale）：從分析的觀點上來說，規模經濟實際上是分離的現象，其可能與經驗曲線各自獨立的發生。他們之間重疊的部份相當多，因此規模經濟被視為是一個必要的因素，即使有時其在經驗曲線上所產生的效果可能相對較小，但規模經濟仍具有決定性的影響，產量較大的公司不只是可以自規模經濟中獲得利益，而且在經驗曲線中的移動將更為快速。

了解經驗曲線與規模經濟所產生的競爭優勢是必須的，正因為如此才能找出競爭因素。戰後時期的超額需求對於以效用函數與品質來衡量的顧客認知產生些微的衝擊，相當重要的原因就是經濟學家與工程師對於嚴格的規模經濟數學方程式遠比模糊的市場分析技巧更加印象深刻。

經驗曲線的效果（Effects of the Experience Curve）

經驗曲線在某些產業中很重要，但在其他的產業中則全然無關。了解經驗曲線的商業背景是很重要的，因為這樣才能適當的應用。在歐洲整合的內涵中這是特別重要的，因為可能涉及重新定義市場和必要的規模優勢之必要分析。

這些邏輯可以被簡單的摘要成下列數點：

1.經驗曲線顯示累積的產量會帶來成本的優勢。

2.當時間不斷流去的時候，價格將以可預期的比率遞減。

3.為了達成大量累積的生產指數，並且因而得到經驗，則獲得較大的市場佔有率是必須的。

4.假如利用了經驗曲線的成本優勢，則大量的生產將帶來高額的邊際利潤。

5.高額的邊際利潤將能夠豎立起價格傘（price umbrella），而且也可以享有較高的獲利力，或者可以降低價格以贏得額外的市場佔有率，並進而將競爭者趕出市場。

因此在一個競爭市場中，價格總是隨著時間以可預期的比率下跌。當替代品出現在市場的時候，不論企業是否能降低其成本，競爭壓力將會持續的增強，並壓迫具有獲利力的公司不斷的降低其成本。

前述的理由不論是從特別用途的產品到日用品或是纖維品都可以運用。其可運用到所有被製造的產品甚至是大電腦，即使是 IBM 也要到現在才能痛苦的領悟到這個道理。

解釋上述的一種方式就是價格曲線是由市場的動態調整過程所產生，但是公司的成本曲線是在操縱管理階層的手中。經驗曲線也可以應用到服務業，因為隨著技能的更加熟練而使成本下降。提供服務的公司因為其重複的作業，因此符合經驗曲線的法則。事實上提供服務的重複程度決定於其經驗曲線。

以下幾點是對於存在於競爭市場中的公司，其控制經驗曲線效果的可行性之重要性:

1.價格曲線是受市場的動態過程所驅使決定，但成本曲線卻操縱在管理階層手中。

2.經驗曲線可以應用到從事服務的公司，其應用的程度隨重複的程度而變化。

3.經驗曲線必須符合一定程度的顧客認知價值。

4.使用經驗曲線並不能保證品質，因而品質有可能隨著成本的降低而衰退。

5.替代品快速的進入市場或者技術革新，可能會改變經驗曲線。若是如此則我們必須加以注意，否則競爭優勢很可能會喪失。

6.針對組織的每一部門畫出其經驗曲線可以顯示哪一個變數會影響曲線的形狀。

7.累積經驗最豐富者將擁有最高的潛在邊際利潤。

經驗曲線必須與下列三點密切相關:

1.時間

2.市場價格

3.競爭者

有技巧以分析組合上述各個細項以成為個別完整的功能，則我們可以得到很好的處理生產力與減縮成本的問題的基準。

間距分析 (Gap Analysis)

間距分析（gap analysis）是由加州史丹福研究中心發展而來，他們試圖找出一種方法以處理策略的發展並且管理達成較高層次企圖的方法。

間距分析的施行步驟如下所列，其和投資組合策略一樣，都是針對一群事業單位，但是間距分析也發展出了針對個別事業單位的類似方法。

1.訂定一年、兩年與三年的初步績效目標。

2.預測目前事業單位目標所能產生的利潤。

3.建立目標與預測間的間距。

4.指出其他事業部門的投資方案與預測結果。

5.指出每一事業部門的競爭地位與預測結果。

6.討論每一事業部門的投資與企業策略方案。

7.參考各事業部門的目標策略，以整合成一個整體的投資組合策略。

8.建立各事業部門的初步績效目標與預測的間距。

9.詳細列明事業部門所能達成的程度。

10.分配資源給各個事業部門以達成進度或獲得效果。

11.以創造資源的觀點修訂事業部門的目標與策略。

12.間距分析因此可以被形容為介於目標與預期績效的間距之間的一種有組織方法。

即時生產制 (Just In Time, JIT)

即時生產制（Just In Time , JIT）事實上包含了一些方法，以有效運用資源來達到最少遲延、最佳化運送時間以及效率的增加。以下列出一些改善控制流程所可以得到的好處，有些甚至是前所未料的:

1.大量的存貨並不能提昇產品的品質。和我們一般所學的不同，存貨並不能提昇服務，原因在於他們會導制生產緩慢（slackness）、銷售情況不佳與不夠精確。

2.資源的限制反而會刺激生產力。要求較高的精確度可以促使有效的運用時間與品質，且因此效率會增加。

3.激勵與員工的滿足度會逐漸增加。和一般的看法不同，當人們必須去滿足其更進一步的需求時，時間計畫表與品質變數都能維持較高的水準，這個矛盾就是當人們對於自己與工作感到更為滿意時，效率就會跟著提高。

4.品質改善。認識到品質改善的重要性，而錯誤會引起不必要的困擾，因此人們會積極的偵查與修正錯誤。

5.資源的浪費逐漸的減少。不只是因為減少資金的積壓，而且是降低錯誤的影響和達成較高的生產力。

若把顧客需求和生產做長期緊密的連結，則這些效果都是完全可以預期的。然而我已經說過大型的組織完全不能了解為何 JIT 的流程會產生如此驚人的成效。

JIT 的概念源自於自動化產業的製造過程。週期性的生產計畫存在很嚴重的缺點。需求是反覆無常的且顧客的偏好也是不斷的在改變，因此銷售部門無法滿足顧客的需求。除此之外週期性的生產計畫也有上游廠商方面的問題；而且波動的需求也會提高他們的成本並使生產效率下降。

若要將生產與顧客需求配合，則先必須從前置時間開始著手，因為生產週期必須要變得更短，進一步的結果就是短的前置時間而使得系統更為敏感。JIT 這種「生產線自動停止裝置」（Automatic Stop）的方法認為當生產過程發生問題時，整個系統就應該停止，這樣才能即時而徹底解決問題的根源並確保錯誤不會再次發生。再者生產品質可以更進一步的提昇，因為問題都被及早發現而且不良的原料也較少。

看板（Kanban）是一種標示牌與 JIT 有密切的關係。JIT 的觀念使得長期的預測是不必要的，因為顧客控制了產量。而看板往上傳遞訊息指出需要的生產或服務量，這個方法表示在製品的數量主要由看板上面記載的數目所決定。

總而言之，JIT 表示

— 較短的設定時間

— 更為有效的排程

— 生產小批量的能力
— 較短的前置時間
— 減少過度的產能
— 較少的存貨
— 較少錯誤

JIT 主要應用在大量生產的製造業，其存貨通常移至價值鏈中的供應者。JIT 適用於下列情形：

1.每單位時間內的產量完全可以預期
2.較短的前置時間
3.相對較大的批量
4.穩定的銷售量
5.重複的作業過程

及時生產制的批判 (Criticism of JIT)

JIT 的支持者似乎忽略了可能發生的很多問題。當這種方法應用在去蕪生產的過程時，麥克卡沙曼諾（Michael Cusumano）來自麻省理工學院的史隆管理學院，提出了很多限制並且摘要如下，這些限制現在在日本已經很明顯了。

1.JIT 使交通運送過度壅塞，因此工廠工人必須停工以等待所需物料。
2.當日本公司擴展到其他國家時，他們可能找不到符合JIT 標準的供應商。JIT 系統需要與衛星廠商維持良好的關係。以汽車工業為例，其 75% 以上的零件來自衛星工廠。

3.真正的巨變始自於 HONDA 與 TOYOTA，他們在過去的幾年中將
他們的產品數與變化減少了 30～50%。以不斷循環的觀點來看，
不斷的變更款式是一個惡夢，因為顧客總是需要最新的款式。

效率有其上限，人們與制度適應最新的管理技巧的能力也是有限。員工就如交通系統也會磨損，而且電腦系統中也存在著若干風險因素，以上這些就是 JIT 系統的一些限制。

去蕪生產 (Lean Production)

日本的生產哲學開始受到注意是在 80 年代早期，一開始大家對於其終身雇用制產生興趣，由於對於終身雇用制不了解，因此西方管理者從其劇烈地的產業擴張來尋求解釋。

去蕪生產這個專有名詞逐漸變成日本企業成功的因素之一，去蕪生產由兩個元素構成，第一個元素是關於生產力及嚴格的以降低成本作為工作的觀念，另外一個去蕪生產的元素是其較為彈性的本質，包含了日本人所謂的「改善」(kaizen)，其表示員工被以好幾種方式激勵與鼓勵，以便對於工作以及所包含的機會有嶄新的看法。

80 年代下半當日本自有的工廠拓展至海外時，人們開始注意到日本的生產哲學。1987 年麻省理工學院發表了一篇研究關於日本公司所擁有的美國工廠雇用當地勞工的生產力狀況，這些移植到海外的工廠的生產力幾乎與日本本土的工廠一樣高，而且較同一國家中西方人擁有的工廠高出 40%。日本人通常選擇坐落於高失業率的區域，因此他們對於工會有較高的議價能力。但這種的機會同樣也適用於西方公司。

麻省理工學院五年研究計畫的目的在於找出一些新的看法:

— 員工的責任

— 彈性
— 與供應商的關係
— 品質
— 存貨最少化
— 在每一個階段中都要節約

以下是去蕪生產的一些主要的元素:

— 較短的設定時間
— 最小限度的原料及緩衝的存貨
— 較短的生產週期
— 最少限度的幕僚人員
— 彈性的員工
— 較高的設備利用率
— 零缺點的製造過程
— 積極的品質管理
— 不斷的改善（kaizen）
— 減少生產力的損失
— 減少不需要的資金積壓

根據這種生產哲學，每一個人都必須不斷的從事改善的工作。

某些上面列出的元素需要進一步的解釋，舉個例子來說對於彈性的員工，代表不論人員被派駐到何處工作，他們都可以做最有效率的工作。這在許多工作場合都是很自然的本質，特別是針對小公司而言。我認為這是小公司在面對大公司時所擁有的競爭優勢，在小公司裏每一個人不論何時不論何地只要需要都可以親身投入。然而在大公司中除了會被人事的任命所阻礙之外，還會被工作說明書所限。

設定與運送時間是另一個去蕪生產的特性，其中某些方面已經廣泛的被西方所採用，有許多文獻都談到以時間為基礎的競爭與計劃，例如亞瑟布朗包佛利顧問群（Asea Brown Boveri Group）的T50。時間因素在許多案例中都可以作為一個好的生產力概算基本單位（每單位生產成本）。

另一個重要的元素即為改善（kaizen），其表示生產力與品質的改善。在戰後時期，日本的企業品質普遍低劣，而且自此以後日本產品都具有不良品質的形象，因此日本非常想要向世界展示日本的產業也能生產高品質的商品，可能因為如此所以在日本，品質被放在較高的優先順序。日本的產業和去蕪生產即為品質提倡的代表。

另一方面必須要知道有關於去蕪生產的，就是參予人們會感到明顯的滿足。許多的研究已經顯示出去蕪生產公司中的員工視他們的工作生活較其他種類工作更為有意義。這個發現已經引起西方學界的熱烈討論。關於工作場所而導致的人們的社會心理反應的概念，以及必須經由資訊、領導、參予與發展以激勵員工，更成為討論領導時必須所提及的。西方產業已經更能了解到人的重要性，人被認為是個別可發展的能力而不是可替換的元素。

去蕪生產在日本已經面臨了嚴重的問題，其被視為壓力、嚴厲與無情的方式，且因此導致高比率的人員流動，所以要說服年輕人接受這種方法是越來越難了，許多年輕人視之為苦行僧文化而且必須做自我的犧牲。

麥肯錫的7S模型（McKinsey's 7S Model）

麥肯錫（McKinsey）的7S模型不能視為是一個完全的策略模型，他是一種發展或改造組織的思考方式。他的命名來自於麥肯錫發現組織發展的七個必要因素：策略、能力、共同價值、結構、系統、幕僚與風格。

當企業開始改變自己本身的組織時，這七個 S 被以一定的順序處理。通常策略在第一個階段就已經決定，第二步必須定義組織在哪方面必須特別傑出，以便於有能力實現其策略，換句話說也就是要發展或獲得哪一種能力。最後一步就是決定其他五種因素必需配合做何種改變以便使其改變獲得成功。

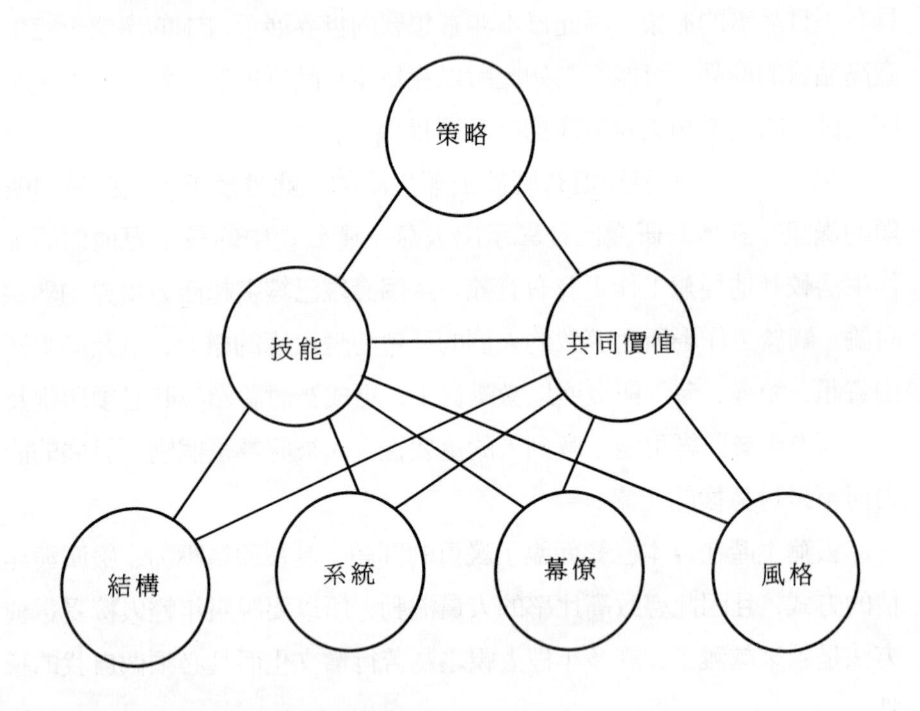

圖 49 麥肯錫的 7S 模型。麥肯錫列出了 7 種在組織發展中的必要因素並且顯示他們之間如何連結。

策略可以顯示公司應該在哪個領域競爭和如何競爭，如果對於公司適用的策略有很清晰的概念，那麼下一步就是決定新策略要求組織必須具備的能力為何。

策略告訴公司應如何適應環境，並開發其環境的潛能；而能力的分析則顯示了策略應該如何執行。

定義五種或甚至是十種重要的能力並不困難，但這仍嫌不足，因為你還需要去獲得這些能力，而這對組織而言是相當困難的。故一次只可能發展一至三項能力。這些能力顯示了策略與組織未來新紀元之間的連結，同時他們定義了其餘五個 S 所必須要有的改變。

公司的結構相較於組織變革而言，也許是最廣為人知的觀念。其是指企業不同領域的部門與單位間彼此依照相關的程度組合起來，這也許就是組織中最顯而易見的因素，所以容易吸引人藉由改變結構以著手變革。在很多例子中，公司的管理者認為他們可以只經由結構變革而重構他們的公司。

系統可以被定義成存在於公司中的日常工作與程序，其中包含了許多人，透過他們的協助以發現重大的問題，完成任務或者是從事決策。系統對於大多數的組織都有強烈的影響，而且提供管理者有利的工具以對組織進行改造。

幕僚因素著重於公司中需要哪一種類的人才。當組織中的人們擁有處理事情所必須的知識體系時，這時個別的個人就成為必須加以仔細思考的重要課題。

風格是管理工具中較晚為人所知的一種技巧，其中包含了兩個部份：個人風格與象徵的行為。管理風格就是個人風格的問題，而個人風格就是管理者在組織中的所作所為，即他們如何使用他們個人的特殊訊號系統。

共有價值觀是指組織的指引方針，就是人們認為對於組織生存與成功特別重要與具備決定性的事務。

就如我們所談到的，能力是 7S 模型中的整合因素。根據此模型，當你從事組織變革時，你必須先擬定策略，然後在策略的基礎上定義最為需要的能力，再決定其餘因素需要做如何的改變與調整。

7S 模型常常被誤解，而且因此被以不夠嚴密的方式應用。此一模型事實上並非自命為企業或投資組合策略的指引，他只是表達了對於公司發展的一個整體的看法，而某些人被字面上的意義所迷惑，因此失去了此模型的真正含意。

自製或外購分析（Make-Or-Buy Analysis）

— 員工福利社應該由外面的餐飲公司負責嗎？
— 地方政府的醫療單位應該包含化學分析嗎？
— Saab 應該自己製造引擎嗎？

上述的這些問題都是自製或購買分析（make-or-buy analysis）試圖去尋求解答的。製造或購買分析（在這裡稱為 M/B 分析）是一種改善效率的工具。

簡介（Introduction）

企業在市場經濟上所形成的理論，首先由朗諾寇司（Ronald Coase）在 1937 年所發表的一篇論文〈企業的本質〉（The Nature of the Firm）中提出，這篇論著中所強調的是交易成本，其並在 1991 年替寇司贏得諾貝爾獎。交易成本和開放性的價格機制，例如市場或其他關於維護與運作組織和企業有關。簡單的來說，成本代表必須犧牲資源以換取在自由市場上所有需要的協定或是契約，如果生產因素可以借助長期合約或協定而獲得，則成本相較於必須在自由市場上尋找且只能訂定一次契約而言必將較低。

真實的世界，市場是不完全的。交易成本不論是內部或外部都很難去分析。法律（特別是稅法）創造了一種納進（lock-in）效果。這就是為什麼應該在規律的週期內分析你的企業，以決定其是否為最佳的組成。更簡單的來說，如果企業自製而不依靠市場的話，其成本應該是較低的。

整合（integration）表示企業內的組織活動（organizing），而且因此放棄了自由市場的價格機制。相對的就是所謂的開放競爭，競爭可以經由合作、私有化與開放而達成。而這些即表示與他們獨立的管理的分離程度。

分解的程度 (Degree of Resolution)

M/B 問題發生在企業內的數個不同的個階層中，將企業分解成不同的程度是依不同的企業而有所不同。M/B 分析主要是用來決定一零件應該由自己製造抑或向外採購。卡車的驅動軸就可以被當作是一個例子，雖然它非常具體，但是其必須被視為是一個特殊的案例。當你決定是否一個支援功能應該包含在你的組織內部或者向外購買時，也可以運用 M/B 分析，這種類型的例子如福利社。最後 M/B 分析也可以用來決定是否一個企業功能必須如同企業集團中的一份子般運作，這個問題同時具有垂直或水平的本質。

有很多的文章在討論自行製造或購買分析，但是前面所述的一些問題必須視為是特殊的案例，因為相同的策略或生產方式無法在較低的分解程度中實行，所以我們在此不予探討。

M/B 分析是一種系統化的方法，其可以藉由審視企業的範圍和公司使命及策略，以便使組織更為有效率。將企業的全部或是部份投入競爭，將會使其效率增加。如果企業集中於其核心領域，則可釋放資源。

只有能真正創造價值給顧客的作業活動應該被保留下來，但是若別人的做得比較好的時候，則我們應該向其購買。

文化態度是許多企業組織資源剖析的基礎。日耳曼民族購買較少量而傾向於自行製造，而盎格魯撒克遜文化則傾向於向外購買，這個文化模式就是現在正被討論的以事實為基礎的決策制定。

就像我一開始所提的，這個分析廣義的來說與交易成本有關，某些因素會減少組織內部的效率，甚至也會影響企業成長的幅度，這些因素內、外部都有，管理者已經控制了前者，而後者是由受在世界上的其他事件所決定。

內部因素 (Internal Factors)

1.生產力：低生產力很明顯是考慮自製生產時，最必需了解的一點。

2.價值：較低的顧客認知價值，表示我們行銷的產品或服務的價格與品質並不能完全滿足顧客的要求與需要。

3.控制：當企業成長的時候，其將越來越難以了解。管理者的問題是將資源分配到最高投資報酬的單位，而此必須經由有效的內部資訊來達成，而不是透過價格機制。因此管理事務的複雜變成了其本身的控制問題。（而此被稱為管理功能遞減（diminishing utility of management））

4.政策：對於保密、品質、限制、安全、環境保護等的特定需要。

5.垂直整合：所有的組織都試圖在某種控制之下保有他們的供應來源。常有的爭論就是確保關鍵性資源的供應能配合時間、數量與品質。常發生的現象就是管理者通常一開始就注意細微枝節的問題，而這些問題不應該由他們自己處理。

外部因素 (External Factors)

1.法規：法令修改朝向更容易開設與營運公司的政策前進（相較於以前的法律而言或是第三世界的政府與以前的東方國家）。
2.溝通：外部溝通是更為簡單與便宜（因此相對上內部溝通就更為昂貴了）。
3.資格：一般教育水準的提昇，減少了專業資格的競爭優勢，例如電腦技術。
4.資訊：新聞與資訊的自由流通減少了擁有內部資訊的重要性。
5.科技發展：一般的市場過程傾向於使產品逐漸的普及，其表示產品逐漸的成熟。過去需要專業的知識和工廠製造的產品，現在大家都可以做了。因此定期審核你的能力是必須的，以便於檢驗公司使命與策略是否一致。

另一方面，下列因素會提高企業生存與成長的機會。

1.綜效：有效的生產因素組合轉換為更大且更有效的單位。
2.集中（focus）與專門化（specialization）：在特定領域內競爭的優勢。
3.缺少選擇（競爭）：市場經濟已經被證實較計劃經濟更為有效。最重要的就是因為購買者在前者可以自由的在不同的方案中做選擇，但計劃經濟則否。在市場上那些沒有被選擇的產品，不是被迫退出市場，就是必須改善其品質。然而這種提升效率的方式在組織中則很少存在，因此常導致效率的低落。是否缺乏競爭是企業成長背後的原動力之一，因此要小心的處理為是。
4.生產力與價值：有效的使用資源，包括規模優勢。

步驟 (Procedure)

1.將功能分解成事先選擇的幅度

第一步的目的在於對於企業作出一個概略的描述，並且決定開放哪一個功能部門的方案可能在開放市場上較為有利，而此可以透過價值鏈分析（value chain analysis）來達成。

2.建立分等的準則

功能部門的存在變成了必須要分等的問題，這個毫無疑問的是 M/B 分析所帶來的結果。然而並沒有不變的準則可供作選擇之用，相反的顧客認知價值通常是根據主觀與情感兩項參數。安全感的價值如何評估? 在第二步驟中將根據一般的分析性元素來發展分等的決定性工具。

3.事實基礎

在第二步之後分等的準則已經建立，緊接著通常需要廣泛的發現事實，例如需要詢問顧客對於特定功能的價值。事實現象的基礎由此被建立的。

4.分析與合成

事實基礎提供了分析的材料，最常用到的分析方法如下:

— 基準評比法分析（benchmarking analysis）

— 聯合分析（conjoint analysis）

— ABC 分析（ABC analysis）

— 價值鏈分析（value chain analysis）

找出自製和購買兩方案的綜合性活動預算並且評估其個別的獲利率，是此分析的目的所在。這個結果提供了我們哪一方案獲利率較高的基礎。但是實務上也只是偶爾能夠做到，因而必需使用許多其他的分析性方法以達成概算，企業內功能部門的新的組成因此被認為是全新的內部資源剖析。

當然此一分析也對於不同方案間的轉換成本加以考量，例如結束的成本、清倉廉售的成本、整合的成本……等等。

5.執行

光談計畫是沒有用的，除非有效的推行，故所有可能的結果都必須加以考慮。會被影響的人員必須加以告知，決策必須加以說明，且決策的基礎必須加以檢驗，在這個過程裏必須決定是否將其整合或者任其競爭，或是在這兩者之中做妥協。執行最好是以專案的方式來進行。

最後必需強調的是自製或購買分析並非絕對科學，只不過是管理上的工具而已。

風險（Risks）

當從事 M/B 分析必須注意兩個容易犯的錯誤:

1.傾向於忽視長期策略的重要性。
2.由於停止自己生產服務而且向外界購買，因此一般管理費用中的固定費用因為由較少產品來分攤，故平均反而更高。

某些產品或服務可能在某段時間內是重要的中心策略，但是不久後其重要性就會下降，航空業的引擎維修就是一個最好的例子，其在 50 年前可能是策略性的且非常重要，但現今則已喪失了其重要性，而且變成非策略性的而必須經常使用的商品。

圖 50 可以用來幫助評估自製或者是採購，此圖已經被應用至許多的案例中，而且在許多的個案中也發現了其具有高度的指導性。

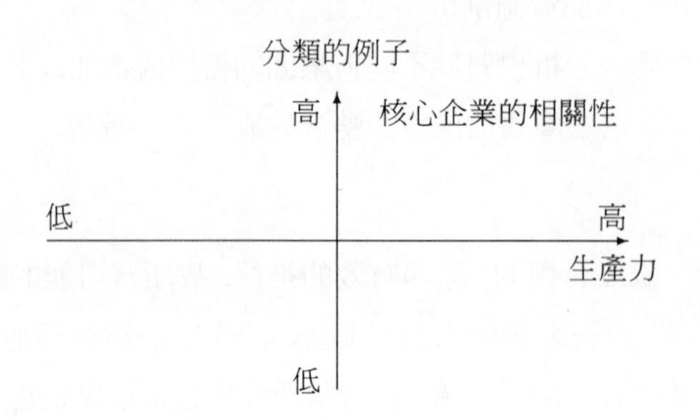

圖 50 自製或購買決策中的兩個主要問題例示

此表由卡洛夫（Karlof）與其同僚在拉斯唐伯格（Lars Tunberg）的指導下完成。

市場分析（Market Analysis）

模型和工具間的分界線有時候是相當模糊的。所有的組織活動都是被設計來滿足組織內某些人的需求；而這樣的理念帶給「市場分析」一個全新而且更為重要的角色，那就是：「市場分析」不僅是一種被拿來利用或操縱的工具而已；也就是說，「市場分析」的目標不僅在於對現有產品銷售量的分析，更強調的是去分析、決定市場潛在消費者的根本需求。因為去確立公司的產品或服務應該好到什麼程度，才能滿足消費者的需求，乃是企業所必須做的事之一。

定位分析 (Positioning Analysis)

「定位分析」的第一步是嘗試去判定消費者想要獲得某一家公司的產品或服務的需求，然後依照消費者心目中的重要性加以排列。第二步是詢問消費者為什麼會認為這一家公司的能力足以滿足他們的需求。這樣的分析其目的乃是為了瞭解產業中所有相關的公司。

和競爭者間的相互比較，對於產業中各項資訊的解釋、判斷及策略應用是必須的。公司必須認清自己的強勢（可用來防衛者）及競爭者的弱勢（可加以攻擊者），兩者兼備，缺一不可。而最重要的，是公司自己的弱點必須予以加強。我們可用圖 51 來說明。

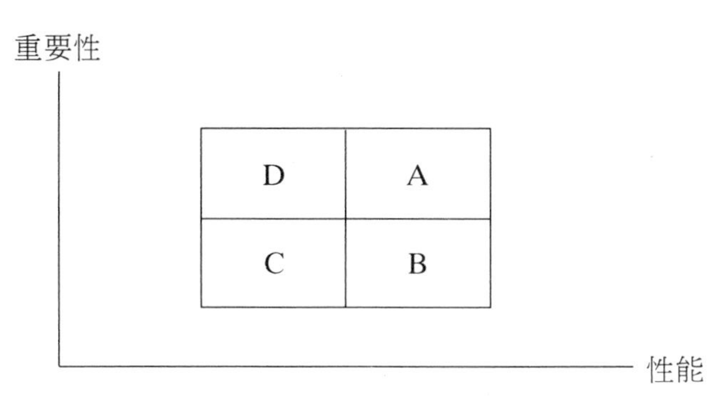

圖 51　定位分析

1.象限 A：表示此項產品對消費者而言非常重要，而且公司所製造出來的產品性能很好。當一家公司具有此種特質時，表示其定位已然確立，必須加以維持。

2.象限 B：代表公司的表現雖然良好，但是產品對消費者而言，並非十分重要。如果競爭者的產品在性能上像象限 A 中的產品一樣強勢，但是身處象限 B 中的我們則有某些因素（可能會影響消費者選擇供應商的因素）比起同業來較佳，則公司可以在這些因素的一些小事務上做加強來使得公司的表現更佳。也就是說，公司可以提昇其產品所具優勢的附加價值，來促進其產品對於消費者的重要性及消費者的選擇。（因為對性能相近的象限 B 而言，「重要性 (importance)」是比「性能 (performance)」更能影響消費者的因素。）

3.象限 C：意指雖然公司的表現不甚良好，但產品對消費者而言也不甚重要。

4.象限 D：則是產品對消費者而言很重要，但是公司的表現（產品性能）並不好。所以公司的競爭態勢需要藉由廣告或產品發展來加以改變。但是必須記得：我們是以產品來衡量廣告的價值，而非以廣告來衡量產品的價值。公司的目標群眾會選購他們所相信的產品，但這（消費者的選購）並不足以宣稱公司產品的優秀（可能只是被廣告所吸引），公司必須以實際的行動（例如：產品發展）來證明此點。

內部分析 (Internal Analysis)

公司內部的信心和外在市場的真實性通常是相對的，所以有必須讓公司內部的人員瞭解並接受改變的必要。而解決的方法是藉由銷售人員、行銷幕僚及管理者說明他們對於消費者在「定位分析」中問題（消費者最想要那一家公司的產品？為什麼？）的回答有何看法。這樣的一個分析活動其目標在於決定：

— 公司是否低估或高估自己？
— 公司是否低估或高估競爭對手？
— 什麼樣的市場需求對公司而言是重要或不重要的？

而其結果可能如下:

起因: 市場需求 (market needs)	結果
公司低估了一些因素的重要性	因為公司認為它們不重要而未在其銷售工作中強調, 所以導致失敗。
公司高估了一些因素的重要性	公司認為它們是消費者購買產品的原因, 但實際上並非如此。
起因: 公司定位 (own position)	結果
公司高估了自己的相對績效, 相信自己是最佳的	公司忽略去擔心競爭對手, 誤以為整個市場都承認其卓越。
公司低估了自己的績效	公司對於自己在市場中的態度太過膽怯, 因而未能利用機會掌握優勢。

忠誠度分析──市場定位 (Loyalty Analysis–Market Position)

每一家公司都經常身處和同業比較的情況下。如果公司在滿足市場的需求上失敗, 那麼將會失去消費者。當公司消費者的忠誠度開始出現下降時, 對公司而言, 是一項警訊, 表示公司有可能在某些方面做錯了。

一個強而有力的市場定位是公司有能力滲透市場及穩固消費者忠誠度的結果。有關這方面的分析, 我們可以依下面的說明進行。

被選擇的市場可以從兩方面來加以描述:

— 市場中每一家公司的滲透率。也就是說, 向每一家公司購買產品的消費者百分比。
— 市場中每一家公司的忠誠度。也就是說, 有多少消費者需要該公司的產品供應。

依這兩個面象, 公司和其競爭對手的市場定位, 將包括以下四種狀況:

1.高滲透率及高忠誠度。代表公司是市場領導者（如圖52 之象限A）。

2.稍低的滲透率及品質。這是傳統上主要的競爭者（對市場領導者而言）。有時此競爭對手擁有較高的顧客忠誠度，此時對於消費者而言，我們只是亞軍（象限B）。

3.低滲透率及低忠誠度。對市場領導者而言，此競爭者並不怎麼危險，只不過有一些零星的購買行為而已（象限C）。

4.低滲透率但產品具備高品質。也就是說，有少數人曾購買該公司的產品，而留下極為深刻的良好印象。所以該公司有機會從市場領導者的手中搶走部份的消費者。因而市場領導者必須即時查明其之所以受到歡迎的原因，並且瞭解該公司是否想要進一步擴張其業務，或者只是想要獲取不同的利基(niche) 而已。對於市場領導者而言，對此加以判定、分析，並決定如何因應或改變經營方針，是非常重要的事（象限D）。

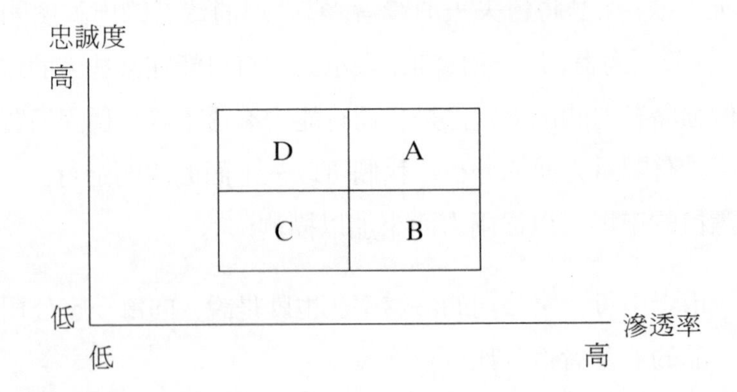

圖 52 忠誠度分析。象限A是市場領導者，其產品擁有眾多消費者，而且消費者很忠誠。象限B和C是落後者，B是具威脅的競爭對手，但在忠誠度上較為落後。C是不知名的公司，顧客不多而隨意。象限D是有潛力在未來成領導者的公司，其擁有高忠誠度且有意願多買一些的顧客。

市場吸引力和策略定位矩陣
(Market Attractiveness and Strategic Position)

評估市場吸引力和策略定位的方法有些不同。這個概念可以參考下面的舉例說明。而此矩陣是經由麥肯錫 (McKinsey) 顧問公司及奇異 (General Electric, GE)公司利用 PIMS 模型（請參考 PIMS 的說明）的架構，大約於同一時間內所發展出來的。和 BCG 矩陣（請參考BCG 矩陣的說明）不同的是，此矩陣的目標在於：為個別的事業單位的前景做出更周詳的評估。圖 53 是麥肯錫公司所使用的矩陣。

在此，有一個非常特別但是基本的問題，那就是：「應該以何種地理區域來計算相對市場佔有率 (relative market share)」（BCG 矩陣中的橫座標）。有許多的實例顯示，市場佔有率如果判斷錯誤，將會導致災難性的錯誤決策。

以下為一些用來判斷策略定位及市場吸引力的準則：

策略定位 (Strategy Position)	市場吸引力 (Market Attractiveness)
— 相對規模大小	— 絕對規模大小
— 成長率	— 市場成長率
— 市場佔有率	— 市場寬度
— 定位	— 定價
— 相對獲利率	— 競爭結構
— 盈餘	— 產業獲利率
— 技術定位	— 技術角色
— 印象（外界的真實感覺）	— 社會角色
— 領導及人員	— 環境影響
	— 法令限制

然而，這個有九個方格的矩陣，近來遭到非常嚴厲的批評。這些大多來自此矩陣使用者的批評，主要是集中在其建議所引發的後果。

例如：一個事業單位如果被判定是在缺乏吸引力的市場中，即處於弱勢的策略定位時（也就是矩陣中的最右下格），依此理論的說法，該事業單位應該想辦法榨乾其利用價值，然後予以放棄。然而事實顯示，依此建議去做的結果是——錯誤連連！首先是，誰想要去當終結公司的主導人呢?！最先提出此看法的奇異公司，目前已經開始重新評估此種建議的適切性。美國的電車、電力傳送系統及其他相關運作的製造商，在不被看好的市場中，處於極為弱勢的策略定位；但由於其管理者對此理論的建議持相反的意見而獲致極大的成功。在本例中，產銷電車、地下鐵系統的業者以事實證明了其具有極大的發展潛力；而和事實相反的此一理論的建議，顯然在此是站不住腳的！

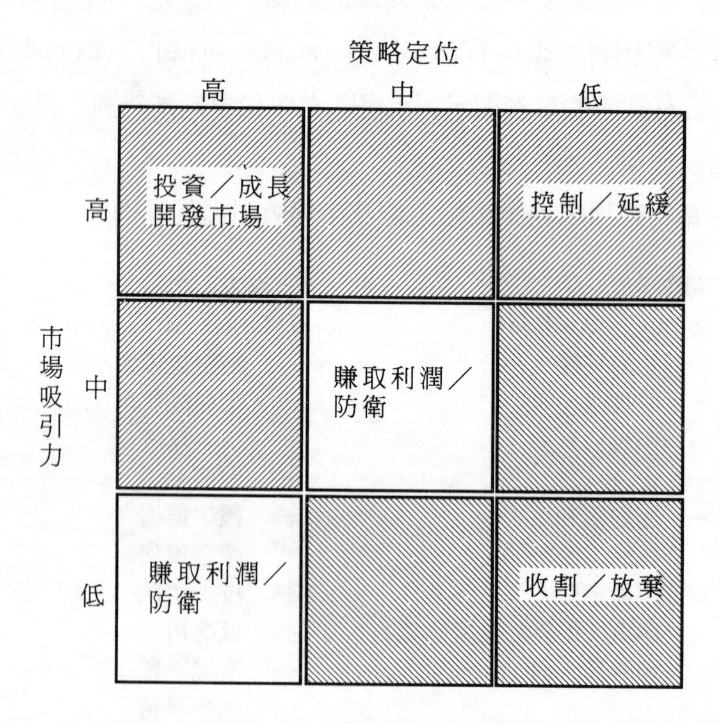

圖 53 市場吸引力和策略定位矩陣。上圖為奇異電子專案委託麥肯錫公司利用 BCG 矩陣做更進一步的發展所得到之麥肯錫矩陣。它比原來的 BCG 矩陣考慮更多的因素。

明茲伯格的五種組織結構理論 (Mintzberg's Five Structures)

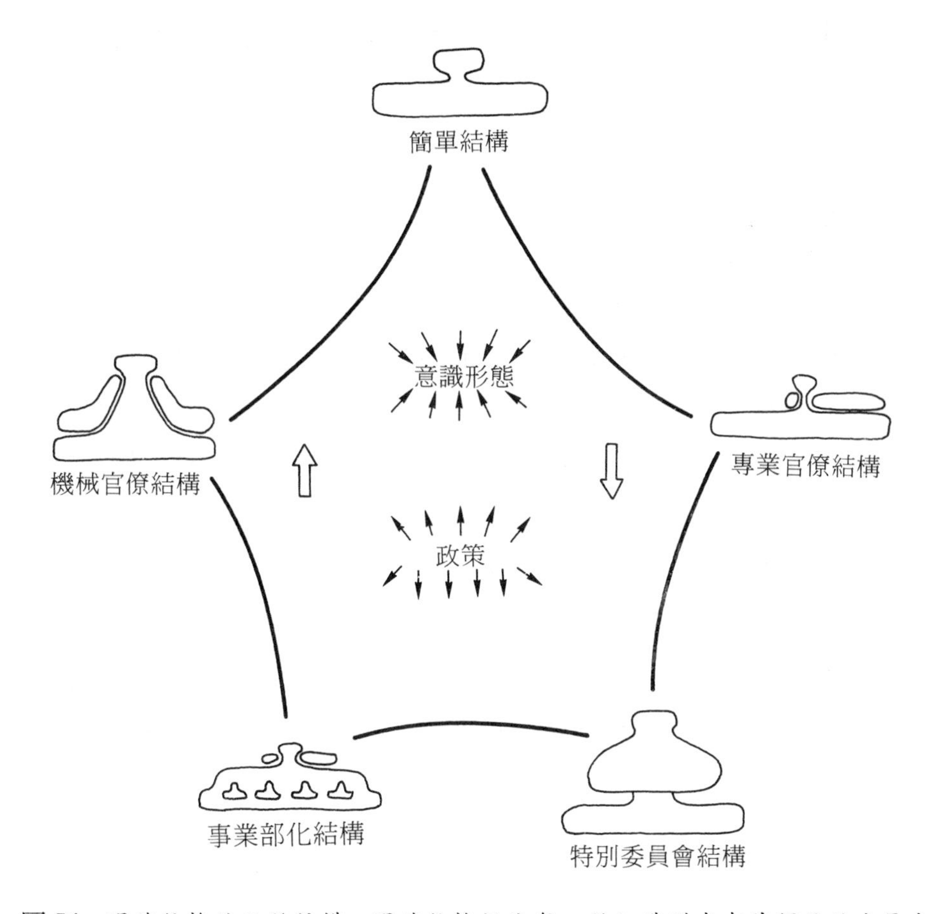

圖 54　明茲伯格的五種結構。明茲伯格認為每一種組織型式有其獨具的力量去推動它本身到各自的方向去。在圖中，大箭頭是表示改變，而小箭頭群則是表示當政策分歧時，意識形態具有內聚力。

在最頂端的簡單結構，明茲伯格以一個簡單的符號來代表，組織的最高領導人有權主導一切的決定，內部的組織及外部的環境兩者維持了這樣一個結構。這是一個組織發展的第一步，例如一個有 12 名員工的家庭式工廠。

在圖中，當組織發展至不同型式，則以更複雜的符號來表示。與簡單結構相對的是機械官僚結構，在此狀況下，有關技術方面的管理，有專人接任，而以專業知識、絕對的理性及標準化的作業流程做為彼此協調溝通的工具。在此，分析人員是相當重要的，而高階管理人員主要的角色則為監督。

亨利・明茲伯格 (Henry Mintzberg) 是一位對 70、80 年代組織理論有深遠影響的學者。他的理論是建立在「組織具有互動力量，可以為其本身創造種種的生存領域」的主張上。圖 54 顯示了明茲伯格所假設的五種主要組織結構，以及每一種結構的特性。

簡單結構 (Simple Structure)

簡單結構最重要的特色，是其發展過程中有一些東西被忽略了。它只有極少、甚至沒有專家結構，而只有少部份的人從事支援功能；單位間的差異極小，而且有一個低度的管理階級；結構內的行為很少制式化，也很少使用規劃、訓練或溝通等功能。它主要是一種有機式的組織。

在簡單結構中的協調工作大多是直接監督管理式的。最高管理者有權掌控所有的決定，而其管理結構通常是以一人為中心而組成。

簡單結構的環境傾向於既簡單又動態。所謂簡單乃是因一個人獨攬大權，而能作所有的決策；而動態則意指有機動性，因為結構簡單，自然較具機動性。此乃簡單結構的特性之一。

通常來說，簡單結構只是組織發展的一個短暫過程而已。

機械官僚結構 (Machine Bureaucracy)

一個國家的郵政服務系統、鋼鐵工業、大型的汽車製造廠或其他同類型的組織，都具有一些共通的結構上的特色。它們的運作通常是簡單又具重複性的，具有例行性工作的特質，因而造就了高度標準化的作業程序。這樣的因素，使我們的社會中出現了機械官僚結構，而其運作就像一部整合、協調、規律的機器一樣。

在這種結構下，工作的核心是在於使工作極度的合理化（也就是制式化、標準化），而且很少有為了增進本職學能上的訓練活動。最主要的整合、協調機制則是工作程序的標準化。

機械官僚結構所高度仰賴者，就是標準化的程序，也是其表面上所呈現出來的最重要的一面。在此結構下，由具有極大的非正式權力的工作分析師所操控，即使他們不屬於直線作業組織的一員。因為，他們是將每個人的工作標準化的人。

專業官僚結構（Professional Bureaucracy）

組織也可以不經由中央集權化而成為官僚結構，這種組織的特色乃是由穩定的工作運作所引發之可預期之標準化行為所形成。但是由於人員複雜，且必須直接掌控操作人員，因而這種結構必須訴諸於一種整合協調的機制，那就是同時在標準化及分權化兩方面上加強，也就是專業技能 (know-how) 的標準化。

像這樣的專業官僚結構，通常出現於大學、醫院、學校的管理當局、或者類似仰賴專業技能的組織。此種組織為其運作中心雇用具高等學歷的專家，並給予他們充分的自由與權限去組織他們自己的工作。這樣的自主性意謂著這些專家的工作和其他同僚是彼此獨立的；但和其所服務的客戶則較為親近。舉例來說，一個教師在其教室中，他是唯一的、單獨的保護、監督、管理者，並和其學生保持親密的接觸。

事業部化結構（Divisionalized Form）

事業部化結構並非是高度整合的組織結構，而是藉由中央管理當局所管理的一些近乎自治單位（或許也可以是附屬公司）所連結而成的結構。此種結構的單位通常稱之為分部 (Divisions)，而中央管理當局則被稱為總部 (Head Office)。

各分部乃是基於其所欲服務的市場和商業範圍所設立，而且必須對其運作機能加以控制，以確定能對其市場提供服務。運作機能的區分使得這些單位彼此相互獨立，每個單位像自治體般的運作，而不需要和其他單位整合。分權化在事業部化組織中是相當受到限制的，這是因其僅需要由中央管理當局指派各分部的領導者即可。

有時候，為了共享公司的資源，以獲得某些利益時，各分部間某些性質的合作是必須的。這種為了控制績效所形成的合作關係，是其最主要的整合機制，換句話說，就是透過標準化的績效報告來協調。

特別委員會結構 (Adhocracy)

以上所討論的四種結構，都未深入討論到可以提供給我們一種有助於企業革新或建立問題解決模式的環境。機械官僚結構及專業官僚結構，都是績效導向 (performance oriented) 而非問題導向 (problem oriented) 的結構。現在所要說的第五種結構，可以創造一個適於解決問題的環境，它是一種非常特別的結構形式，可以將來自不同範疇的專家聚集至一個具有解決問題機能的特別專案群體。

特別委員會是一種非常有機（具機動性）的結構，具有低度的行為形成規範，以及除了訓練之外的高度水平工作之專業劃分，而且還具有一種趨勢，那就是基於內部管理階層的目標，而將一些專家聚集於一功能性、但以市場為基礎的一個小的專案群體組織中去工作。促進組織與環境相互間的付出與回饋，是該結構最重要的協調機制。新的發明意謂著舊有模式的破滅，所以一個革新的特別委員會必須避免任何標準化的形式。

明茲伯格的策略分析 (Mintzberg's Strategy Analysis)

1984 年，有一篇關於企業策略的著名文章發表，文章的名稱是〈策略的三種模式〉(Strategy in Three Modes)，它開啟了新策略形成方法的開端，它和自 1970 年代中期以來，對於企業和產業進步、成功的決定性因素的觀察與看法相當一致。

明茲伯格將策略發展區分為以下三種不同的模式:

規劃模式（Planning Model）

1. 策略的決定是一種深思熟慮、完全知覺及控制思想的程序。
2. 此模式視策略為一規劃的程序；相對的，其結果便是標準化，而且通常表示為一種定位。
3. 此模式指明企業的執行長(Chief Executive Officer, CEO) 藉由規劃幕僚人員的支援，成為規劃、設計一個企業組織策略的主要計畫者、負責人。
4. 此模式假設策略的執行將會依循所制定的策略，以一種特定的、明確的方式進行。
5. 這種規劃程序將會產生完全發展的策略，而且能以各種方式來表示及連結。
6. 此模式假設中央幕僚單位的存在，而其目標擺在策略的定位或者投資組合策略。

企業家型態的願景模式（Entrepreneurial-Type Vision Model）

1.策略的形成是一種半知覺的程序，它發生於企業領導人的心中。
2.企業家長期在商場上所獲得的經驗累積及具備洞察趨勢的能力，使其能形成一種願景 (vision)、一種行動方案 (scenario)，以指導其企業未來該何去何從。
3.這種願景就像一把傘一樣保護著企業；在其保護之下，特定的決策可以制定，詳細的計畫和活動得以發展。
4.這種願景必須保持為非正式的、個人的，以使其保持創造力和彈性。

經驗學習模式（Learning-By-Experience Model）

1.策略的決定是一種進化的程序，具有互動的本質，需要策略與環境間相互的付出與回饋。
2.策略是一種模型，因外在環境的衝擊而創造，而當策略執行時又會影響到整個環境。
3.策略是一項彫刻藝術（策略家就像彫刻家，而非彫刻匠）。策略者必須以極高的敏感性來從事策略的創造，而且必需時常對其選擇保持重新思考的態度。
4.策略能經由組織的動力產生，透過一大群人的接納採用，能使某一行動開花結果，並進一步帶動整個組織的行為。
5.策略的孕育過程有時是自然發生的，有時是控制下的行為。而後者的意思是：比起其他模式中需要去界定策略的形成及必要的干涉而言，在此模式下的控制程度要來的輕些。

在策略領域上，明茲伯格是反對技術官僚 (Technocracy) 成員中的一員。特別是在美國，這些技術官僚宣稱對於明確的陳述策略形式擁有唯一的權利；但依據明茲伯格及其他反對成員的說法，此舉將會導致不公平地貶損願景式領導。（所謂的技術官僚 (Technocrat) 是指採用完全理性的經濟或技術的方法，而不關心人性價值的人。此理論乃 1932 年左右美國所創。）

策略發展模式 (Model for Strategy Development)

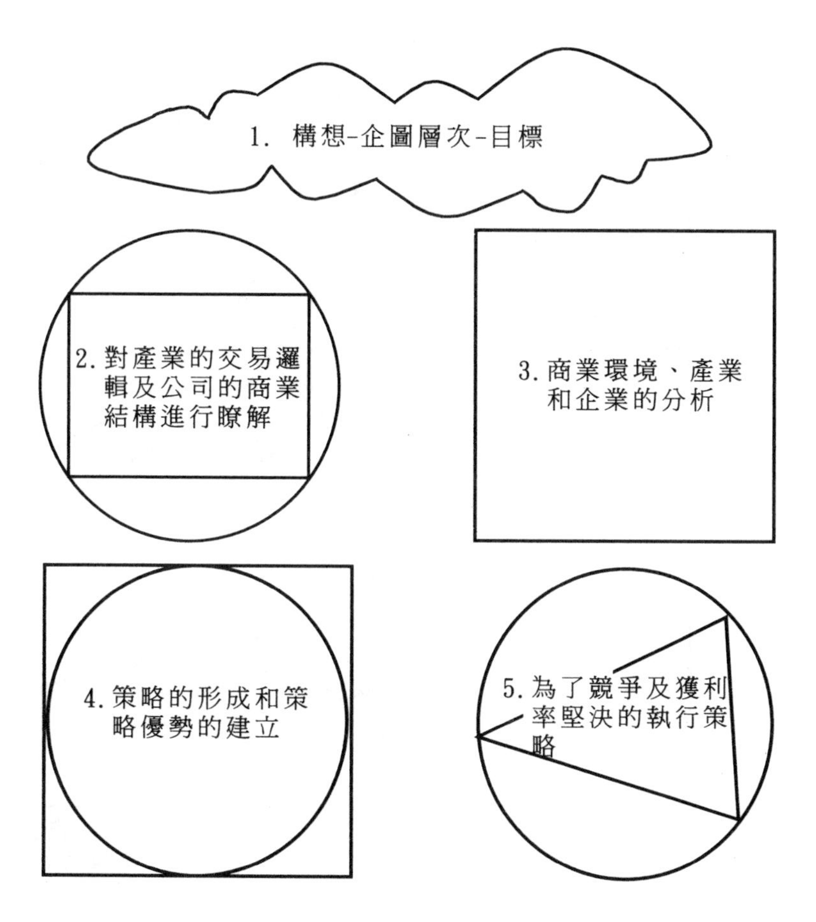

圖 55　策略發展模型。在這個表示策略程序的模型中，正方形在此實際執行程序中表示分析要素，圖形表示創造要素，而三角形表示動力要素。

麥西門的獲利率圖 (Mysigma Profitability Graph)

瑞典 Mysigma 顧問公司專門研究資金的合理化, 也就是藉由控制存貨來尋求資金的極小化。Mysigma 公司發明了一個圖形來說明這種概念。

圖 56 顯示了邊際利潤及資金週轉率間的關係, 其成功地利用三個變數的操作來決定獲利率:

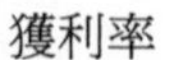

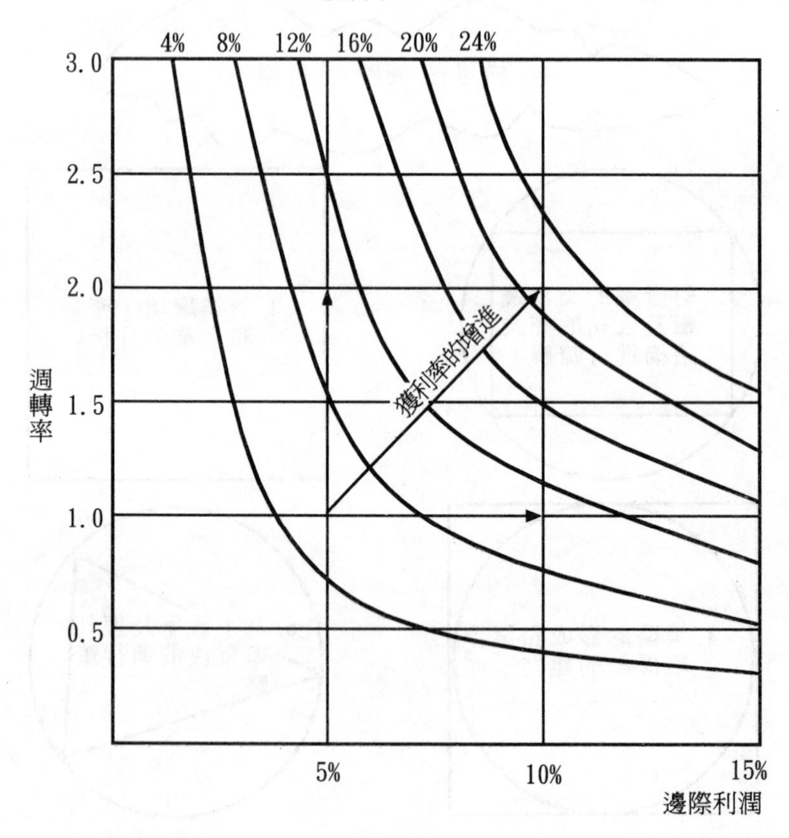

圖 56 Mysigma 獲利率圖, 它說明了獲利率如何經由高週轉率或較佳的邊際利潤或由兩者同時而被改善。這個結果是使獲利率曲線往上移動。

1.減少不能動用的資金投資，以增加資金的週轉率。

2.降低大量的成本，以增加邊際利潤。

3.藉由價格的提高來增加邊際利潤。

資金可分為三種:

— 固定資產 (fixed assets)

— 存貨 (inventory)

— 應收款項 (bills receivable)

交易性現金管理理論特別強調應收款項的重要，而 Mysigma 公司的方法則是基於減少存貨方面資金的積壓。近年來，固定資產資金的利息逐漸增加，房地產即為一個重要的因素。

這個圖形的成本面由以下兩個部份組成:

— 單位變動成本 (variable unit costs)，取決於生產量的多寡。

— 固定資金成本 (fixed capacity costs)，和生產量的多寡無關。

固定資產的利息通常也被視為固定成本的一部份，而存貨及應收款項的利息則被歸類於變動成本之下。

在嘗試去使收益的增加大於附加價值的附加成本下，對於價值變數的運作通常稱之為「事業發展」(Business Development)，它事實上包含了事業上的冒險，而在近年來成為受到關注的主題。利用 PIMS 資料庫及其他來源的資料所作的研究顯示: 經由邊際利益的增加，可以反映出消費者認知產品品質上的改良; 而這表示公司藉由品質上的改良所帶來的收益增加遠超過為此所產生的附加成本。

收益面包括兩個部份:

— 每單位銷售收益 (revenue per unit sold)

— 銷售數量 (number of units sold)

策略的九個要素 (Nine Elements of Strategy)

為了結合策略發展程序，我們認為參考策略的執行程序而強化策略的思考，是有其必要的。因此，我們發現用來指示影響公司或事業單位資源配置的九個關鍵性變數是相當有用的，而將這九個變數稱之為「策略的要素」(the elements of strategy)。

這些策略的要素也可以被用來分析及決定一個企業應該採用何種策略。藉由對一個企業的九大策略要素的仔細觀察，你可以獲得一些非常好的意見，如關於這企業是如何知覺此策略的過程。同時，你也可以利用這九個要素來獲得關於一個企業或事業單位其資源的聚集與使用狀況的明確過程。

1.企業使命 (Corporate Mission)

企業使命的概念，可以表示為藉由和市場中既定競爭對手的競爭，提供既定的產品給既定消費者，來滿足其特定需求的市場機會。企業使命具有長期傾向，因為長期通常代表了競爭及產品的不確定性提高。

要說明一個策略的內容通常是相當容易的，但是要想說明一個企業的管理階層是如何定義其企業的使命就沒那麼容易了。對於企業而言，有一種趨勢是：當它對於存在於實際需求背後的真正需求及變化中的需求結構提出重新解釋之際，表示其老舊的模式已經失去活力而無進展了。「需求」(Demand) 是產生持續性變化影響的主因，例如：當競爭者發展出新產品及新科技時。最根本的需求通常是相當穩定的；當需求有所變動時，產品即應滿足之。

2.競爭優勢 (Competitive Edge)

對策略而言，最重要的因素或許是在於選擇如何去競爭。策略的目標可以被表示為：比競爭者更能滿足消費者的需求，而且因而可以獲得高於產業平均水準之獲利率的一種定位。獲取競爭優勢的目標和市場選擇、產品修正是直接相關的，同時也會影響投資結構。如果你選擇一個策略，其目標在於透過有效率的生產而獲得成本優勢，那麼其主要的影響將會是在生產結構、投資，以及關於經濟生產的發展計劃等方面。在大量化的市場中，產品差異化的機會是很少的，競爭優勢的選擇將不會和差異化的市場一樣。

3.企業組織（Business Organization）

企業組織意指一個企業細分其本身以符合企業目標的方法。幾乎每一個企業的組織都是不同的，而其差別在於產品基礎、產品群、消費者或市場。一個企業的策略的一部份就是反映出其企業組織是如何的不同，然後加以重新解釋之。舉例來說，如果你是在挪威或加拿大賣雷諾(Renault)汽車，那麼你可能將會把此國外（法國以外）市場區隔在卡車和汽車之間，然後將企業和當地銷售公司整合，表現出一種地域性的差異化，使企業變成地方性的產品組織。

4.產品（Offering）

產品在此是指一般性的，包括有形的產品及無形的服務。想要建立一完整的藍圖去說明應該如何提供產品或服務才能迎合消費者的需求結構，可能是相當困難的，但是一家公司確實應該在此方面多加努力。有一個方法是：嘗試去發現企業是否經常檢視其供給和消費者的需求間是否有所相悖。企業也可以檢視新產品、新服務的週轉狀況，以獲得可以對現有產品提供改良、發展的意見。另外，還有一個辦法是去考量生產某一產品的公司是如何建立其服務系統以支援其產品。

5.市場（Markets）

所謂的市場，不單是依地理來定義，同時也利用產品來加以劃分。例如：你可以選擇一個你認為競爭壓力較小且擁有某特定利基的區隔市場去銷售你的產品。

完全沒有限定的企業使命是：銷售每一樣東西給每一個地方的每一個人。但是在企業策略發展過程中，你必須依照現實中的企業使命去縮小這無限的展望，然後你才能集中所有的能量在你所想要的消費者身上。去定義企業主要的目標群體是策略發展中一個明顯的步驟，但似乎經常被忽略，然而我們必須記得這是企業策略中最基本的要素之一。

6.資源（Resources）

資源的定義，在此包含投資及成本。投資對策略而言，是一經常性的投入，用以支援策略，而且是關乎於一個企業的價值判斷及策略。舉例來說，在航空業中，你可以發現到這些航空公司不是把大部分的投資用來購買新飛機，就是用來改善服務人員及服務水準。如果你發現一家船運公司在有形資產上長期的投資（好比是購買新船隻），那麼便可清楚的說明這家公司的策略。市場發展、人員及其他的軟體也會和投資有所關連，而公司整體成本的定位則是策略的決定要素。

7.結構變更（Structural Changes）

結構的變更或是事業單位的買賣，通常能指明一個企業的策略哲學。結構變更的開端很少發生在企業的事業單位階層，因為對於一個事業單位的領導人而言，主動去向上級建議他的單位應該被賣到另一個企業集團是相當不尋常的，其原因可能是：如此的建議，將不會被公司現有的老闆所接受。企業結構的變更會很自然地提供企業一個審視企業自己未來的重要方向。

8.發展計劃（Development Programmes）

產品、市場、事業等等的發展，通常都是一個整體投資計劃的一部份。企業的研發計劃是策略政策的結果，不論其是因科技進步促成或是因市場需求所造成。但不幸的是，對於因科技進步所自動帶來的科技培養而言，和企業策略的發展計劃常常是無關的。發展計畫是最明白的策略指標之一。

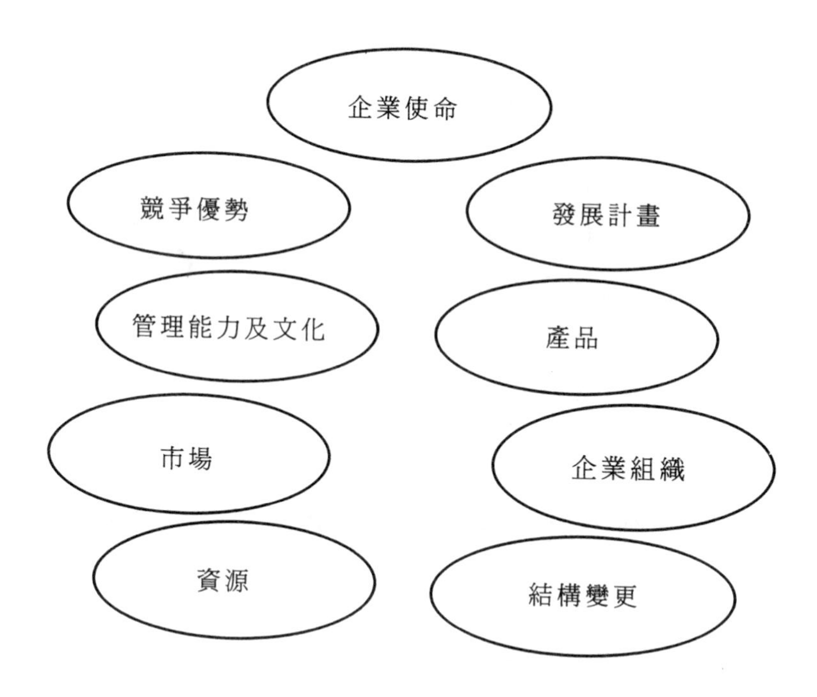

圖 57　策略的要素。控制一個公司或事業單位使用其資源的方法的九個關鍵性因素。

9.管理能力和文化（Management Competence and Culture）

管理能力和文化也是策略的指標之一。你應該研究企業管理如何運作，特別是企業家精神的程度及有關員工獎懲的處理。企業的企圖心程度通常決定於最高管理者。對於企業企圖心程度的探求，有一個好方法是：去研究此問題是否經過所有領導階層的同意，或者此主題是否曾被全然的討論過。

策略領導者的能力當然是重要的，而企業的使命、目標及策略則是引人關心的問題，所以因而被提出來用以詢問策略領導者。要從這些問題的回答去判斷策略領導者的能力程度是相當容易的，即使回答的口才不好，事實上程度也可能是很高的（只重內容，不重口才）。

企業文化的概念包括一些基本的價值判斷，而以種種的方式表現出來，例如：

— 對事業風險的接受態度
— 對企業家精神、高績效動機及低關係導向的接受程度
— 對品質及消費者滿意度的態度
— 對人羣、消費者及員工的態度
— 對工作、成功及失敗的態度

北歐服務行銷學派（Nordic School of Service Marketing）

北歐服務行銷學派發展出一套模型，如圖58。它涵蓋了外部行銷，但對於涉及如何瞭解市場及如何做市場分析的問題上不加以詳述。

1.品質（Quality）

任何公司行銷上的長期目標乃在於達到獲利率及加強企業的競爭態勢。消費者認知品質的方法，一般來說不外乎是：產品或服務、價格、構成他們和企業交易並影響他們的購買行為的其他交易事項，以及對於企業本身和其態勢的認知。

當消費者認知到一產品的品質愈好，那麼他就愈有興趣去買它（而

且更重要的是會重複地購買），則企業的競爭態勢也就會愈好。

消費者所認知的品質會被其預期以及他們和企業接觸的實際經驗所影響。其經驗相與預期愈接近，則其品質認知也愈佳；但即使認知到品質是好的，也會有層次上的差異，因為品質層次取決於既定區隔內消費者的需要（needs）、欲望(wishes)及需求(demands)。

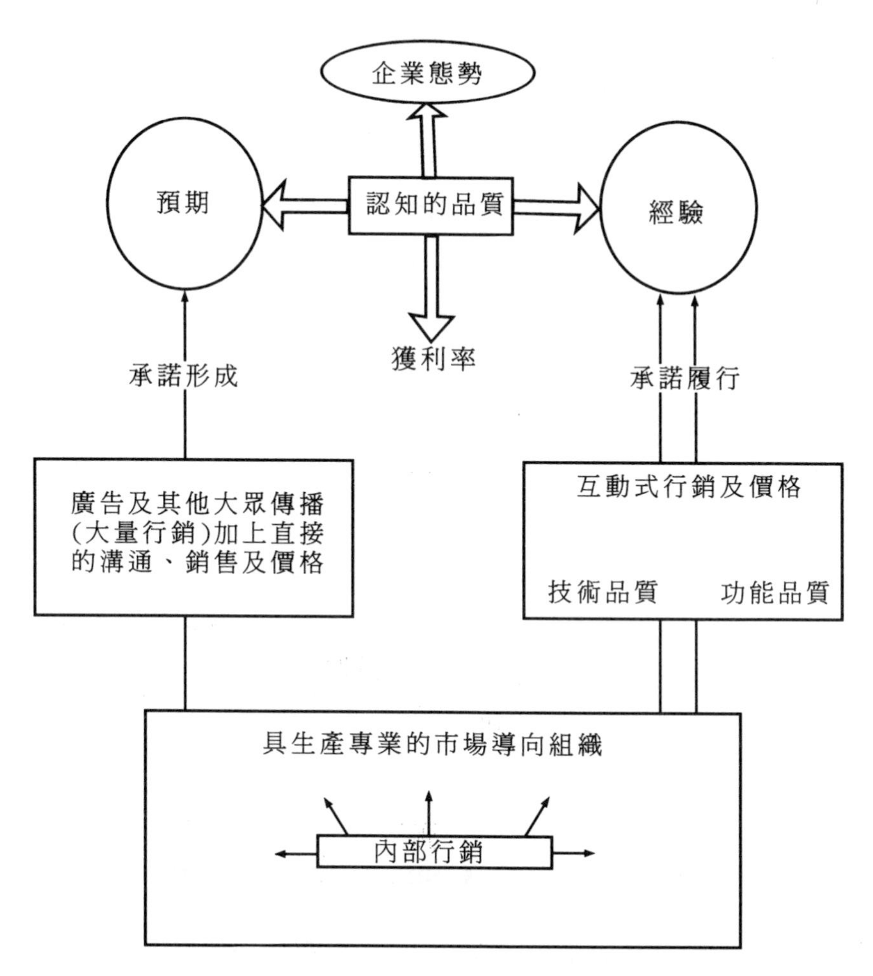

資料來源：Christian Grönroos & Dan Rubinstein

圖 58　北歐服務行銷學派建構此結果導向、長期的行銷模型。

2.期望（Expectations）

期望是決定於一個公司對於其顧客，以各種方式所給予的承諾。這些承諾主要是經由傳統的行銷活動，如：廣告、大眾傳播、人員推銷、促銷、公共關係的運用等所形成；另外，還有來自於先前的交易經驗所對企業形象的認知。

3.經驗（Experience）

經驗是介於企業和其消費者間的關係，是被比那些控制著期望的因素更多的其他因素所控制著。

首先，經驗取決於產品、服務或消費者購買系統（交易）的技術品質。技術品質 (technical quality) 可以被定義為：當消費者購買及使用一項產品、服務或系統時，所獲得可以解決某些問題的技術性方法。

其次，經驗被介於企業和其消費者間的功能品質所影響。

功能品質 (functional quality) 是從消費者的立場來說明供需雙方的關係是如何動作的一個事項。舉例來說，一個家庭的代表或企業的消費者是如何判斷和他們接觸的人的行為？他們對於公司的運輸系統、發票開立、顧客抱怨處理的觀感又是如何？另外，還包括交易發生的實體環境，例如：船艙、送貨車、送貨方式、工具、文件等。

功能品質的水準是取決於企業是如何市場導向的將資源運用在消費者關係上。而關於服務行銷及服務導向的產業行銷方面，我們將在企業的互動式行銷功能中說明。

波特的競爭分析（Porter's Competitive Analysis）

麥可・波特 (Michael Porter)，一位哈佛企管學院 (Harvard Business School) 的教授，由於他的著作及吸引讀者的能力，故已經成為一個具強大影響力的人物。甚至他先前的一些理念的簡單整理文稿，如今都廣受重視。

其理論包括競爭分析 (Competitive Analysis)，該理論致力於一著名的領域，即策略規劃 (Strategic Planning)，曾在早期受到熱烈的支持。而關於如何運作一個事業的理論則通常被視為「競賽理論」(Game Theory) 的一部份，該理論利用戰爭、西洋棋及其他現象所顯現的共通點，引導企業本身去概觀整體市場。在此理論中，每一個行為者均被視為遊戲中的玩家，而管理工作的大部分則是嘗試去瞭解其他玩家的想法，並評估此一局勢。

競爭分析的要素 (Components of Competition Analysis)

波特說，競爭策略的主題是定位你自己的公司，用你能完全發揮優勢的方法來定位。依此說法，如何去深入的分析競爭態勢，將是策略形成的重要因素。競爭分析的目的在於去了解你的競爭對手在其策略上所可能做的變化，例如:

1.你的競爭對手成功的機會是什麼?
2.一個既定的競爭者如何對其他競爭對手可能的策略變更作出反應?
3.競爭者如何對於產業及外在環境的諸多可能變化作出反應?
4.在產業中，何者是你要挑戰的對象?用什麼方法?
5.競爭者利用其策略的改變所想達成的目的為何?而你應如何看待它?
6.什麼領域你應該認清，以避免作出一些惱人的、會導致痛苦或損失的相反評估?

競爭分析就像是其他的策略分析一樣，是一項艱苦的工作，它要求廣泛的研究及許多你難以去發現的事實資料。

依波特的講法，競爭分析有四個診斷要素:

1.未來的目標（future goals）

2.假設 (assumptions)

3.現行的策略 (current strategy)

4.機會 (opportunities)

當對這四個要素有徹底的瞭解後，你可以對競爭對手的反應狀態下一個判斷，而如此的反應狀態可藉由圖 59 中的幾個關鍵性問題來定義。

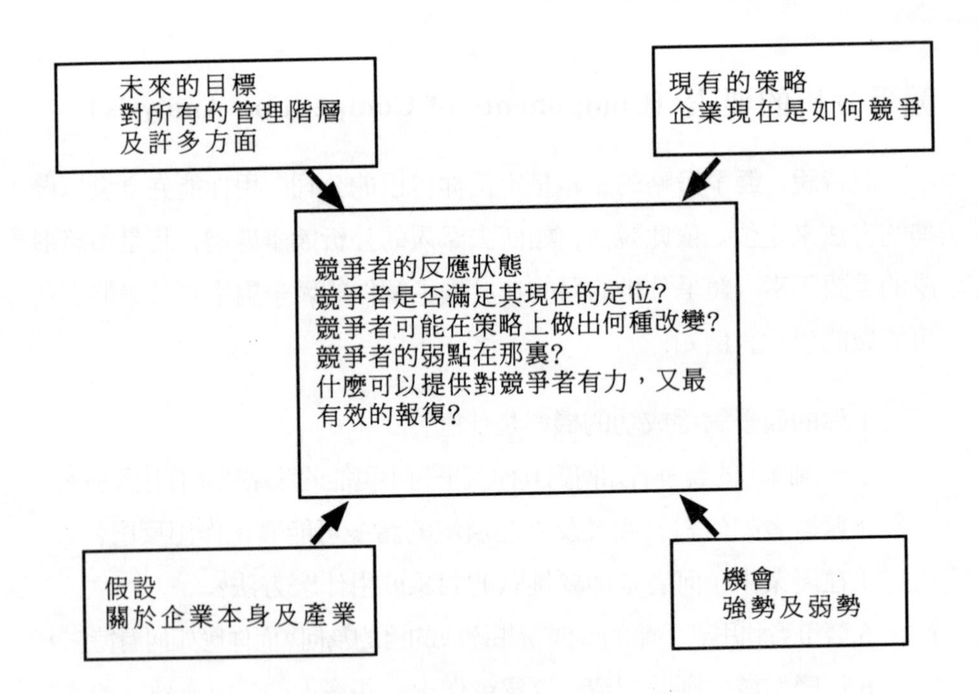

圖 59　波特的競爭分析的定義要素

以下我們將針對這四個要素發表一些意見。

1.未來的目標（Future goals）

對於競爭者目標的認識，能使我們有可能去預測一個既定的競爭者是如何以現在的定位及財務狀況來滿足他自己。基於此預測，你可以對於影響競爭者而使其作出反應並改變策略的各項事務之可能性作出判斷。

對於競爭者目標的瞭解也可以幫助你去預測其對公司策略藍圖改變的反應；一些如此的改變可能會威脅一特定的競爭者。對於競爭者目標的診斷，應該更進一步，包括一些定性的因素，如：市場領導者、技術定位及社會狀況。

2.假設（Assumptions）

概念上，並依照波特的理論，可以分成兩類：

1.競爭者對於他自己的認知。

2.競爭者對於產業及其中其他競爭者的假設。

每一個企業都是依照其對本身環境所作的一些特定的假設來運作。舉例來說，一個低成本的製造商，且具有最佳的銷售能力或者其他，則可能視其本身為其領域中的領導者。如此的假設通常會影響一個企業的行為方式及對事件的反應方式。

3.現行的策略（Current Strategy）

根據波特的說法，一個競爭者的策略應被定義為一個為其公司內每一個職能區域所設定的營運計劃，以及一種競爭者試圖整合其不同職能的方法。

4.機會

競爭者的機會會造成企業診斷上的困惑，因為目標、假設及策略均會影響其可能性、時效性、反應的性質及強度。

波特於是繼續探討強勢 (strengths)、弱勢 (weaknesses)、機會 (opportunities)、威脅 (threats)。當他著手將理論從診斷性的變成治療性的，他的綜合理論變得更為簡潔；他保留了競爭者未來的目標、假設、現行的策略及機會的基礎，使一個企業可以藉由關鍵性的問題，對競爭者面對種種狀態的可能反應，給予一個分析的脈絡。

讀者若是對此有興趣，可以參考波特的著作《競爭策略》(*Competitive Strategy*)。

波特的競爭五力分析 (Porter's Five Competitive Forces)

波特界定了一個產業中影響獲利率的五種競爭力量，分別是：

1.新進入此領域的競爭者
2.利用其他技術發展而形成之替代品的威脅
3.購買者的談判能力
4.供給者的談判能力
5.市場上現有廠商的競爭強度

競爭策略（事業策略）是從對於支配整個產業及決定其吸引力的競爭規則的瞭解所導引出來的。競爭策略的最終目標是去影響這些規則而達到企業所想要的狀況。這些競爭的規則可以被五種競爭力量來加以描述，如圖60。

潛在進入者 (Potential Entrants)

產業中一家新公司的成立意含了整個市場產能的增加，而這將會導致殺價競爭，或使產業中的廠商的成本結構上漲、或者降低其獲利率。依照波特的說法，有六種主要的進入障礙：

1.規模經濟 (Economies of Scale)：意指提高每單位時間的產量，而使得每一單位產品成本的下降。規模經濟之所以防礙新進入者，乃是因為其可以強迫他們必須一開始就要大量生產或投資，而且使他們必須冒著被現有產業中的廠商圍攻的危險。

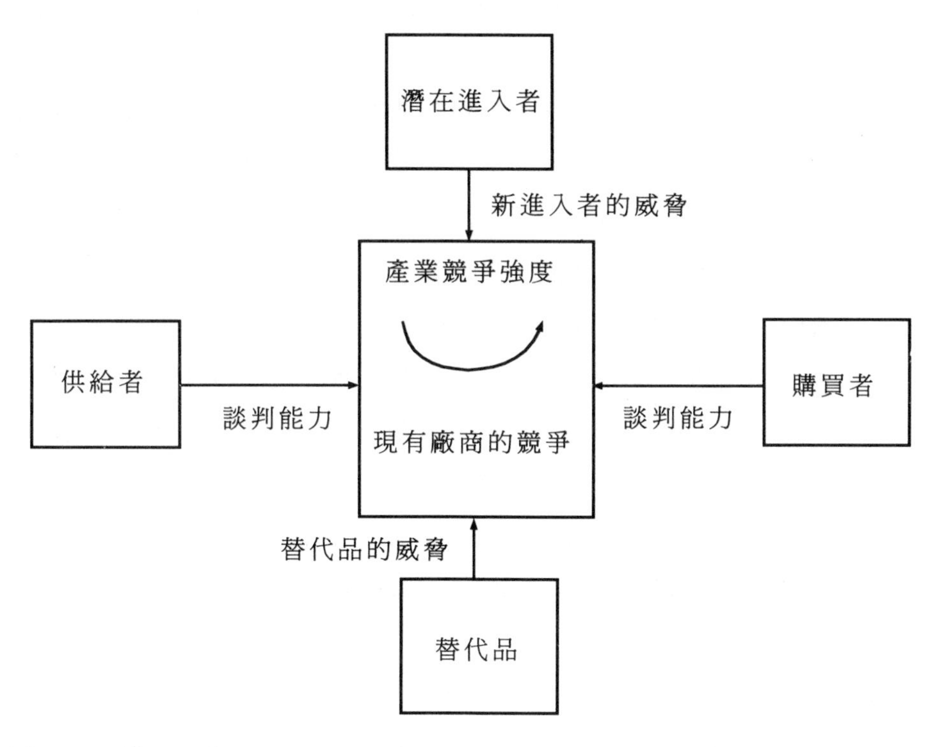

圖 60　波特的競爭五力。依照波特的理論這五力決定了一個產業的獲利率及其吸引力。

2.產品差異化 (Differentiation of Production)：意指利用行銷上的努力或傳統的口碑來確立企業具備廣為人知的商標，並獲得品牌忠誠度。新進廠商必須花費大量金錢去打破消費者現有的忠誠度。

3.資金需求 (Need for Capital)：意指必須花費大量的資金投注才能在市場中競爭，而使得想要進入此產業變得更加困難；而且這個障礙還因具有不確定因素而更為提高。資金的需求不只是用在生產上，也用在擴張消費者的信用、累積股本及應付企業初立時的損失等方面。全錄 (Xerox) 影印機就設下了一個有效的障礙，用以對付辦公室影印業務的新進入者；其所用的辦法乃是以出租的方式代替出售，因而對於潛在的競爭者而言，無疑是提高了資本的賭注。

4.轉換成本 (Coversion Cost)：對於轉換供應商的購買者而言，轉換成本是僅有一次的費用。但是對於生產者而言，轉換成本將包括了：人員的重新訓練、新的生產設備、新的技術服務需求、新產品的設計及原先生產終止的風險。

5.配銷通路的缺乏 (Lark of Distribution Channels)：此障礙將可以讓新進入者在同業中難以立足。新進入者必須依靠殺價、提供獎金的廣告及其他的誘因，來勸服市場上現有的配銷商及通路去接受他們的產品，因而會減少他們的邊際利潤。

6.其他的成本障礙 (Other Cost Obstacles)：依照波特的說法，是指和規模經濟無關，但是因產業中現有廠商的利益獨享所造成，包括：

— 具專利的產品技術
— 以有利的條件取得原物料的管道
— 具優勢的市場位置
— 對於政府的補助金有優先請求權
— 專業技術或經驗上的領先

市場中現有廠商的競爭
(Competition among Existing Companies)

廠商間的競爭總是為了想增強自己更為有利的定位，而依循著老舊的程序進行著。這些戰術上運用，包括了像是優惠價格的提供、廣告戰、產品推銷、顧客服務及保證使用期限等。

波特認為，當一個或更多競爭者位於一個擠壓的環境，或者看見了一個可以改善其定位的機會時，競爭就產生了。而產業中競爭的強度可以依照競爭對手間彼此的狀況，像是紳士般地有禮或是尖銳、割喉般的激烈手段等。

波特指出一些可以決定市場競爭強度的因素，如下：

— 有許多的競爭者，或是競爭者彼此的強弱在伯仲之間
— 產業的成長率遲緩
— 高固定生產成本，或是高存貨成本
— 無差異化（無轉換成本）
— 產能大躍進（但是市場並未擴大）
— 不同種類的競爭者
— 高策略價值
— 高退出障礙

替代品（Substitutes）

就廣泛的角度而言，一個既定產業中的所有廠商都在和其他生產替代產品的產業競爭。藉由一個可使產業中的廠商獲利率無損的產品最高價格的限定，替代品會限制一個產業的潛在利潤。

為了判別替代品，一個廠商必須看看四周的其他產品，是否有和自己產品相同的功能表現。但是，要想引導分析人員從原先產業所關切的領域，而做如此重大觀念的改變，有時是相當困難的。

購買者的談判能力 (Bargaining Power of Buyers)

購買者和產業的競爭乃在於購買者對產品價格的不滿意（或降低滿意程度），或是對於更高品質、更好服務的要求，或者使產業間競爭者相互對立（爭奪購買者），而坐收漁翁之利。購買者的這些動作都將會損及產業的獲利能力。產業中每一個重要的購買群體的強度，取決於市場狀態特徵因素的多寡。

如果符合下列的因素，則購買者群體將會是強有力的:

— 購買者集中，或購買量佔供應者銷量的大部分。
— 所購買的產品不論成本或購買量上均佔了購買者本身極重要的比例。
— 所購買的產品為標準化或無差異化。
— 對轉換成本不敏感。
— 購買者本身的邊際利潤很少。
— 所購買的產品對於購買者本身的產品或服務而言，並非是決定性的。
— 所購買的產品已廣為人知（購買者對產品具完全資訊）。

供應者的談判能力 (Bargaining Power of Suppliers)

供應者之所以能夠對產業中的廠商威脅，乃是藉由提升其所供應的產品或服務的價格，或者降低其產品或服務的品質。當產業不具有提高其本身產品的價格來反映其成本增加的定位時，供應商便居於強勢的地位，將會削減產業的獲利率，使得供應者強有力的因素和使得購買者強有力的因素是相對的。

一個供應者群體如果符合下列的標準，那麼將會是有力的:

— 由幾家廠商所掌控，而且比其銷售的對象產業更為集中。
— 不須與其他替代品競爭。
— 所銷售的對象產業並非其最重要的顧客。
— 所銷售的產品對於對象產業的業務而言，具關鍵性的地位。
— 產品具差異化。
— 具有向前整合的能力，得以確立其在產業中的地位。

波特說，經由分析產業中影響競爭的力量及其根本原因，一個公司能判定自己在產業中的強勢及弱勢。

波特的一般性策略 (Porter's Generic Strategies)

所謂的一般性 (generic) 是指：可以普遍地適用或由一定的基本假設所推論而得。

在 1980 年出版的《競爭策略》(*Competitive Strategy*) 一書中，波特說明了能改善競爭力量的三個基本的一般性策略。一個企業家想要獲得競爭優勢，必須在策略上作一個選擇，以免變成「樣樣通，樣樣鬆」。

這三個基本的一般性策略是:

— 成本領導 (cost leadership)
— 差異化 (differentiation)
— 集中焦點 (focus)

為了達到成本領導，一個企業必須將成本維持在其他競爭者之下。為了達成差異化，必須提供某些認知獨特的東西。而集中焦點，波特認為那表示一個企業應集中努力在一特定的消費群、產品區隔或地域性的市場上。

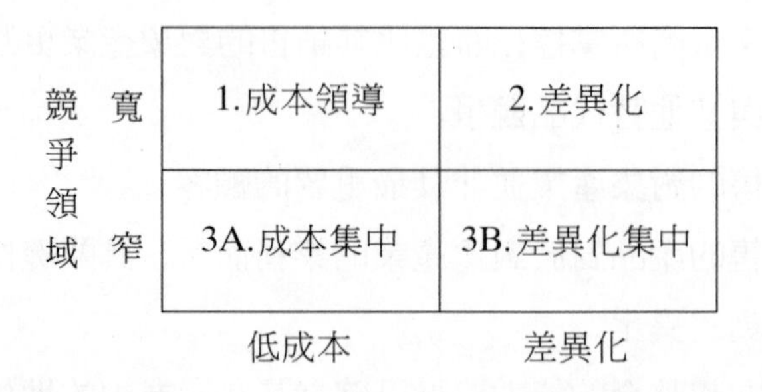

圖 61 波特的一般性策略。波特的四象限矩陣顯示了策略的選擇。例如象限 1 是被主要的歐洲小型車生產廠商所佔領，其經由大量生產及低單位成本而獲得價格領導的地位。而 Volvo 汽車則可以被擺在象限 2 中。而生產大型豪華車的 BMW 則針對非價格敏感性的小市場，可以擺在 3B 象限。

「成本領導」可能是這三個一般性策略中最明白的，它表示了一個企業打算成為產業中的低成本生產者。這樣的企業擁有廣大的運輸範圍，而且服務產業中的許多區隔市場；而如此的市場寬度通常就是他可以成為成本領導的關鍵。成本利益的特性會依產業結構的不同而不同，有可能是規模經濟、優越的科技、或者取得原物料的管道所造成。

低成本的生產方式會導致經驗曲線 (Experience Curve) 的下降。一個低成本的生產者必須去發現、利用每一個可以增加成本優勢的機會。最一般化的情況是：當配銷通路的鎖鏈是強而有力時，生產者將會銷售沒有增加任何附加價值的標準化產品。

波特進一步指出一個成本領導者不能忽視差異化的原則。因為如果購買者在購買產品時並不關注於產品的比較或接受度（因產品無差異所造成），則成本領導者將被迫採取殺價的方式去對付其競爭者（因為產品沒什麼好比，只好比價格），因而將會失去他的成本優勢。

波特從此推斷一個成本領導者必須和其競爭者在價格上維持同等水準；或者至少在能力所及的範圍內，做到差異化的原則。

依照波特的說法，「差異化」意指：一個企業努力追求產業中某些方面的獨特化、單一性，以獲得大量購買者的重視。它可以選擇一個或更多個產業中的消費者所認為重要的品質特性來定位自己，以滿足消費者的需求。

依照每一產業的差異化變數均為特定的推論，差異化可以是在產品本身、運輸方法、行銷方法或其他因素中尋得。一個企業如果想要差異化，便必須尋求使成本更具效能的方法，不然，將有因不利的成本定位而導致競爭優勢喪失的風險。

「成本領導」及「差異化」的區別在於前者只能用一種方式達成，那就是經由具有優勢的成本結構；而差異化則可以利用多種方式達成。

第三種一般性策略是「集中焦點」，它與其他兩者不同的地方是：選擇產業中範圍較窄的競爭範圍來競爭。

「集中焦點」意指：在產業中選擇一個區段，修改你的策略去服務此區段，並且比你的競爭者更有效率。經由一個最佳目標群體的策略選擇，你可以在你所選擇的群體中，找到你所具有的競爭優勢，而此就是你的焦點所在。

集中焦點策略有兩種類型：「成本焦點 (cost focus)」，表示一個企業在其選擇的區隔內嘗試去增加成本利益。而「差異化焦點 (differentiation focus)」，則表示一個企業嘗試去和產業中的其他廠商有所區別。在此方式中，企業能藉由集中焦點於市場中所獨佔的區隔，而獲得競爭優勢。此焦點的本質是在於利用窄的目標群體而和產業中其他的消費者加以區分，目標群體的寬度自然地成為一種程度而非種類上的問題。

波特說，採用此三個一般性策略中的任一個，均可以有效地獲得及保持競爭優勢。

進退兩難的公司 (Firms that Are Stuck in the Middle)

以下的文章是引用自波特的《競爭策略》*(Competitive Strategy)*一書:

> 有三個一般性的策略可供選擇，是企業可以獲得競爭力量的有效方法。與先前所討論相反的是，企業在發展策略時通常會失敗這三方面中的至少其中之一，那麼企業將會進退兩難，而處於一種極為弱勢的策略定位。企業若是缺乏市場佔有率、資本投資，但又決議去投入低成本的競爭時，就必須為此低成本的定位尋求整個產業的差異化，或者集中焦點在創造差異化，或者是使低成本的產品僅限於一有限的範圍內。
>
> 一家「高不成，低不就」(stuck in the middle) 的公司幾乎可以保證其獲利率將會是低水準的，其不是喪失有低價需求的大量消費者，就是必須放棄一些利潤以從其他低成本的廠商手中搶得生意。另外，對那些把注意力擺在高利潤目標或全然差異化的企業而言，也將喪失高邊際利潤的精華事業，而陷於停頓、膠著的公司也可能因模糊的企業文化、組織管理和運作系統的矛盾、衝突，而遭受損失。
>
> 這些陷於困境的企業必須做一次基本的策略決定，必須採行可以獲得成本領導或是至少成本相同的步驟；而這些通常包括了積極投資於企業現代化及能獲得市場佔有率的一些必需手段，或者企業必須朝向某一特定的目標，以取得某些獨特性（差異化）。後面所說的這兩個策略選擇可以對於企業的市場佔有率，甚至是銷售量的下降，提供很好的幫助。……（波特，1980）

成本領導的風險 (Risks of Cost Leadership)

一個低成本領導者必須在一定的壓力下，才能保持其地位。這句話的意思是指它必須在現代化設備上多加投資、嚴格地淘汰老舊的資產、抵抗產品擴張的誘惑，並且對於新科技的進步時時保持注意。成本的降低並非是大量生產就自然而來的結果，亦非沒有付出心力就能享有規模經濟的優勢。

下面有些關於成本領導的危險因素必須注意:

— 科技上的進步會使現有的投資及專業技術失去價值。
— 藉由現代化設備的投資或技術上的模仿，新的競爭者或跟隨者也將獲得相同的成本優勢。
— 疏於對產品或市場需求變化的察覺，將會造成成本支出超出預期。
— 成本通貨膨脹將會侵蝕企業的能力，使其不能保持一個足夠大的價格差異來和競爭者或其他差異化的優勢相抗衡。

差異化的風險 (Risks of Differentiation)

差異化有其本身的風險:

— 產品差異化的企業和低成本競爭者間的成本差距可能太寬，而無法以其所能提供給消費者的專業、服務或名氣來彌補。
— 購買者對於差異化因素的需求可能會降低，這在當購買者具備更多知識後，是很容易發生的。
— 仿冒將使被認知的差異模糊化，這在成熟的產業中，是一個一般化的現象。

這些風險中的第一個尤其重要，值得我們加以說明。

一個企業能對其產品加以差異化，但此差異化可能會被與競爭者價格上極大的差異而打敗。所以，如果一個差異化的企業對於科技的改變或是成本上遠遠的落後全然不在意，那麼一個低成本的企業將能獲得一個具強大攻擊力的地位。而這也就是為什麼 Kawasaki 和其他的日本摩托車製造商能藉由提供給消費者實質上的成本節省，而攻擊一些差異化重型摩托車生產者，像是哈雷 (Harley Davidson) 機車、Triumph 等。

集中焦點的風險 (Risks of Focusing)

集中焦點的風險包括下列幾種不同的形式:

— 介於普及化的生產者和集中焦點式企業間的成本差異的增加，可能會使服務窄的目標群體的成本優勢消失，或者比經由集中焦點來獲得差異化更有價值、更為重要。
— 策略目標群體及市場對於產品及服務種類的需求差異並沒有想像中那麼大。
— 競爭者可以在集中焦點式企業的目標群體中找到其目標群體，而且利用其新開發、新冒險，而獲致更好的成功。

許多有實際經驗的生意人認為波特的理論太過於一般化，以致於在實際的狀況中沒有實質的說明價值。雖然如此，但在消費者認知價值的建立及價格問題間的平衡，他是正確的，而這也就是波特一般性策略理論的重點所在（可參考註解 Value）。

波特的價值鍊 (Porter's Value Chain)

波特所發展出來的「價值鍊」，在策略的領域上，表明了一種認真嚴肅的企圖去分析消費者的需求結構。波特在其 1985 年所出版的《競爭優勢》 *(Competitive Advantage)* 一書中發表了「價值鍊」的理論。

在文中，價值 (value) 被定義為：購買者對他們從供應者取得的產品所願意支付的代價。一個企業如果所創造的價值超過其創造此價值時所付出的成本，便具有獲利能力。因此，競爭狀況的分析必須基於成本，而非價值。

依據波特的理論，一個企業的競爭優勢不能藉由簡單地研究企業的整體概況而有所瞭解；因為競爭優勢起因於企業多樣化的活動，包括：設計、生產、行銷、運輸及支援等功能。其中的每一個活動對於企業的相對成本生產及建立差異化的基礎，都有貢獻。

波特將企業的價值鍊擺在一個大的活動流程內，而將此稱之為「價值系統」(Value System)。請參考圖 62。

波特的價值系統 (Porter's Value System)

波特在其談論競爭的文章中，定義「價值」是：購買者有意願去支付購買供應者所傳送商品的總計。價值是以整體的收益來衡量，是企業商品的銷售價格、及企業所能銷售的單位數量的函數。

每一價值創造活動，包括：

— 買進要素 (bought-in components)
— 人力資源 (human resources)
— 某些科技形式 (some form of technology)

— 種種的資訊流通 (information flows of various kinds)

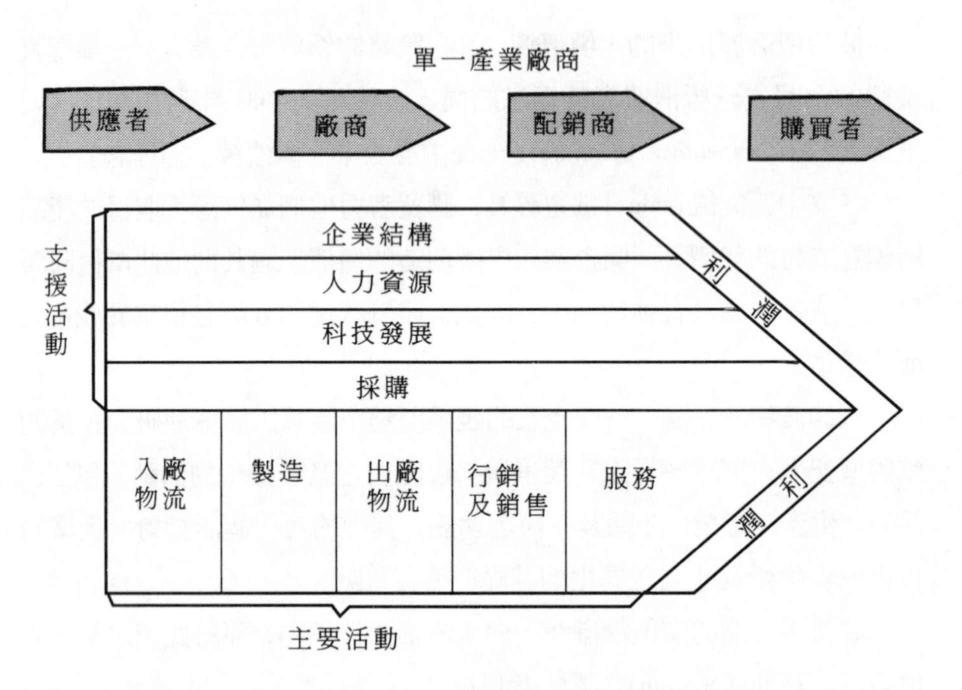

圖 62 價值鍊。波特教授提出兩個圖形來說明價值鍊。它描述了從原物料的採購到商品完成的過程間價值的增加。藉由一步一步的分析此過程，你可以判定在此鍊中的環節，何者是你可以競爭的，何者是你的弱點。

價值創造活動可以被分成兩類：主要活動 (primary activities) 及支援活動 (support activities)。

「主要活動」顯示於圖 62 中大箭頭中的最下一列。它們是一些關於產品的物質創造、銷售、運送給消費者及售後服務的活動，包括：

1.入廠物流 (inbound logistics)，由商品的接收、倉儲、分類、處理、儲存、盤存、搬運及後送等作業所組成。

2.製造 (manufacturing)，由將投入轉換成產品的所有活動組成，像是機械製造、包裝、組合、設備維修及產品測試等。

3.出廠物流 (outbound logistics)，包括裝運、倉儲、配銷產品給購買者等活動；也包括訂單處理、排程、運輸等活動。

4.行銷及銷售 (marketing and sales)，由說服消費者接受並購買產品的所有設計活動組成，包括廣告、促銷、人員銷售、特價傳單、配銷通路的選擇及定價等活動。

5.服務 (service)，由保持、加強產品傳送價值的所有設計活動所組成，包括安裝、修理、訓練、備用零件及產品修飾等活動。

而支援活動則顯示於圖 62 中大箭頭中的上面四列，包括：

1.企業結構 (corporate structure)，包括管理、財務、會計、法律事務、公共關係、品質管制等活動。

2.人力資源 (human resource)，包括各類人員的招募、訓練、發展及報償。

3.科技發展 (technological development)，指影響專業技能、程序及處理等每一個價值創造活動的各項事務。

4.採購 (purchasing)，意指與原物料的取得相關的活動，是一種向供應商購買的實質功能，而非是物料的流程邏輯。

問題探知研究 (Problem Detection Studies, PDS)

問題探知研究 (PDS) 的技術並非是一種策略模型，但它確實在使現行的策略趨勢朝向全然地瞭解消費者的需求結構上，扮演了決定性的角色。

PDS 程序是開始於一些深度會談（與企業關鍵人物、消費者決策制定者及顧問），藉以形成一些和使用既定產品或服務相關的問題；這些初始的問題被用來作為引導出大多數消費者回應的基礎，然後將這些大量的回應送進電腦處理、分析。

雖然這個技術並不能觸及消費者需求結構的根本，但它可以提供了一個對於消費者在使用某項特定產品或服務時的經驗的良好瞭解。PDS 的結果通常可以被利用來使一個企業更具競爭力。

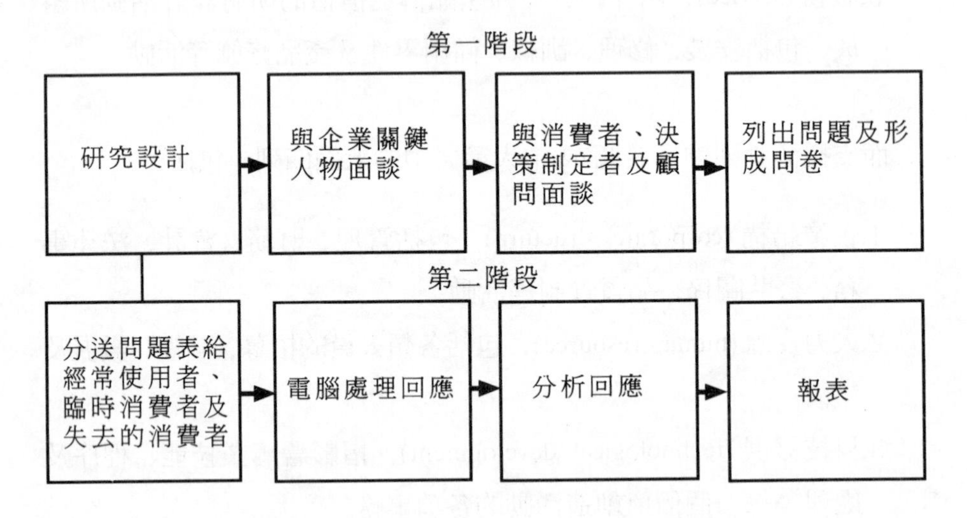

圖 63 問題探知研究。PDS 的程序由兩個階段八個步驟所組成。這是基於深度的面談及利用回應去判定、形成問題，以使行銷產品上更有效果。

程序管理 (Process Management)

一個程序導向的方法，類似於 80 年代美國所發展出來的基準評比法 (benchmarking)，此概念通常被稱為「程序管理」。在此精妙、簡單的構想背後，主要是藉由對於程序系統的判定，從旁考慮一個事業的表現能否滿足消費者。企業和組織基於某些原則而有某種結構，有可能會導致組織的劃分和工作程序交錯（也就是工作流程會橫跨好幾個部門）。例如：一家航空公司會從技術部門蒐集各種資源，而成立其專有的飛機引擎專門技術部門，因為飛機引擎必須有精密的技術來完成，而不能在生產線中被分散的進行。另一方面，此結構和責任部門可能會產生較不能相互配合、較不理性的動因，像是人際關係、傳統態度和歷史等。

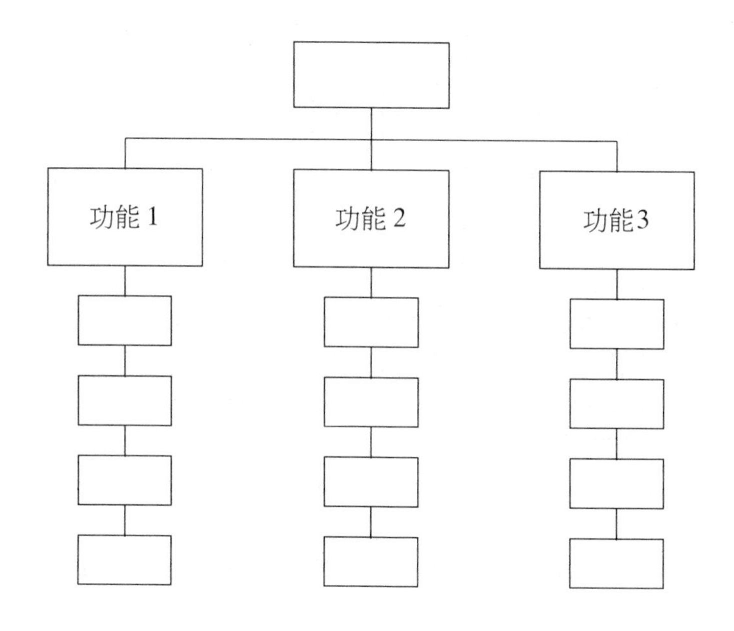

圖 64　企業或是企業的利潤中心，像是部門或事業單位，傳統上都是基於某些結合力量的基礎而以功能導向的工作群體組織起來。這樣的系統會有普遍地次佳化的風險，因為組織會有較喜歡利用功能單位，而勝過以滿足消費需求的過程來掌控活動的傾向。

程序概念被解釋為「工作過程」。然而，也可以非常複雜地將它說成是傳統組織表中的空白處的連結，也就是組織各單位間的流程。藉由判別、改善及管理這些程序，我們能加強全盤的消費者導向式思考，而這正是傳統組織表中所缺乏的。

功能式導向的組織表實際上可能只有很少的工作執行流程包含在其組織內。工作的形式 (forms of work) 被用在組織理論中，總是被用來建構、定義責任部門的範圍。程序管理是一橫跨組織區分，而連結生產、改善工作形式的方法，因此能使工作過程 (processes) 及流程 (flows) 更具效率。

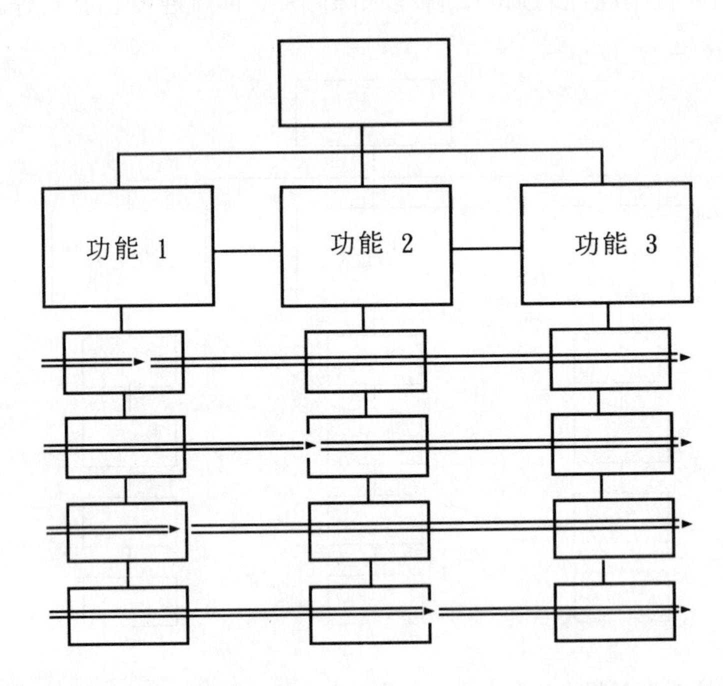

圖 65 此圖舉例說明了程序概念的基本原則，也就是說工作執行的流程會經過好幾種功能基礎的組織單位。

考慮發生在組織內工作執行的流程，我們將焦點擺在那些貫通整個組織，而其最終的目的在於直接或間接滿足消費者需求的活動流程。一個程序管理者是被指派給每一個工作程序，而且對於所有經過此程序以達到產出需求的活動，有一既定的責任。

程序的想法在基準評比法的執行上，是一非常有用的方法。因為基準評比分析的意思是：用來比較一企業和其他具有測量基準的同夥間的工作執行程序。程序概念能藉由分析一個計劃的綱領般地對基準評比法的執行有絕佳的支援。

此概念也能為執行基準評比法分析提供一良好的模型。基準評比法的本質不只是去量化及測量你自己的事務，並和其他業界的典範相比而已，而且還有學習去認知及完全的瞭解此基本方法、流程、工作執行，而這些能解釋為何那些運用基準評比分析的同業能如此的成功。

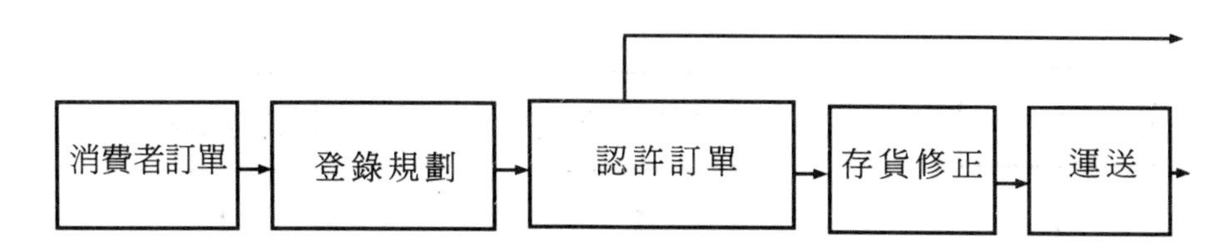

圖 66　此圖利用簡單的方式說明企業中處理消費者訂單的過程。此管理乃希望縮短現有的訂單週期時間，由 22 天減少到 10 天。為了達到此目標，他們決定使用基準評比法並且和一些具有類似消費者訂單週期、並已達到所希望的速度的廠商做比較。對於此基準評比法的執行，並不需要去尋找同產業中的另一家企業，因為無論在何處，具有基準評比分析的同業當其優點被發現時均可以被尋獲，而和其營運內容無關。

程序管理，就像是基準測量，適合採取一步接著一步 (step-by-step)的方法。Gösta Steneskog 在其程序管理的書中，描述了一個三階段的方式：

1.確立程序 (identify the process)
2.制定程序 (establish the process)
3.管理程序 (manage the process)

第一步為確立程序，包括確認程序中的問題。程序確立後，某些人便被指派去負責此程序。此步驟和基準評比法的第一階段是相關的，也就是說，決定事業中的那方面需要建立作業標準。

第二步為制定程序，程序被定義及量化。就像在基準評比法中，為了極大化管理及控制的效果，對於工作標準有良好的定義及正確的測量是相當重要的。程序的發展及改良，在組織中是以專案的形式來進行。

第三步為管理程序，包含：針對員工持續的教育，改良其工作程序，監督及發展新的程序。也像是在基準評比分析一樣，如果工作是持續、反覆的程序，那麼將可獲得最佳的效果及精確度。

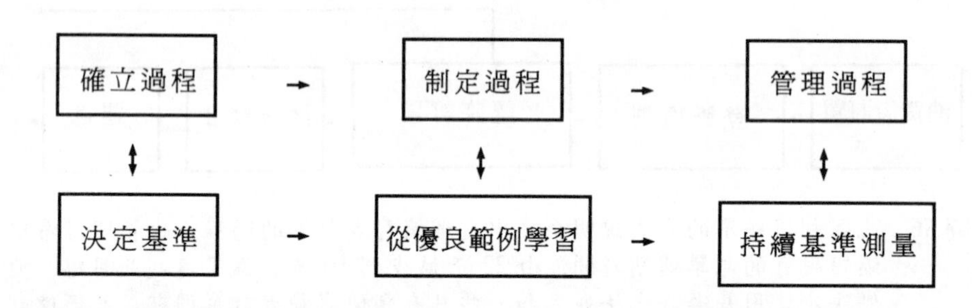

圖 67 程序管理的方法和基準評比法緊密的相關，主要是做為了解基礎工作內容的一種工具。

產品／市場矩陣 (Product／Market Matrix, PM Matrix)

產品／市場矩陣，通常又稱為產品／市場不確定矩陣 (Product/Market Uncertainty Matrix)，是一個實用性的工具；企業可以用以將產品、服務及市場，依照銷售潛力的不確定性程度，或是利用既定產品滲透一既定市場的可能性，來加以區分。

經驗顯示，當市場具有現成的消費者時，要想銷售和公司現有的產品線無關的產品，比起銷售一些公司正常銷售（現有產品線）的產品更難。有兩個例子是：當 IBM 想要嘗試去建立辦公室影印設備市場時，及當全錄 (Xerox) 嘗試去打進個人電腦市場時。

相反地，經驗也顯示，銷售一現有的產品或服務給類似公司現有顧客羣的消費者，要比銷售給一些全新類別的消費者來得容易。

更進一步的應用是：此矩陣中的方格，可以表示出潛在銷售量增加的可能性，而這可以對於量化一個關於銷售或事業發展的規劃提供協助。

在使用這個矩陣時，有一個一般性的錯誤，那就是在看待「市場」時，都簡單地把它看成一個抽象的概念，而不努力去將其具體化。你不能將一個造船廠看待成一個單一的消費者，而為輪船推進器、航空機票、顧問服務等產品或服務的銷售潛力歸納出結論，因為這些產品及服務雖然是由造船廠所購買，但卻是由彼此無關的個別部門所購買的。

PM 矩陣也被用在將一個事業細分成市場及市場區隔，或者產品及服務。分類的程序及結果可以對事業的定位提供有價值的線索。因為消費者所注意到的產品部份應該被加以發展，而所忽視的則應被停止。

	現有產品	新，但是相關的產品	全新產品
現有市場	90%	60%	30%
新，但是相關的市場	60%	40%	20%
全新市場	30%	20%	10%

圖 68　產品／市場矩陣顯示了如何利用擴張現有的主要產品線及市場而成功銷售的可能性。有一個例子是汽車出租商的企業使命是將汽車租給生意人（最上一列最左一格）。當事業繁榮時，他決定擴大事業，而開始租車給生意人的妻子（中間一列最左一格），但此並不能如以前成功，只有60%。當他開始銷售假期旅遊業務給生意人時，其成功機率更低，只有30%。（最上一列最右一格）。

企業中如流星般的事業，常會提昇至一種經營管理者也不曉得應該賣哪一種產品給哪一種消費者的境界。在此狀態下，分類程序本身就具有極大的價值。此矩陣能提供一個方法，使企業能跟得上市場（或市場區隔）及產品（或產品群）的趨勢。

形象研究 (Profile Study)

所謂的形象是指：「企業被其重要的目標群體所認知的部份的總和」。一個企業的形象可以想像成此企業在其目標群體眼中的看法。

形象研究已經被銷售消費者產品及服務、顧問業務等具有抽象性質的產品的企業廣泛的使用。

以消費者產品為例，形象研究已經被使用於一些高使用率的產品，像是牙膏、洗髮精。而在消費者耐用品的案例中，此研究被用於車子、電視機及房屋。

企業形象研究也被用在一些服務性商品的產業，像是銀行、航空公司，以及一些關於資料、管理、法律的顧問公司。

外在世界對於顧問公司的認知（也就是顧問公司的形象），是消費者在選擇顧問時的決定因素。所以，對於一個企業形象的認知，是企業或消費者在行動時一項非常珍貴的指標。近幾年來，形象研究已經開始被應用於工業五金的業者，使得此已成長得極為廣泛的業務，變得更為市場導向。

市場導向意指：企業開始去研究根本的需求結構，然後利用所獲得的知識來做一些改變，使其滿足消費者需求的能力有所改善。「技術官僚」(Technocratic) 式的產業管理結構在傳統上是相當生產導向的，因而較無意去對消費者的希望及消費者對企業的認知（即形象）有真正的興趣。

圖 69 說明了三個管理顧問公司是如何被其市場所看待。這是瑞典

Testologen AB 公司所執行的一個研究計畫的實際案例。

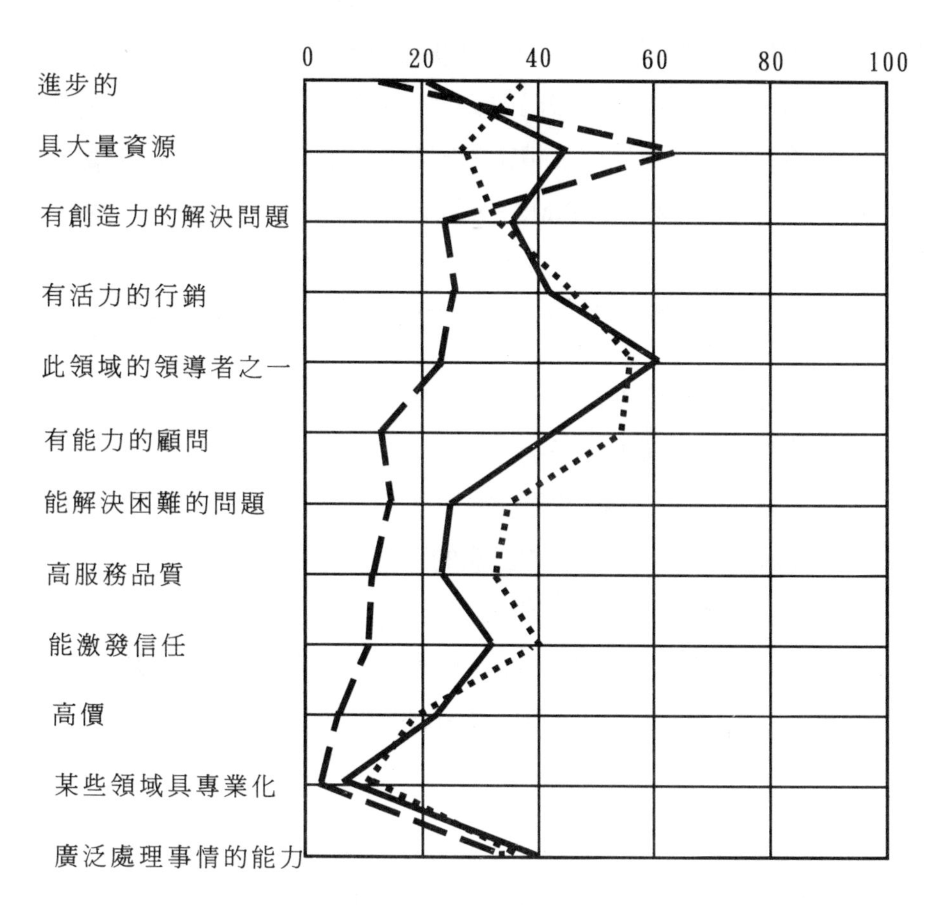

圖 69　三家顧問公司的市場形象。實線所表示的是其被認知為市場領導者，但在激發對於其服務品質的信任上，有明顯的困難。

行銷策略的利益影響
(Profit Impact of Marketing Strategy, PIMS)

PIMS 技術是由奇異 (GE) 公司的研究小組與哈佛企管學院 (Harvard Business School) 於 70 年代所共同發展出來的一種用來評估多角化投資

組合的經營成果的工具。

我們稱 PIMS 的狂熱者為 “Seventh Day Adventists”（意思是: 相信 PIMS, 就像相信耶穌基督會在安息日降臨一樣），因為他們似乎對每一件事情都有一個答案。此方法已廣為大眾所熟知、接受, 因為它在細節上的完成度, 給人一種科學上精密的印象; 但是, 卻可能會使解釋者偏離正途。在一個我必須使用 PIMS 的時機, 它提供了一個絕佳的工具, 不管其結果是對、是錯, 它總是協助提昇了策略討論的層級, 甚至在許多案例中, 比用其他分析模型來得更好。PIMS 模型可以簡單的描述如下:

1.一般性策略的條件決定了事業的獲利率。
2.這些條件和產業型態是獨立的。
3.這些策略條件佔了影響獲利率原因的三分之二，其餘的三分之一則取決於像管理者洞察力之類的因素。
4.有 30 個策略變數可以提供給事業單位作為分類的基礎。
5.有一個蒐集了大約 3,000 個事業單位的所有關於這些變數的資料庫，可以提供一個事業單位及資料庫的變數做比較。

分析的原理，舉例如圖 70。

這 30 個變數將會對事業單位的結果有 67% 的影響，而其中有五個主要的變數，更是佔了其中的 50%。這五個變數是:

1.資本強度 (Capital Intensity)：一個大量資本化的事業單位將有高額的固定成本。產業若是具有高固定成本將會很容易成為競爭弱點。而如此的一個產業將會想從量的角度來競爭，而且可能會傾向於實行邊際定價法，而這些舉動帶來的後果就是獲利率的下降。
2.相對市場佔有率 (Relative Market Share)：對於身處一強調規模優

勢的產業中的企業而言，一個相對於競爭者具有高度市場佔有率是相當重要的。在資本密集產業中，市場定位是舉足輕重的。

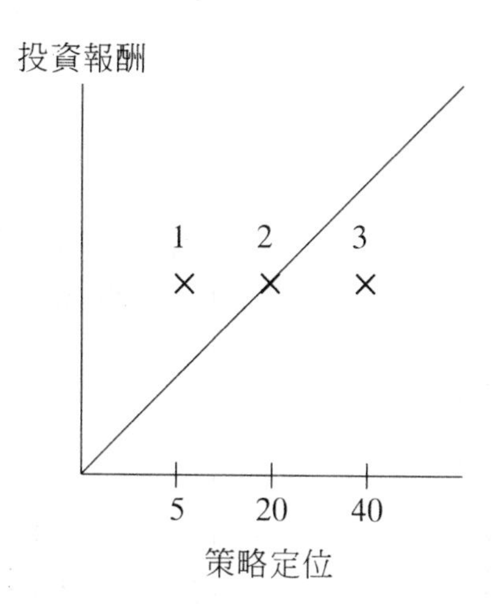

圖 70 此圖說明了 PIMS 分析的主要原理。事業 1 顯示其具有在弱勢策略定位下所期望的更好的結果。事業 2 的獲利率則為正常，而事業 3 的獲利率相較於其策略定位則太低了。

3.相對品質 (Relative Quality)：在高度產品差異化的產業中，和競爭者間的品質比較是最重要的因素。

4.生產力 (Productivity)： PIMS 將生產力視為每一職員的附加價值。當每一職員愈優秀，則其附加價值的要求也會愈大。

5.產能利用率 (Capacity Utilization)：其定義為實際產量除以最高產能產量。此表示式考慮到產業中正常生產班制的實行，及藉由投資來消除產能瓶頸。

為了舉例說明 PIMS 的研究結果，圖 71 顯示了依據 PIMS 資料庫中相對於各種市場佔有率及相對消費者認知價值下的資本報酬。

PIMS 是一個可以獲得數據以衡量多角化投資組合事業單位的良

好工具，PIMS 也是一個比先前討論過的矩陣更為複雜的工具；另外，PIMS 還可以提供機會去評估投資組合的價值創造。其餘關於 PIMS 者還有很多。

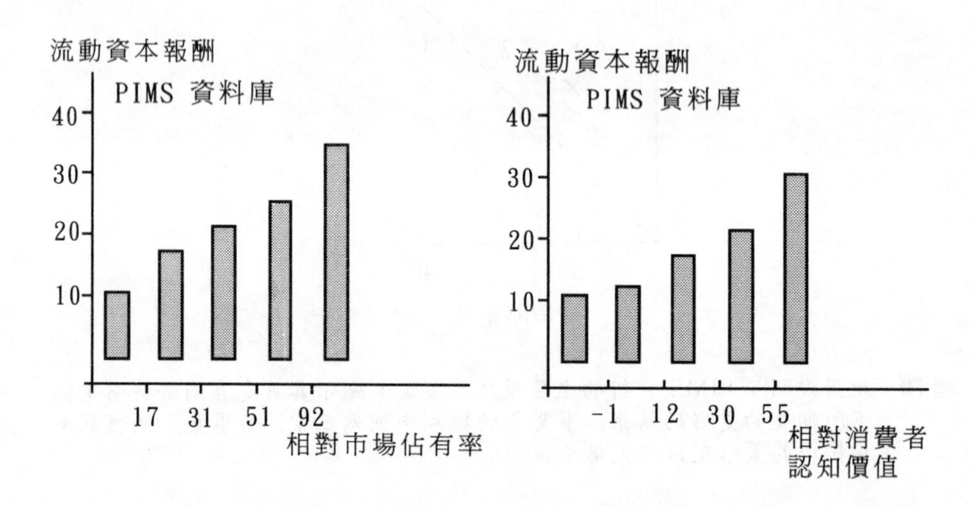

圖 71 此圖例示了在電腦軟體事業中的獲利能力。大約 3,000 個事業單位被分成 5 類，左邊顯示的是流動資本報酬和相對市場佔有率的相對性，而右邊顯示的是流動資本報酬及相對消費者認知價值的比較。具有最高市場佔有率的事業單位通常也具有最佳的資本報酬，同樣的，具有最高消費者認知價值者，也將具有最佳的資本報酬。

S曲線 (S Curve)

S 曲線已經變成非常大眾化的工具，特別是在科技導向的事業發展上。它實際表達出了產品改良的資源投入及採取行動後獲得的效果兩者間的關係。圖 72 顯示了 S 曲線的普通型式。

在以技術為本的產業發展上，S 曲線被用來表示現有技術和新科技的比較下產品性能的改善。發展中的產業，擁有最新科技的廠商通常是沒有傳統的。有許多來自產業外環境開始科技變革的例子，有一個例子是：製冰機是由機器生產廠商所研發出來的，而非製冰廠。另外，第一個電子計算器是來自半導體產業，而非傳統電磁式計算器的生產廠商所研發出來的。

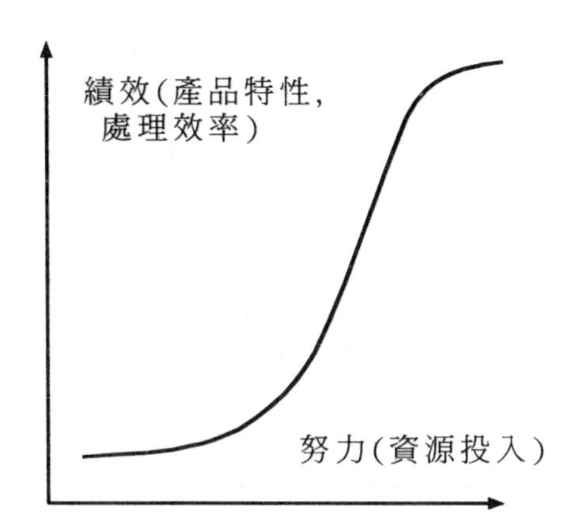

圖 72　S 曲線意在顯示產品發展上的資源利用及其產生的效果兩者間的關係。

新科技之所以會產生革命性影響的原因，在於任何既有的技術，有其自然法則上的效果限制。像是活塞引擎的性能限制乃是基於磨擦力及熱力學所造成。

當一項新科技被應用於一現存的需求領域時，剛開始的進步通常是不大的。當此科技逐漸的發展，性能會快速的增加，然後隨著逐漸接近科技的自然限制而慢下來。隨著此遞減法則的運作，最後性能將會達到其極限；然後，科技變革於是產生，同時，又提昇了性能的極限。說明如圖 73。

有一個例子可以表達此圖的狀況，波音 (Boeing) 公司在 40 年代末期決定將其引擎的發展轉移至噴射引擎的領域上，而麥唐那・道格拉斯 (McDonnell Douglas) 公司則堅持使用 Pratt & Whitney 的活塞引擎，而此產品那時已經接近其性能極限。麥唐那・道格拉斯公司在改良 DC–7 型客機某方面的性能上獲得成功，只不過除了高運作成本及不可靠性外。具有四個引擎的 DC–7 型客機被稱為世界上最快的三引擎飛機，因為其中一個引擎經常因使用過度而熄火。而電磁及電子計算器間的競爭則是另一個活生生的例子。

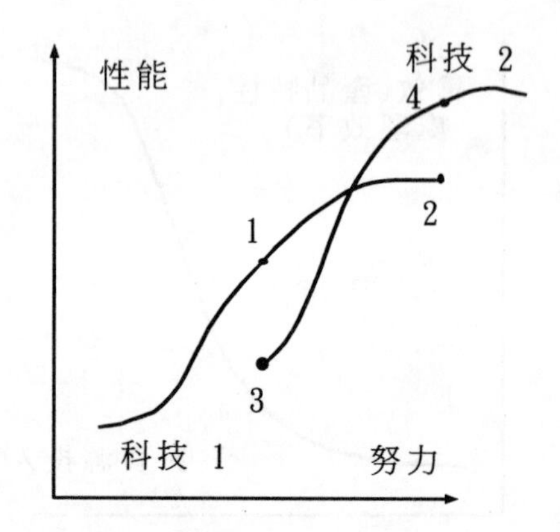

圖 73 這裏有二家公司在一市場上。A 公司使用 1 科技，它可以達成點 1 的性能，而就算付出大量的努力也只能些微的改善性能至點 2。
B 公司進入市場，將資源投注於科技之上，而具有較高的實質性能極限。剛開始新科技的性能表現較差一些，但最終其可達到點 4，因為其具有較大的潛力。而這將使 B 公司從 A 公司擄獲相當的市場佔有率。

S 曲線模型是真實狀況的高度簡化圖形，但是它確實指出了新科技突然闖入應用現有舊技術的需求領域時，而使得性能極限有重大的躍昇。

科學管理（泰勒主義）(Scientific Management)（Taylorism）

20 世紀初期由泰勒 (Frederick Winslow Taylor) 所提出的理論，已經被視為機械化的、無人性的看待生產工作人員的同義詞。此觀點部份正確，但部份則是諷刺。

泰勒創造了「科學管理」(Scientific Management)。無論如何，他基本的意思不在於無情的剝削勞工，使他們像機器一樣。他所強調的是：利用酬勞來激發勞工的工作績效是有其需要的，酬勞和績效表現具有直接的相關。此基本的理論後來被視為科學管理的極致，得到不當的惡劣評價，而被稱為「泰勒主義」(Taylorism)。

事實上，泰勒有兩次經歷在此必須加以說明。較先前、也較不為人知的一個經驗是他在一個完全無人際關係的機器工廠做事。泰勒來自費城一富有的家庭，他放棄哈佛法律學院 (Harvard Law School) 的課程，而選擇在一家機器工廠當學徒。最後，終於在 Midvale 鋼鐵公司成為領班，而這家公司的總裁是他兄弟，而且公司是由家中一個朋友所擁有。

令人無法瞭解的泰勒，經由機器及工具的設計，發展出金屬切割方面的切削理論。他做了數以萬計的實驗來確立一既定的製造型式的理想切削資料。1898 年他和大學一起合作，發現了高速鋼的優越性質，可使每單位時間的產量加倍。此項成就使他贏得全球性的聲譽，並且在 1900 年巴黎世界博覽會上被授予金牌獎。他寫了一篇文章〈切割金屬的藝術〉(The Art of Cutting Metal)於 1906 年發表，在世界上大多數的工業化國家中，廣為人閱讀。他的製造理論涵蓋了一個廣泛的範圍，包括：切割速度、工具磨損、工具原料、產品原料等。以這些變數為基礎，他可以計算供給率、切削角度、切削深度等等，而使得一個既定的運作最佳化。

但是，無論如何，泰勒發現技術工作者不願意去應用他所發現的知識。技術工作者通常是守舊、保守的，較喜歡維持傳統上做事的方式。而這激發了泰勒對於組織工作方式的興趣，引導他進入了第二次經歷，而更為後世所牢記。

泰勒底下的員工採取一種工作故意放慢的政策；勞工群體中任何新成員在進入組織後，馬上被其他舊成員教育在既定時間內應該做多少工作。較高的績效是沒有較高報酬的，因而對員工來說沒有誘因使他們做得比基本要求更多、更好。泰勒將此看成是人力資源的可怕浪費，而且對於生產有惡劣的影響。他因此決定做一次關於員工應如何工作及適合於完成各種工作的人類產能的系統分析。他進一步考慮到雇主及雇員兩者應該由較高的生產力、較低的生產成本及較高的工資來分別獲利。

科學管理因此表示了員工應該被發展以達至效率的高峰。但當此理論被引導至極端時，變成了泰勒被譴責之所在；例如：他將用腦及用手的工作做了非常明顯的區別。科學管理的實際目標是在於掌握規模經濟、學習曲線及專業化的優勢，以增加生產力。由於泰勒認為一個老練的員工，對於提高生產力而言，只不過是些障礙（如前一段所言）；所以他的理論被認為是妨礙員工為自己著想的權利。

在此背景下，我們應該注意到美國是西方工業化世界中具有少量同質化，且沒有進入障礙的市場；生產工程技術因而發展得和歐洲不同，經驗曲線、規模經濟、及價格競爭在北美洲已經被帶至更進一步的境界。雖然歐洲人有輕視泰勒及其科學管理的傾向，但是我們應該沒有忘記歐洲具有區隔化、差異化及小規模生產的傳統，所以泰勒的理論對於歐洲大陸上的產業經營的適用性因而減少。

泰勒於 1911 年出版其廣為人知的《科學管理》*(Scientific Management)*一書，反應了那個時代的精神。那個時代的人被迫沒有選擇雇主的自由，必須順從於獨裁者或獨裁主義的情況比現在嚴重多了。儘管如此，泰勒還在世時還是受到相當的批評。他被叫到國會前，被詢問關於其理論是否與基本人權宣言有無抵觸。

無論如何，對於泰勒的批評，並不能否認科學管理的價值，因為科學管理確實引導了低生產成本、高附加價值、高報酬、低價產品、及資本快速累積成長等的產生。我們也必須記得，此理論不是很快、很輕易的就能適用於專業密集 (knowhow-intensive) 的工作環境中。

服務管理系統 (Service Management System)

服務管理系統的構想是 Richard Normann 在服務性組織中工作時，所逐漸浮現的。依照他的看法，此理論的基本目標在於：整合及擴展。服務系統模型是由 Eiglier 及 Langeard 所發展，並包括了 Normann 的著作《創造式的管理》(*Creative Management*)中所說明的企業使命。其內容說明如下：

「市場區隔」(Market Segment)，意指為了特殊種類的消費者所設計的整個服務系統。

「服務概念」(Service Concept)，表示提供利益給消費者。經驗顯示，服務消費者通常包含了高度複雜而難以分析的價值結合過程；其中某些是明確、有實體的，但其他則是心理或是情感上的。某些因素比其他屬於週邊性質的因素來得重要，可以被歸類為基本服務。

「服務傳送系統」(Service Delivery System)，相當於是一家製造廠商的生產及配銷系統，雖然服務業和製造業通常根本上是不同類別的公司。我們應該考慮到服務傳送系統通常要比服務概念的形成來得深入，而在這些服務概念中我們可以發現到一家服務業公司獨特、創新的構思。在分析服務傳送系統時，我們可以分為三個要素來談：

1. 幕僚 (Staff)。服務性組織通常是人力密集的。市場中最成功的服務業者通常設計有高度創造性的、嚴謹的發掘、發展並集中人力資源的方法。他們也努力於去發現可以賦予員工機動性的方法，而非重視其員工的總數有多少。
2. 消費者 (Customers)。消費者佔了服務業中一非常複雜的部份，因為他們不只是接收及消費服務，而且也在服務的生產及傳送過程中，扮演了一個重要的角色；而這就是為什麼企業必須像對待其本身員工般地，小心地選擇及指導消費者的原因。

3.科技及物質支援 (Technology and Physical Support)。服務業除了一般性的人力密集 (personality-intensive) 外，通常也是資本密集 (capital-intensive) 或設備密集 (equipment-intensive)。它必須藉由現代科技來加強，特別是資訊科技將會逐漸變成服務部門中的重要因素。

在此，我們的分析是針對科技及物質要素的特殊面來關心，即服務的顯著特徵是社會互動及實質特性，像是電腦化的機票訂位系統或餐桌的設計，在影響社會關係（業主與顧客）上扮演了重要的部份。

「印象」(Image)，在這裡被視為一項資訊工具，用在管理工作上可以用以影響幕僚、消費者及其他資源的供應者。他們的職能及對公司發展的認知會影響到公司的市場定位及成本效率。長期而言，一家公司的印象取決於其實際所傳送和消費者，但在短期，印象可以協助形成一種新的真實感。

「文化及哲學」(Culture and Philosophy)，是依據管理控制、維持及發展一明白顯示其服務與價值傳遞給消費者的社會過程中的最重要原則。一旦一個優越的服務傳送系統和一實際的服務概念被確立，此時對於一服務性組織的長期效果而言，沒有其他要素像是文化及哲學一樣，具有如此的重要性，因為它們是塑造、激發價值及士氣的東西，是建構企業生命力及成功的基礎。

參考書目

Green, P.E. & Wind, Y.(1975) 'New Way to Measure Consumers' Judgement', *Harvard Business Review,* July-Aug. Giertz, E. & al.(1993) *Produktion, strategier och metoder för effektivare tillverkning,* Stockholm: Norstedts.

三民大專用書書目——國父遺教

書名	作者		單位
三民主義	孫　文	著	
三民主義要論	周世輔	編著	前政治大學
大專聯考三民主義複習指要	涂子麟	著	中山大學
建國方略建國大綱	孫　文	著	
民權初步	孫　文	著	
國父思想	涂子麟	著	中山大學
國父思想	涂子麟 林金朝	編著	中山大學 臺灣師大
國父思想新論	周世輔	著	前政治大學
國父思想要義	周世輔	著	前政治大學
國父思想綱要	周世輔	著	前政治大學
中山思想新詮 ——總論與民族主義	周世輔 周陽山	著	前政治大學 臺灣大學
中山思想新詮 ——民權主義與中華民國憲法	周世輔 周陽山	著	前政治大學 臺灣大學
國父思想概要	張鐵君	著	
國父遺教概要	張鐵君	著	
國父遺教表解	尹讓轍	著	
三民主義要義	涂子麟	著	中山大學
國父思想（修訂新版）	周世輔 周陽山	著	前政治大學 臺灣大學

三民大專用書書目——行政・管理

書名	作者		單位
行政學	張潤書	著	政治大學
行政學	左潞生	著	前中興大學
行政學	吳瓊恩	著	政治大學
行政學新論	張金鑑	著	前政治大學
行政學概要	左潞生	著	前中興大學
行政管理學	傅肅良	著	前中興大學
行政生態學	彭文賢	著	中央研究院
人事行政學	張金鑑	著	前政治大學
人事行政學	傅肅良	著	前中興大學
各國人事制度	傅肅良	著	前中興大學
人事行政的守與變	傅肅良	著	前中興大學
各國人事制度概要	張金鑑	著	前政治大學
現行考銓制度	陳鑑波	著	
考銓制度	傅肅良	著	前中興大學
員工考選學	傅肅良	著	前中興大學
員工訓練學	傅肅良	著	前中興大學
員工激勵學	傅肅良	著	前中興大學
交通行政	劉承漢	著	前成功大學
陸空運輸法概要	劉承漢	著	前成功大學
運輸學概要	程振粵	著	前臺灣大學
兵役理論與實務	顧傳型	著	
行為管理論	林安弘	著	德明商專
組織行為學	高尚仁、伍錫康	著	香港大學
組織行為學	藍采風 廖榮利	著	美國印第安那大學 臺灣大學
組織原理	彭文賢	著	中央研究院
組織結構	彭文賢	著	中央研究院
組織行為管理	龔平邦	著	前逢甲大學
行為科學概論	龔平邦	著	前逢甲大學
行為科學概論	徐道鄰	著	
行為科學與管理	徐木蘭	著	臺灣大學
實用企業管理學	解宏賓	著	中興大學
企業管理	蔣靜一	著	逢甲大學
企業管理	陳定國	著	前臺灣大學

企業管理辭典	廖文志、樂　斌	譯	臺灣工業技術學院
國際企業論	李蘭甫	著	東吳大學
企業政策	陳光華	著	交通大學
企業概論	陳定國	著	臺灣大學
管理新論	謝長宏	著	交通大學
管理概論	郭崑謨	著	中興大學
企業組織與管理	郭崑謨	著	中興大學
企業組織與管理（工商管理）	盧宗漢	著	中興大學
企業管理概要	張振宇	著	中興大學
現代企業管理	龔平邦	著	前逢甲大學
現代管理學	龔平邦	著	前逢甲大學
管理學	龔平邦	著	前逢甲大學
管理數學	謝志雄	著	東吳大學
管理數學	戴久永	著	交通大學
管理數學題解	戴久永	著	交通大學
文檔管理	張　翊	著	郵政研究所
事務管理手冊	行政院新聞局	編	
現代生產管理學	劉一忠	著	舊金山州立大學
生產管理	劉漢容	著	成功大學
生產與作業管理（修訂版）	潘俊明	著	臺灣工業技術學院
生產與作業管理	黃峯蕙、施勵行、林秉山	著	中正大學
管理心理學	湯淑貞	著	成功大學
品質管制（合）	柯阿銀	譯	中興大學
品質管理	戴久永	著	交通大學
品質管理	徐世輝	著	臺灣工業技術學院
品質管理	鄭春生	著	元智工學院
可靠度導論	戴久永	著	交通大學
人事管理	傅肅良	著	前中興大學
人力資源策略管理	何永福、楊國安	著	政治大學
作業研究	林照雄	著	輔仁大學
作業研究	楊超然	著	臺灣大學
作業研究	劉一忠	著	舊金山州立大學
作業研究	廖慶榮	著	臺灣工業技術學院
作業研究題解	廖慶榮、廖麗滿	著	臺灣工業技術學院
數量方法	葉桂珍	著	成功大學
系統分析	陳　進	著	聖瑪利大學
系統分析與設計	吳宗成	著	臺灣工業技術學院
決策支援系統	范懿文、季延平、王存國	著	中央大學

三民大專用書書目——經濟・財政

銀行法	金桐林　著	中興銀行
銀行法釋義	楊承厚編著	銘傳管理學院
銀行學概要	林葭蕃　著	
商業銀行之經營及實務	文大熙　著	
商業銀行實務	解宏賓編著	中興大學
貨幣銀行學	何偉成　著	中正理工學院
貨幣銀行學	白俊男　著	東吳大學
貨幣銀行學	楊樹森　著	文化大學
貨幣銀行學	李穎吾　著	前臺灣大學
貨幣銀行學	趙鳳培　著	前政治大學
貨幣銀行學	謝德宗　著	臺灣大學
貨幣銀行學——理論與實際	謝德宗　著	臺灣大學
現代貨幣銀行學（上）（下）（合）	柳復起　著	澳洲新南威爾斯大學
貨幣學概要	楊承厚　著	銘傳管理學院
貨幣銀行學概要	劉盛男　著	臺北商專
金融市場概要	何顯重　著	
金融市場	謝劍平　著	政治大學
現代國際金融	柳復起　著	澳洲新南威爾斯大學
國際金融——匯率理論與實務	黃仁德、蔡文雄　著	政治大學
國際金融理論與實際	康信鴻　著	成功大學
國際金融理論與制度（革新版）	歐陽勛、黃仁德編著	政治大學
金融交換實務	李麗　著	中央銀行
衍生性金融商品	李麗　著	中央銀行
財政學	徐育珠　著	南康乃狄克州立大學
財政學	李厚高　著	蒙藏委員會
財政學	顧書桂　著	
財政學	林華德　著	國際票券公司
財政學	吳家聲　著	財政部
財政學原理	魏萼　著	中山大學
財政學概要	張則堯　著	前政治大學
財政學表解	顧書桂　著	
財務行政（含財務會審法規）	莊義雄　著	成功大學
商用英文	張錦源　著	政治大學
商用英文	程振粵　著	前臺灣大學
商用英文	黃正興　著	實踐管理學院